PPT制作事半功倍

王德宝　刘玮 

北京大学出版社
PEKING UNIVERSITY PRESS

内容简介

在职场中，PPT 是一种展示工作成果、展示教学内容、展示自我的重要工具。无论你从事什么样的工作，都难免会用到 PPT。然而很多人对 PPT 的认识仅限于将自己 Word 中的内容复制粘贴到 PPT 模板中，所以并不能得到理想效果。那么，如何让自己的 PPT 新颖有趣，在职场中脱颖而出呢？

本书首先从 PPT 制作的基础元素开始讲起，详细介绍了 PPT 中文字、图片、形状、表格和图表的操作；其次详细讲解了 PPT 的页面设计，包括排版、视觉美化、切换方式及音频、视频设置等；然后从实际应用方面详细讲解了 PPT 的整体设计及放映、演示、演讲方面的技巧，让读者由点及面地了解 PPT 的设计思维。

本书侧重于工作型 PPT 的制作过程和使用技巧，拒绝枯燥的理论，结合丰富的案例和实战经验，全方位地讲解了 PPT 的常用操作技巧。本书适合职场中的初、中级用户阅读。

图书在版编目(CIP)数据

PPT制作事半功倍 / 王德宝，刘玮著. — 北京 : 北京大学出版社，2022.10
ISBN 978-7-301-33201-6

Ⅰ. ①P… Ⅱ. ①王… ②刘… Ⅲ. ①图形软件 Ⅳ. ①TP391.412

中国版本图书馆CIP数据核字(2022)第142532号

书　　名　PPT制作事半功倍
PPT ZHIZUO SHIBAN GONGBEI
著作责任者　王德宝　刘玮　著
责 任 编 辑　刘　云
标 准 书 号　ISBN 978-7-301-33201-6
出 版 发 行　北京大学出版社
地　　址　北京市海淀区成府路205 号　100871
网　　址　http://www.pup.cn　新浪微博：@ 北京大学出版社
电 子 信 箱　pup7@pup.cn
电　　话　邮购部 010-62752015　发行部 010-62750672　编辑部 010-62570390
印 刷 者　三河市博文印刷有限公司
经 销 者　新华书店
787毫米×1092毫米　16开本　16印张　396千字
2022年10月第1版　2022年10月第1次印刷
印　　数　1-4000册
定　　价　69.00 元

前　言

INTRODUCTION

在媒体日益发达的今天，PPT 使用的场景越来越多，如用于授课、演讲、求职应聘、个人宣读、产品演示、广告宣传、业绩分析、远程会议等。使用 PPT，能够增强与受众的互动，提高沟通效率。

笔者从事专职的 Office 高效办公授课培训师十余年，在这期间接触了大量一线职场人员，发现他们大部分人做的 PPT 都很一般，基本停留在一个较为基础的应用水平。

这其中一个很重要的原因就是他们对 PPT 不够重视，觉得它就是一个媒介，只要信息传达到位就可以了，至于做得好不好都无所谓。无论是他们自己，还是他们的领导，对 PPT 制作都没有一个更高的要求。

而实际上，在信息高速发展的今天，优秀的 PPT 展示不但能够提高工作效率，还能展示出个人优秀的工作能力。现在，PPT 的应用已经非常广泛，优秀的 PPT 技能已经不再是可有可无，而是我们很多职场人员必备的技能了！

把 PPT 做好，对外可以展示企业的良好形象，有助于获得更多的客户和订单；对内则可以更清楚的展示、汇报自己的观点和业绩，更有利于自身的职业发展。

那么，什么样的 PPT 才算好？这是一个仁者见仁的问题，业内也没有一个统一的标准答案，但有两个衡量标准，即清晰和美观。

“清晰”是指一页幻灯片播放出来之后，要让观众在很短的时间内，理解我们想要表达的什么，也就是能迅速获取到重要的信息；“美观”自然是指外在形式，包含排版、配色、文字图片等各种设计元素的综合运用，能让观众看着舒服、赏心悦目。如果这两方面都做到位了，那么我们就可以认为其是一份好的 PPT。

要达到上述两点标准，是否需要懂得复杂的颜色理论？是否需要使用大量的形状去手绘图形？是否需要利用 PPT 动画时间轴去制作视频片段？……其实，对大部分职场人士来说都不需要这么复杂高深的技术。即使有这样的工作需求，也可以用其他更方便的工具来替代或弥补。

目前市面上有一些书籍或者课程，重在炫技、华而不实，偏离了在职场当中PPT应用场景的主旨。而本书定位于职场人员的实用工具书，重实操、轻理论，聚焦于实用的技巧。

本书在内容设计上，采用由点及面的方式进行讲解。每一页幻灯片都是由文字、图片、形状等这些基本的设计元素所构成，所以要想做好 PPT，先得学会这些元素的使用技巧，这是基本功，此为“点”；在学会了基本元素的使用之后，如何组合设计排版出一页美观的 PPT 并完成一份完整的演示文稿，以及如何做好自我展示和高效办公，此为“面”。本书由点及面，全方位解读 PPT 制作的底层逻辑，即使是零基础的读者也可以很轻松上手。

本书的顺利出版，要感谢 Excel Home 的周庆麟先生及北京大学出版社的魏雪萍、刘云两位老师的大力支持！同时也要感谢很多关注、鼓励我们的家人、朋友、学员和粉丝们！

第一部分

基础元素——

掌握 PPT 里的小零件

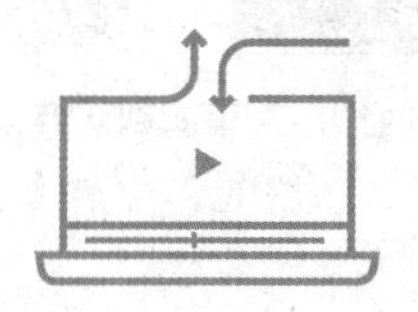

一张幻灯片通常是由文字、形状、图片、表格、视频、音频、对象等元素组成的，这些元素就像组成一台设备的各种小零件。我们将这些独立元素进行美化，再将它们进行恰当的组合和布局，最终才能获得 PPT 整体页面的美感。

“九层之台，起于垒土”，这部分内容是全书的基础，也是成为 PPT 高手的基础。现在就让我们先来认识 PPT 里的小零件，开始第一课的学习吧！

1.1 推荐你用这些字体

工作型 PPT 最常用的字体就是“黑体”和“微软雅黑”，这两种字体不但显示清晰，而且还是系统自带的字体，在 PPT 设计中常常成为大家的首选。这两种字体又被称为无衬线字体，如图 1-1 所示。

图 1-1　黑体和微软雅黑字体

专家提示

“无衬线字体”和“衬线字体”的区别是什么？

无衬线字体

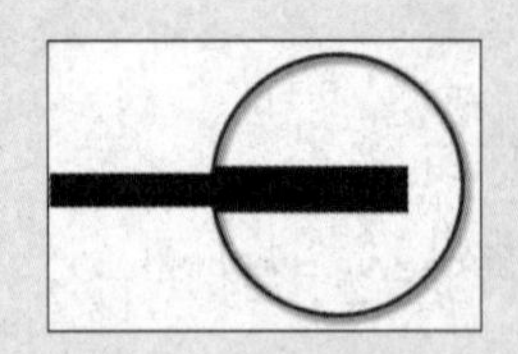

图 1-2　无衬线字体

特点： 笔画粗细均匀、横平竖直、醒目；应用于长篇内容（特别是英文）时易上下串行，造成视觉疲惫，如图 1–2 所示。

适用： 标题、短篇段落、关键字、小字体。

举例： 微软雅黑、黑体、幼圆、Arial。

衬线字体

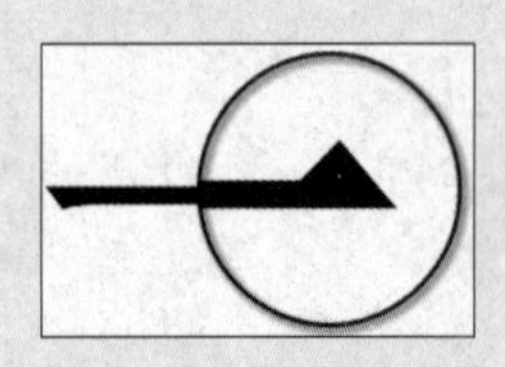

图 1-3　衬线字体

特点： 笔画头尾有装饰，字体易辨识；字体较小时可能会不清晰，如图 1–3 所示。

适用： 个性化标题、长篇段落。

举例： 宋体、楷体、Times New Roman。

在制作 PPT 使用字体时要注意：**字体是有版权的，未经授权就商用属于侵权行为！**下面给大家介绍几种实用又免费的无衬线字体和衬线字体，在日常使用中应该足够了。

1　思源系列

思源系列是 Google 和 Adobe 合作开发的开源字体，字体开发者可以在它的基础上创造出更多的特色字型。思源系列很少出现无法识别的文字，同时还有 7 种线型粗细，基本能够满足于工作型 PPT，如图 1-4 所示。

图 1-4　思源系列的 7 种线型字体

思源系列字体中常用的有思源黑体和思源宋体，两种字体特点如下。

思源黑体：全套字体商务感十足，多种线型粗细搭配，主次分明，如图 1-5 所示。

思源宋体：继思源黑体后，思源系列又增加了思源宋体，适合用作段落文字，工整优雅，如图 1-6 所示。

图 1-5　思源黑体

图 1-6　思源宋体

2　站酷字体系列

站酷是一个聚集了众多优秀设计师的互动平台，分享了多款免费字体可供商用。

站酷快乐体：是站酷网友集体创作的字体，风格轻松、愉快，正如其名，如图 1-7 所示。

站酷酷黑体：字形宽扁，笔画粗犷有力、厚重，笔画细节上的修饰增强了字体的设计感和精致感，如图 1-8 所示。

站酷庆科黄油体：字体线条圆润，笔画转折自然，如图 1-9 所示。

图 1-7　站酷快乐体

图 1-8　站酷酷黑体

图 1-9　站酷庆科黄油体

3 锐字真言体

锐字真言体笔触浑厚有力，笔画曲折有度，字体清晰明朗，字形刚柔并济，落笔简洁有序，具有很好的视觉效果，如图 1-10 所示。

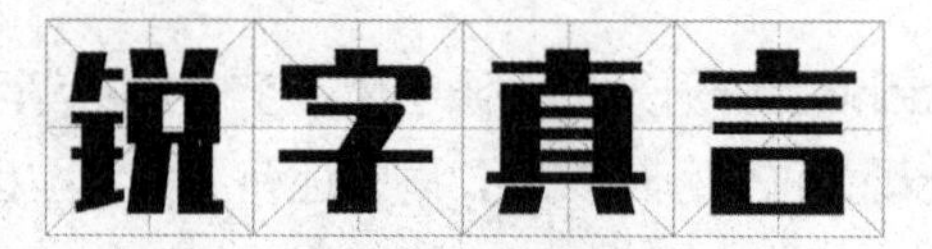

图 1-10　锐字真言体

4 杨任东竹石体

杨任东竹石体为钢笔书法风格，笔画流畅，接近手写体，如图 1-11 所示。

图 1-11　杨任东竹石体

专家提示

在哪儿能找到好看的字体？

要想设计好看的 PPT，少不了要下载几款适宜场景的字体，前面提到的免费字体可以从下面两个字体网站进行下载。

（1）字体天下。网站无需登录即可下载，使用方便。这里的字体分类非常细致，有中文字体、英文字体，还有图形字体等，如图 1-12 所示。中文字体可按照字型和字库搜索，英文字体可以按照衬线或无衬线搜索，也可以按照风格搜索，比如卡通漫画、涂鸦风格等，十分有趣。

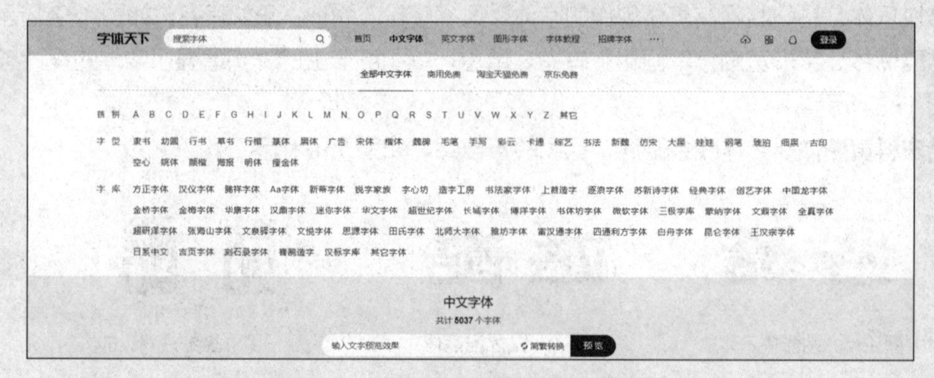

图 1-12　“字体天下”网站搜索页面截图

“字体天下”网站中有免费的字体，也有一部分收费字体，可以根据需要进行下载，如图 1–13 所示。

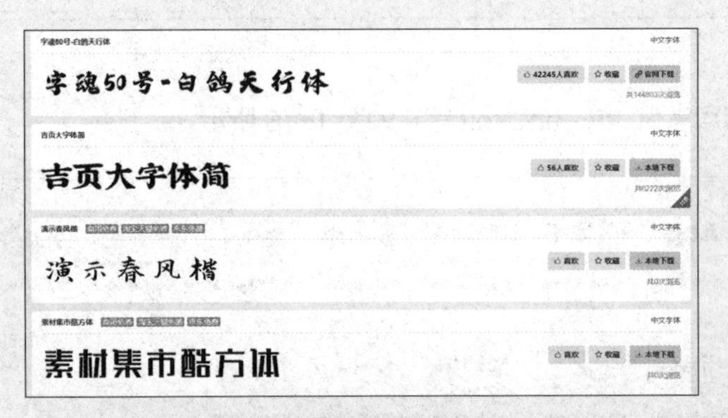

图 1–13　“字体天下”网站的部分字体

（2）字体传奇。这里汇集了很多字体设计爱好者，有很多免费字体可供使用，注册登录即可下载。另外，这里还会分享字体设计教程、直播课程等，如图 1–14 所示。类似这样的字体网站还有很多，如猫啃网、字由、字魂等，读者可自行搜索并下载。

图 1–14　“字体传奇”网站截图

（3）手迹造字。另外，除了使用别人的字体，我们也可以创建自己的手写字体，如下载一个手机 APP“手迹造字”，安装后创建一个字体，再按照提示书写，提交后生成字体，然后下载下来就可以使用了，如图 1–15 所示。

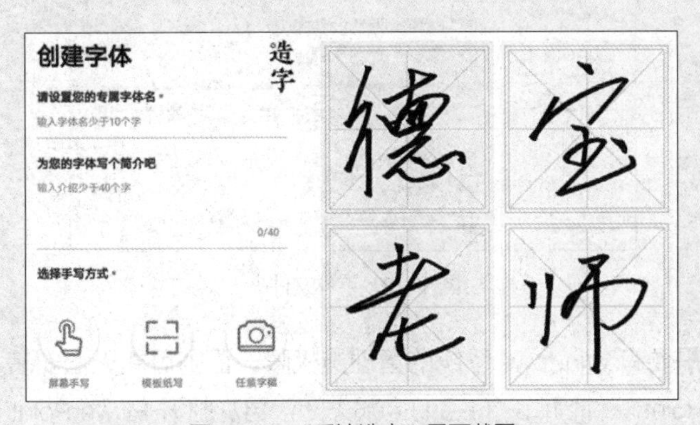

图 1–15　“手迹造字”界面截图

1.2 字体如何安装

字体文件的后缀通常为 .ttf、.ttc、.otf 等，如图 1-16 所示。

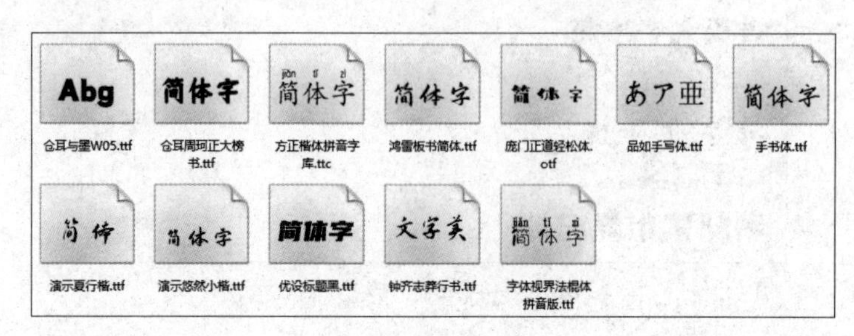

图 1-16　字体文件

字体下载后需要在电脑上安装成功后才能使用。那么如何安装字体呢？有两种方法，都很简单。

方法 1： 双击字体文件，单击“安装”按钮，如图 1-17 所示。直到【正在安装字体】的弹出窗口消失，即可完成安装。

图 1-17　字体安装界面

方法 2： 把字体文件直接复制到字体文件夹（通常为 C:\Windows\Fonts）中，如图 1-18 所示。事实上用方法 1 安装成功的字体，最后也是保存在了这个文件夹中，两种方法效果是一样的。

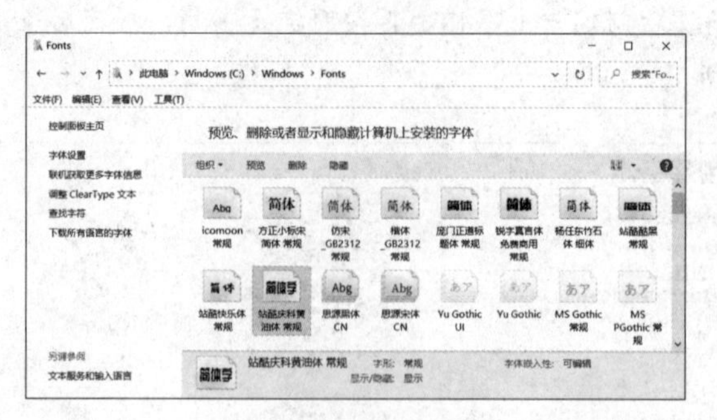

图 1-18　字体文件夹

对于上述操作，需要有 Windows 系统的管理员权限，否则可能无法安装。字体安装成功后，如果有打开的 PowerPoint 软件窗口，将它们全部关闭，再次打开 PowerPoint 软件，在字体选择的地方就可以找到刚刚安装的字体了，如图 1-19 所示。

图 1-19　字体选择菜单栏

专家提示

PPT 中使用了下载的字体，为什么换台电脑字体效果就不见了？

对于已经做好的 PPT，换台电脑可能会发现精心选择的字体不见了，整个 PPT 效果就会大打折扣。出现这个问题的根本原因就是这台电脑上并没有安装我们选择的字体。其实要解决这个问题很简单，只需要进行下面这几步操作即可。

（1）在菜单栏中选择【文件】→【选项】命令。

（2）在弹出的【PowerPoint 选项】对话框的左侧选项中选择【**保存**】选项，在右边的区域中选中【**将字体嵌入文件**】复选框，如图 1-20 所示。

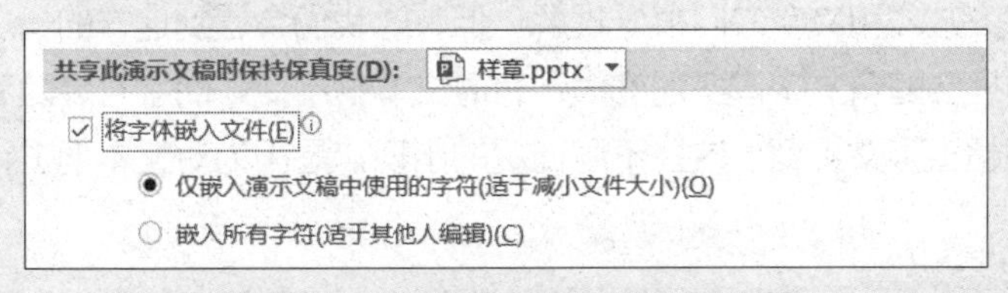

图 1-20　字体嵌入文件设置界面

这样设置后即使在没有安装所用字体的电脑上打开 PPT，仍然可以显示字体样式。复选框下方还有两个单选按钮可以根据需要进行选择，其中【仅嵌入演示文稿中使用的字符】是指只嵌入该 PPT 用到的那些字符（一种字体通常包含数千个字符，当前 PPT 没使用的字符不嵌入），如果在其他电脑上录入了其他的字符则不能显示；【嵌入所有字符】是将整个字体的所有字符都嵌入，可以在其他电脑中进行自由编辑，但会导致整个 PPT 文件变得更大。

1.3 关于文本框

文本框是 PPT 中文字的载体，是日常使用频率较高的功能之一。在【插入】选项卡中单击【文本框】下拉按钮，在下拉选项中选择横排或竖排的文本框，然后用鼠标在幻灯片页面上单击就会出现文本框，在文本框中直接输入文字即可，如图 1-21 所示。

选中文本框并右击，在弹出的快捷菜单中选择【设置形状格式】命令，弹出【设置形状格式】窗格，在【文本选项】下可以进行文本框设置，如图 1-22 所示。

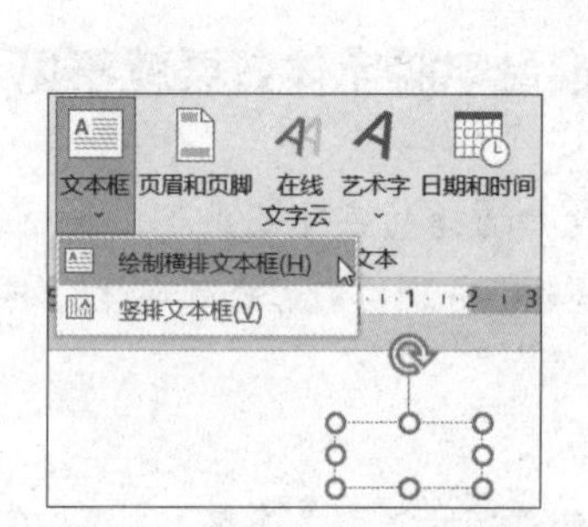

图 1-21　插入文本框菜单栏

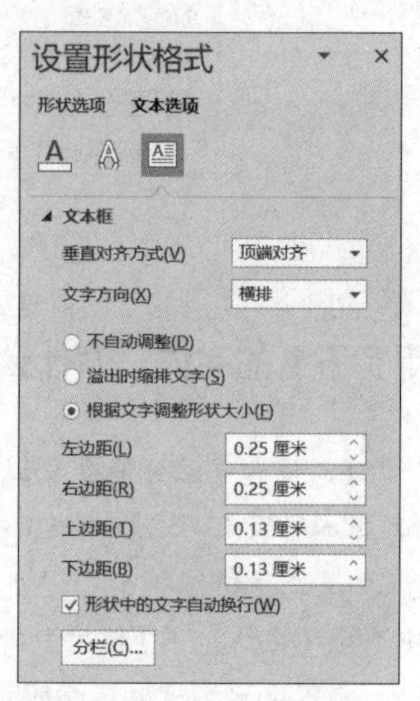

图 1-22　文本框设置界面

关于文本框的对齐方式和文字方向很好理解，但有时我们会遇到这样的情况：在文本框里面输入文字后，有时文本框会随着文字增多而变大；有时文本框不变，而字号会随着文字增多而变小；还有的时候，文字都超出了文本框。这些不同情况的出现，是因为对文本框进行了不同的设置，如图 1-23 所示。

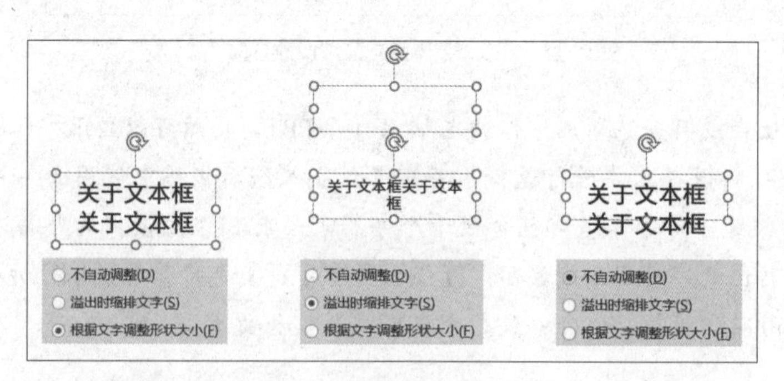

图 1-23　文本框自动调整选择

此外，在【设置形状格式】窗格中还可以设置文字距离文本框四个边的距离，如果没有特殊需要，保持默认的距离即可。有时文本框或者形状的宽度 / 高度固定了，恰好多出一两个字显示不下，此时将此距离调小，往往就可以解决问题了。

注意，还要选中【形状中的文字自动换行】复选框，否则在文本框中输入的内容都会显示在一行中，除非手动换行。

PPT 中的文本框设置和 Word 中的设置类似，比如设置段落，选中文本并右击，在弹出的快捷菜单中选择【段落】命令，在弹出的【段落】对话框中，可以设置对齐方式、文本缩进、行距等，如图 1-24 所示。

同样，右击文本后还可以在弹出的快捷菜单中选择【项目符号】或【编号】等命令，如图 1-25 所示。

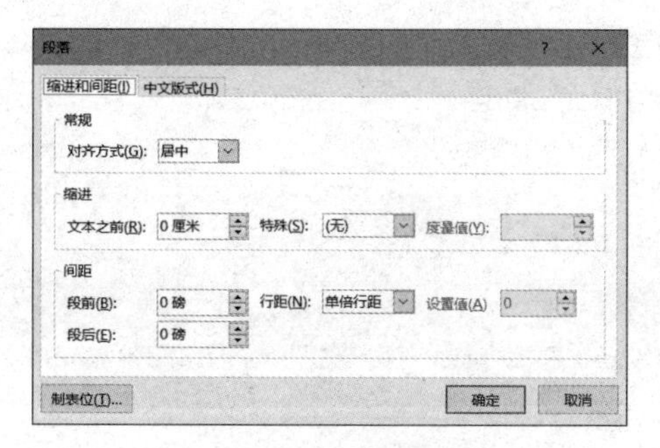

图 1-24　【段落】对话框

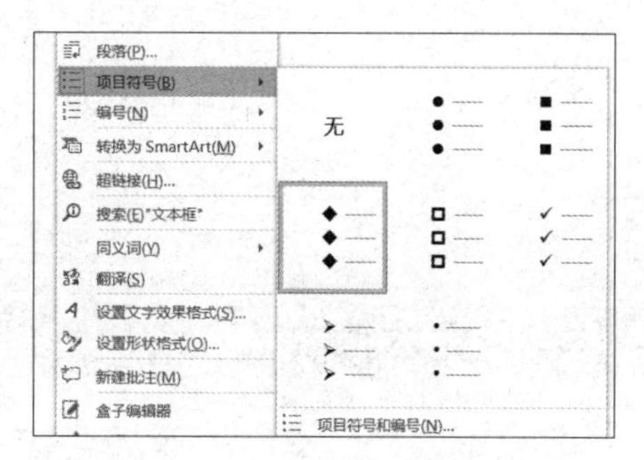

图 1-25　右击文本弹出的快捷菜单

在图 1-25 中选择一种项目符号和编号后，文本效果如图 1-26 所示。

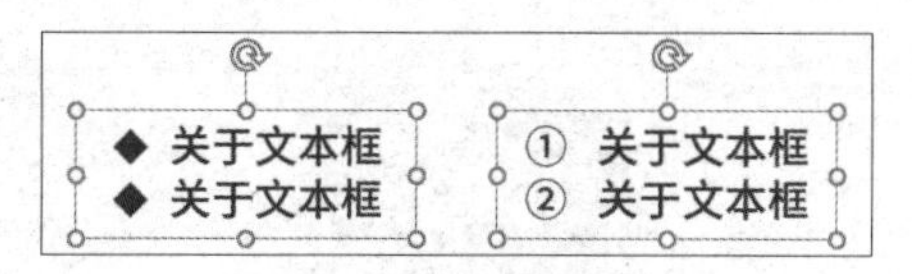

图 1-26　添加项目符号和编号后的效果

1.4 给文字加点料

在 PPT 中对文字进行一些修饰，常常能给页面增色不少，软件自带的艺术字便是很好的实例。选中文字后，选项卡区域会自动出现【格式】选项卡，选择【格式】选项卡，在其中的【艺术字样式】组中就可以直接选择使用这些文字的样式，如图 1-27 所示。

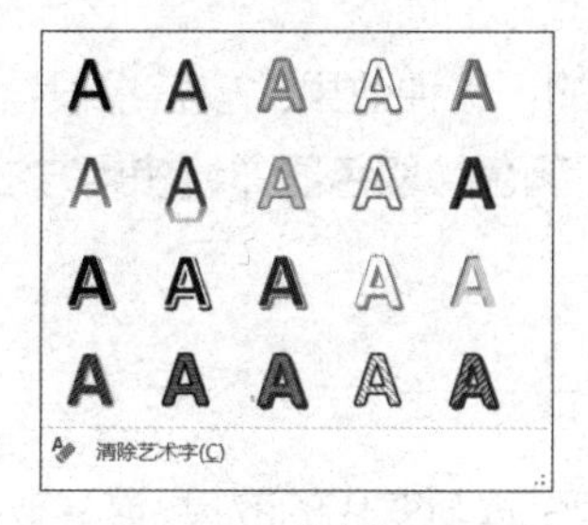

图 1-27　艺术字示例

如果觉得这些效果还不满足自己的需要，还可重新设置文本填充、文本轮廓及文本效果等。在【格式】选项卡的【艺术字样式】工具组中可以单击相应的按钮，对文本进行进一步美化，如图 1-28 所示。

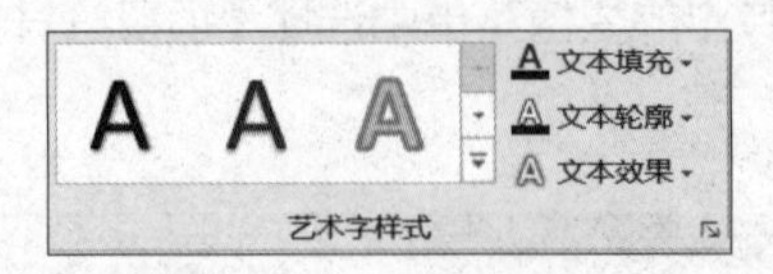

图 1-28　艺术字样式工具组

1.4.1 文本填充

选中文字，在【格式】选项卡下的【艺术字样式】组中单击【文本填充】下拉按钮，在弹出的下拉列表中可以看到文本填充的几种方式：无填充、其他填充颜色、取色器、图片、渐变、纹理，如图 1-29 所示。

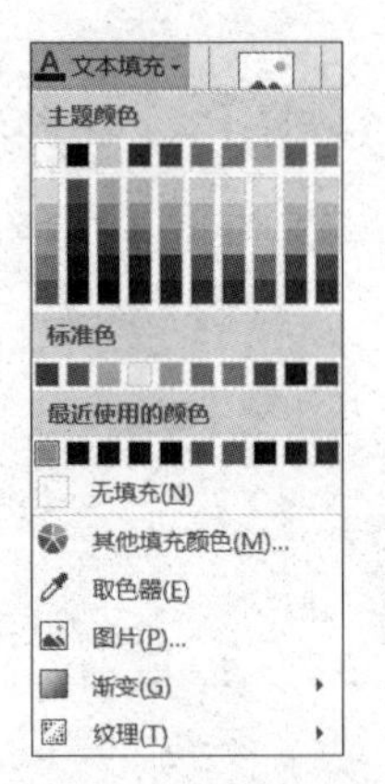

图 1-29　文本填充菜单栏

1　填充纯色

很多 PPT 的文字颜色都是纯色的，这种效果比较容易设置，选中文本后直接单击选择需要的颜色即可，当然也可以用取色器设置颜色（取色器详细使用方法参见本章最后的专家提示）。

2　填充渐变色

填充渐变色就是让文本的颜色产生逐渐变化的效果，这种效果能将文字与背景图片更好地融合。

相对于纯色的文字，渐变色的文字能让整个页面设计感更强，如图 1-30 所示。

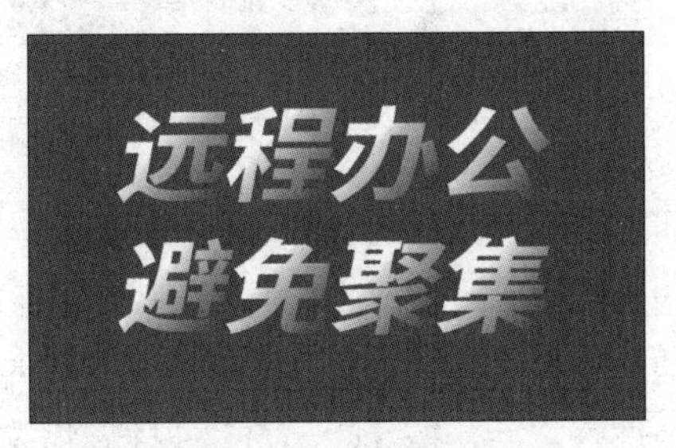

图 1-30　文本填充渐变色案例

以图 1-30 为例，对文本设置渐变色效果的具体操作方法如下。

（1）将文字拆分成八个独立的文本框，然后选中这些文本框，在【格式】选项卡中单击【文本填充】下拉按钮，在下拉列表中选择【渐变】→【其他渐变】命令（也可以在文本框上右击，在弹出的快捷菜单中选择【设置形状格式】命令），此时在右侧显示出【设置形状格式】窗格，这里选中【文本填充】中的【渐变填充】单选按钮，如图 1-31 所示。

（2）设置【渐变光圈】两端的滑块颜色，这里说的滑块其实就是组成渐变的颜色。选中一个停止点（滑块），再单击【颜色】右侧的小油漆桶图标来设置颜色。还可以使用【渐变光圈】右侧的 和 按钮来增加或者删除滑块，如图 1-32 所示。另外注意，这个案例中的渐变角度设置为 45°。

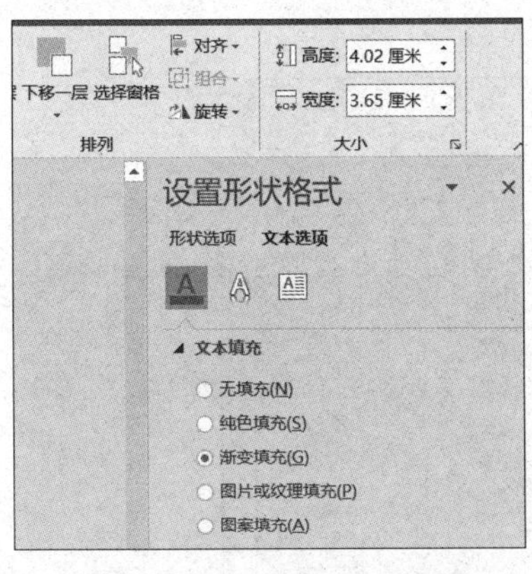

图 1-31　文本填充渐变色界面

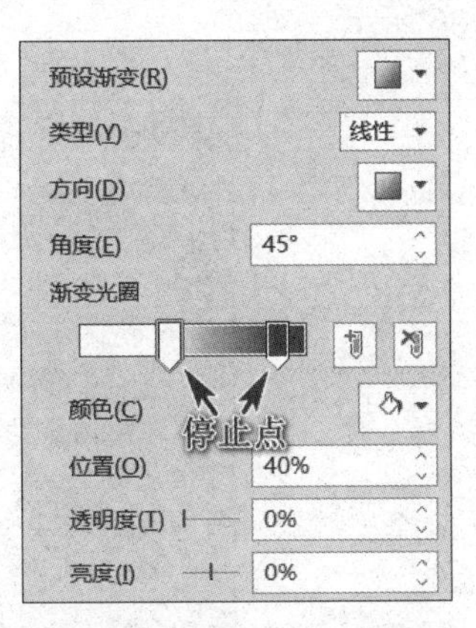

图 1-32　渐变色颜色设置界面

（3）设置每个滑块的位置和透明度。选中左端滑块，在【位置】处输入 40%（也可以在光圈条上直接拖动滑块到相应位置）；在【透明度】处输入 0%，就是完全不透明。对于右端滑块用相同的方法，将其位置设置为 89%。这个渐变填充的案例就完成了。

3　填充图片

在幻灯片中使用纯色文字相对比较简单，但如果给文本填充渐变色，或者填充图片，常常可以让整个幻灯片页面更加出彩。图 1-33 的文字填充了图片，填充后的效果看起来更加生动和有活力。

探索自然的奥秘

图 1-33　文本填充图片案例

给文本填充图片的方法也非常简单，操作方法如下。

（1）准备并复制一张合适的图片，如图 1-34 所示。找到我们需要的图片并插入幻灯片中，将图片裁剪为与文本框大致相同的大小（图片如何裁剪将在第 2 章中讲解），这样可以防止填充到文本的图片被拉伸或者压缩。处理好之后，按【Ctrl+C】快捷键将这张图片复制到剪贴板。

图 1-34　待填充文本的源图片

（2）填充图片。在文本框上右击，在弹出的快捷菜单中选择【设置形状格式】命令，在弹出的【设置图片格式】窗格中切换到【文本选项】，并在【文本填充】选项组中选中【图片或纹理填充】单选按钮，如图 1-35 所示。

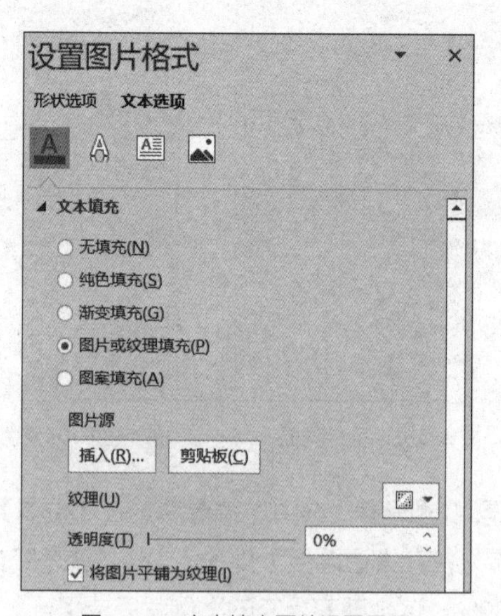

图 1-35　文本填充图片设置界面

在【图片源】里单击【剪贴板】按钮，即可将之前复制的图片填充进来（如果这个按钮是灰色的，说明剪贴板里是空的，要先复制图片才可以），这样我们想要的效果就完成了。

另外一种准备图片源的方式为：单击【插入】按钮，在弹出的窗口中可选择插入图片的方式，如图 1-36 所示。如果选择【来自文件】，将在本地电脑上找到图片，也可以选择其他两种方式在线查找图片。当然也可以在【格式】选项卡中单击【文本填充】下拉按钮，在下拉列表中选择【图片】命令来调出【插入图片】窗口。

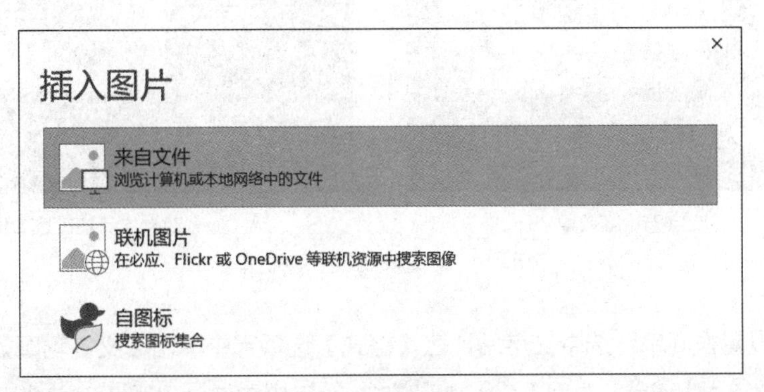

图 1-36　选择图片

注意，在【设置图片格式】窗格中若选中【将图片平铺为纹理】复选框，图片将保持原本大小比例来填充文本。如果图片相对文本很大，填充文本的将只是图片的一部分；如果图片相对文本很小，图片将重复排布填充满整个文本，这时也可设置相应的参数来调整填充效果，如图 1-37 所示。若不选中【将图片平铺为纹理】复选框，图片会根据文本尺寸进行拉伸或者压缩，直至完全填充文本，这也是我们第（1）步裁剪图片的目的。

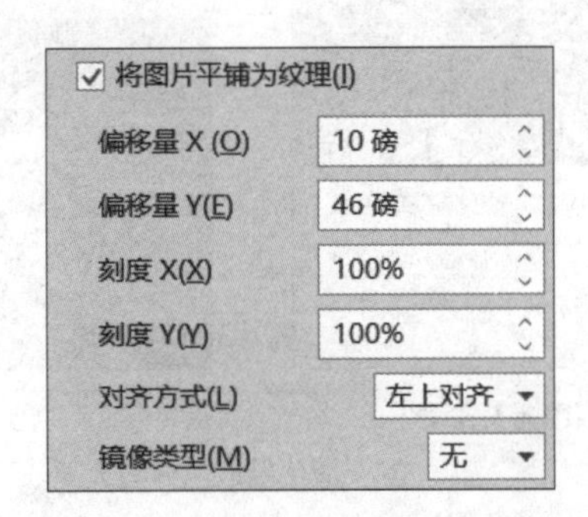

图 1-37　将图片平铺为纹理设置界面

1.4.2　文本轮廓

给文本添加轮廓是一种常用的文字修饰方式，可以很好地提高文字的辨识度。我们可以选择和背景有一定反差的颜色作为轮廓，还可以根据页面整体风格和背景来调整轮廓的线型或粗细，使用不同颜色、不同线条的轮廓线可以做出不同的效果来。

图 1-38 是给文本添加纯色轮廓的对比案例。图 1-38（a）中的文字无轮廓，图 1-38（b）则是添加了棕色轮廓，显然图 1-38（b）看起来更清晰。

（a）文字无轮廓效果

（b）对文字添加轮廓效果

图 1-38　文本添加纯色轮廓的案例

文字轮廓的设置很简单，选中文字后，在【格式】选项卡中单击【文本轮廓】下拉按钮，在下拉列表中选择【取色器】命令，如图 1-39（a）所示；然后用鼠标在页面底色上取色，如图 1-39（b）所示。当然，也可以在【文本轮廓】下拉列表中直接选择轮廓的颜色、粗细、线型（虚线）。

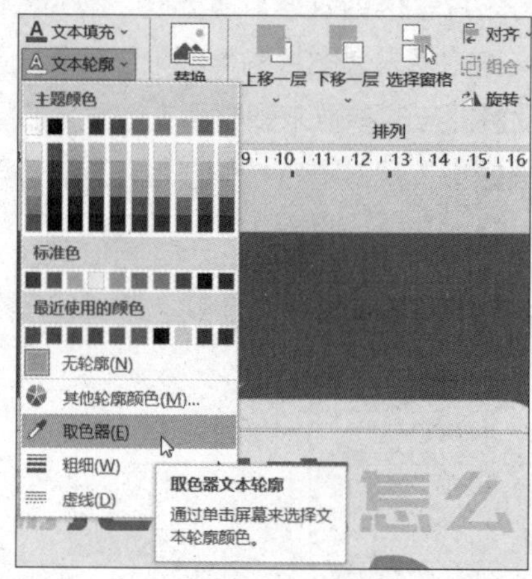

（a）选择【取色器】命令

（b）拾取颜色

图 1-39　取色器取色界面

图 1-40 是给文本添加渐变色轮廓的效果。

图 1-40　文本添加渐变色轮廓案例

对图 1-40 中的文本添加轮廓的设置步骤如下。

（1）选中文字，在【格式】选项卡中的【艺术字样式】工具组中单击右下角的小箭头图标按钮，如图 1-41 所示。

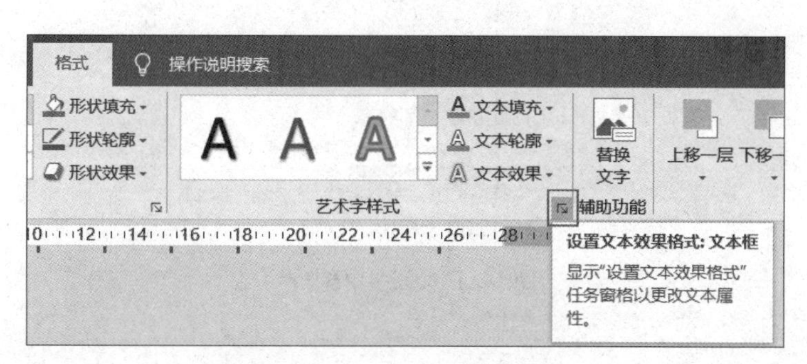

图 1-41　设置文本效果格式界面

（2）在右侧弹出的【设置形状格式】窗格中选择【文本选项】，然后单击【文本填充与轮廓】图标，可以看到【文本轮廓】选项组，如图 1-42 所示。

（3）文本轮廓包括三种：无线条、实线、渐变线，选中【渐变线】单选按钮，可以设置轮廓的颜色、位置、透明度、亮度及宽度等。颜色设置如图 1-43 所示，在【渐变光圈】里选中左侧滑块，单击【颜色】处按钮的下拉按钮，使用【取色器】在背景上选浅棕色。用同样的方法，再给另一个浅色停止点设置颜色。

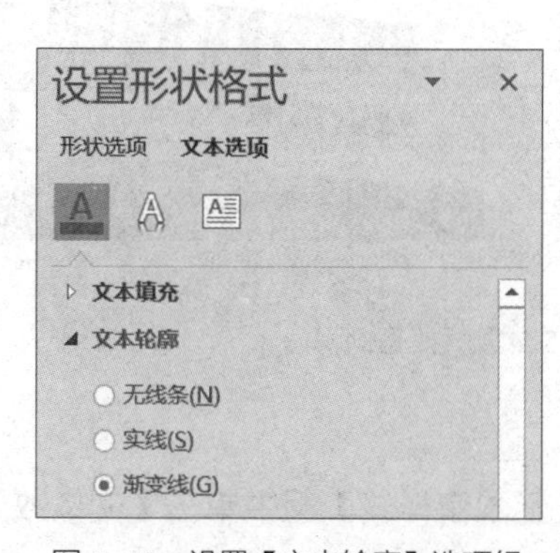

图 1-42　设置【文本轮廓】选项组

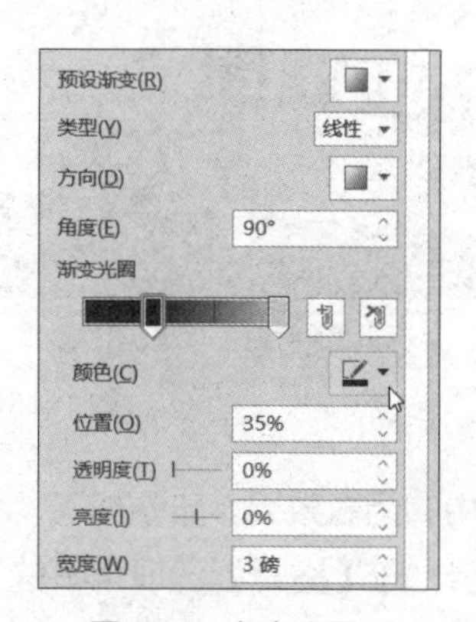

图 1-43　颜色设置

1.4.3 文本效果

选中文字，在【格式】选项卡下的【艺术字样式】工具组中单击【文本效果】下拉按钮，在弹出的选项中可以看到图 1-44 的几种效果菜单：阴影、映像、发光、棱台、三维旋转、转换，将鼠标移上去就会弹出具体的效果，选择一个内置的效果即可。

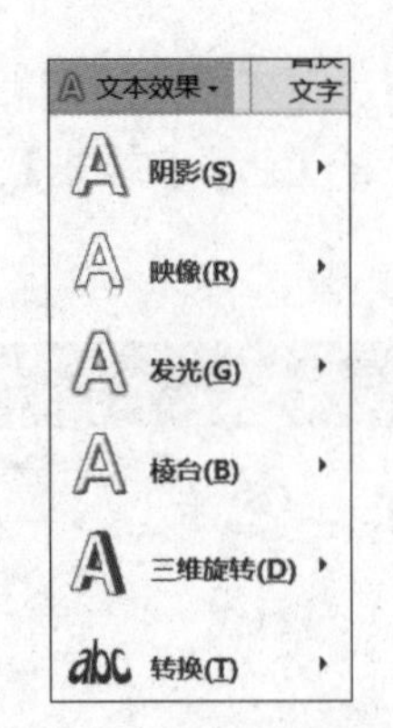

图 1-44　文本效果菜单栏

1　给文字加阴影

文字加阴影的效果常用在封面或者标题上，可以增加文字的层次感，使文字具有立体感，能够给页面增色。以图 1-45 为例，其中图 1-45（a）中的文字未加阴影，图 1-45（b）是给文字增加了阴影的效果，文字具有立体感。

（a）未添加阴影

（b）添加阴影效果

图 1-45　文本加阴影案例

对于图 1-45 中的阴影效果，步骤如下。

（1）选中文字，在【格式】选项卡下的【艺术字样式】组中单击【文本效果】下拉按钮，在下拉列表中选择【阴影】→【阴影选项】命令，可以看到阴影参数设置的窗格，如图 1-46 所示。

图 1-46　文本阴影设置界面

（2）在窗格中的【预设】中，可以选择已经设置好参数的几种内阴影、外阴影或透视阴影，还可以设置阴影的其他参数，包括阴影的颜色、阴影的透明度、阴影大小、阴影的模糊程度、阴影的角度及文字和阴影间的距离。图 1-47 为图 1-45 中文本的阴影设置参数。

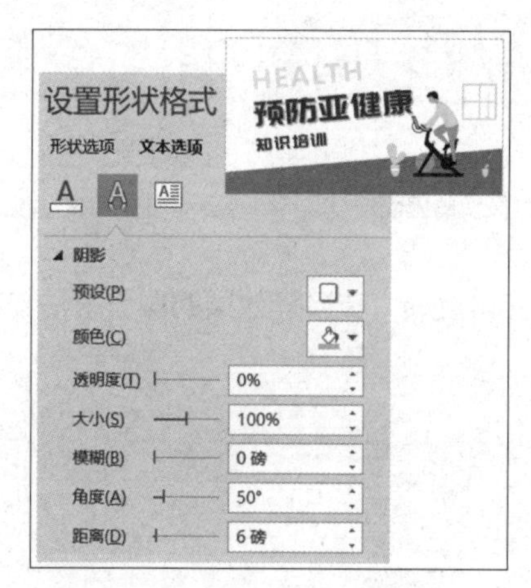

图 1-47　文本阴影设置参数

注意，千万不要把阴影用在大段文字上，那样会降低文字的辨识度，让页面看起来很乱，同时也失去了加阴影的意义。

2　给文字加映像

映像就像水面的倒影一样，给文字添加映像就是给文字添加了虚化的倒影。映像效果对于丰富页面设计起到了很大作用，特别是素材相对较少的页面。图 1-48 就是给文字“AUTUMN”添加了映像效果。

图 1-48　文本加映像案例

给文字加映像的操作方法如下。

（1）选中文字，在【格式】选项卡下的【艺术字样式】组中单击【文本效果】下拉按钮，在下拉列表中选择【映像】→【映像选项】命令，可以看到映像的参数设置窗格，如图 1-49 所示。

（2）在任务窗格中可以设置映像参数，包括透明度、大小、模糊程度、文字和映像间的距离。对图 1-48 中的文字添加映像的参数如图 1-50 所示。

图 1-49　文本映像设置界面

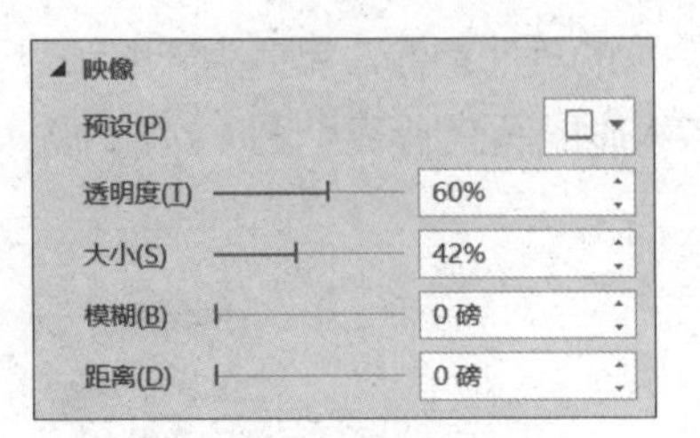

图 1-50　文本映像设置参数

文本效果中的发光、棱台、三维旋转、转换等效果的操作方法与文本映像效果的操作方法类似，此处不再赘述。

专家提示

如何使用取色器？

PowerPoint 从版本 2013 版开始，凡是与颜色相关的菜单里都会有取色器命令，比如文本颜色、形状颜色、图片边框颜色等。那么，取色器怎么用呢？先选中取色器工具，鼠标会变成一个小吸管形状，右上角显示吸管所处位置的颜色及 GRB 值，单击选取颜色即可。如果遇到复杂色彩的图片，取色器的优势就更加明显了，例如，图 1-51 中的 9 种颜色都是从图片中提取的。

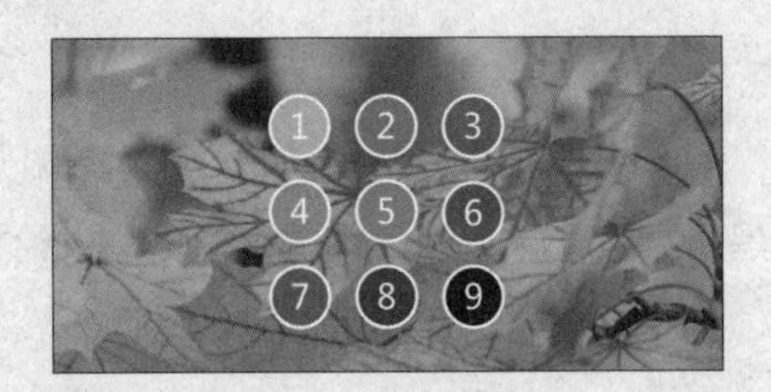

图 1-51　取色器案例

将取色器移动到幻灯片的编辑界面之外，小吸管图标就会不见，如果想吸取网页上的一个颜色怎么办呢？选择取色器后，当鼠标变成小吸管形状后按住鼠标左键不放，然后再移动鼠标，如图 1-52 所示。这样无论鼠标移动到哪里，小吸管都会一直在，也就是可以吸取电脑屏幕上，包括 PPT 软件区域之外的任何颜色。

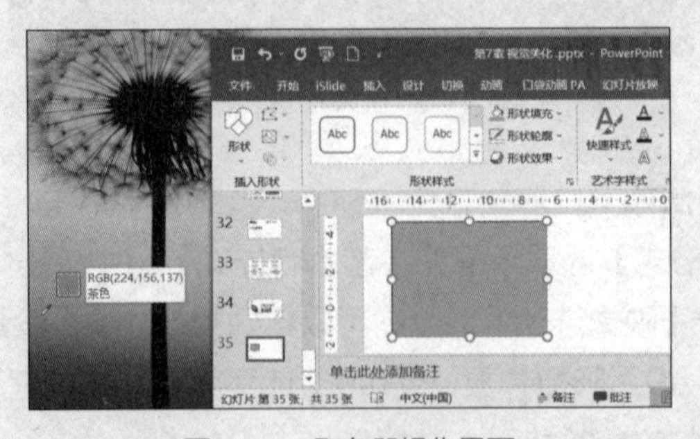

图 1-52　取色器操作界面

第2章 图片

在做 PPT 时，难免需要对图片进行处理，以实现我们想要的效果，如裁剪图片大小、从图片中抠取部分画面、调整图片色调等。这些操作虽然可以在专业图片处理软件中完成，但其实在 PPT 中也可以对图片进行处理，实现上面提到的效果，满足我们大部分的制作要求。

对图片进行处理，可以通过菜单栏中的【格式】选项卡进行操作。

2.1 原来还能这样裁剪图片

在【格式】选项卡中，单击【大小】工具组内的【裁剪】按钮的下拉按钮，可以看到其中包括三种裁剪方法：直接裁剪（【裁剪】）、裁剪为形状、按纵横比裁剪（【纵横比】），同时还有填充、适合两种方式，如图 2-1 所示。

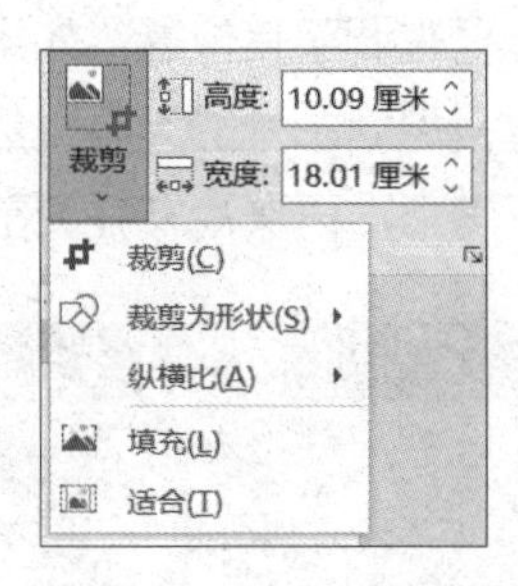

图 2-1 【裁剪】菜单栏

下面讲解【裁剪】的具体用法。

2.1.1 直接裁剪大小

如果我们需要一张图片作为 PPT 页面的背景，如图 2-2 所示。

图 2-2　待裁剪图片

但是这个图片的大小和比例不是太合适，需要对其进行裁剪。如果我们把小花置于页面的 1/3 处，留出色调较为一致的地方用来添加 PPT 页面内容，这种裁剪效果更适合做背景，如图 2-3 所示。

图 2-3　直接裁剪示意图

直接裁剪图片大小的方法很简单：选中图片，在【格式】选项卡中的【大小】组中单击【裁剪】按钮（或选择【裁剪】下拉菜单中的第一个命令 裁剪(C)），这时图片四周将出现粗黑线裁剪边框，框内的高亮区域就是裁剪后保留的部分，如图 2-4 所示。将鼠标移至上下左右某个边的中点处（注意观察鼠标指针的变化），然后拖动边框来调整其位置；如果在角点处拖动可同时调整相邻两条边框的位置，通过这种方法可以快速调整裁剪后图片的大小，然后在图片外的任意位置单击鼠标，即可完成图片的裁剪。如果对裁剪效果不满意，再次裁减并调整区域即可。

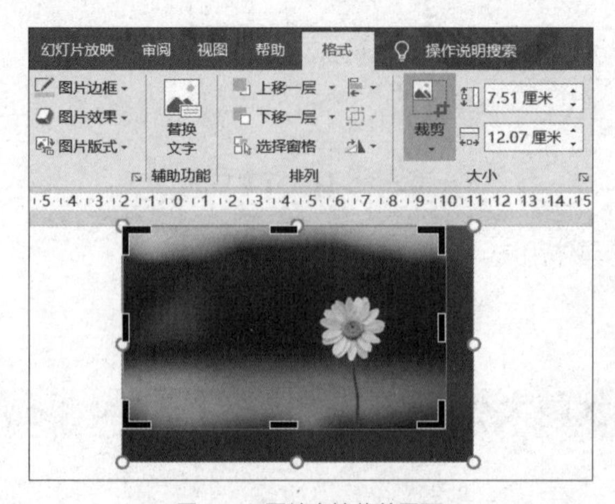

图 2-4　图片直接裁剪界面

2.1.2 裁剪为形状

直接裁剪是把图片裁剪成矩形，而【裁剪为形状】命令是为了满足 PPT 页面设计的需求，把图片裁剪为圆形、椭圆形或其他形状，如图 2-5 所示。

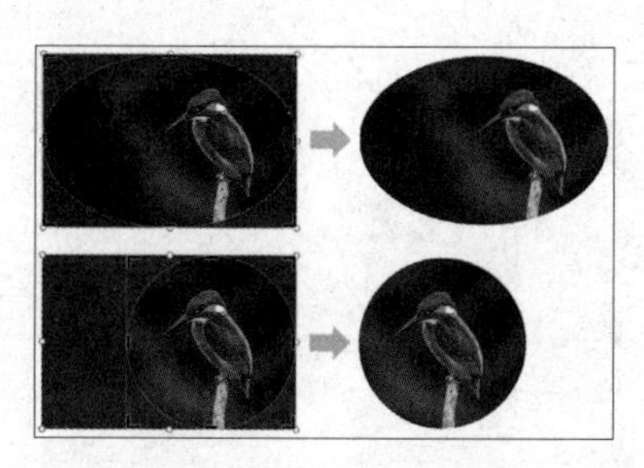

图 2-5　裁剪为形状示意图

将图片裁剪为形状的操作方法如下：选中图片，在【格式】选项卡下的【大小】组中单击【裁剪】按钮的下拉按钮，在下拉列表中选择【裁剪为形状】命令，然后在弹出的子列表中选择合适的形状即可，如图 2-6 所示。

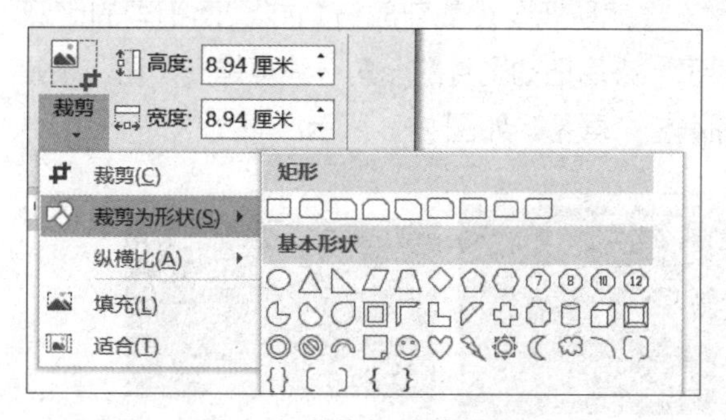

图 2-6　裁剪为形状菜单栏

那么，如何把矩形图片裁剪成正圆形的呢？方法如下：首先将矩形图片通过直接裁剪方法裁剪为正方形，然后再利用【裁剪为形状】命令，在下拉列表中选择基本形状中的椭圆形，拖动鼠标即可将正方形裁剪为正圆形。

2.1.3 按纵横比裁剪

如果想把图片裁剪成规定的纵横比，可以使用【裁剪】下拉列表中的【纵横比】命令。选中图片后，在【格式】选项卡下的【大小】组中单击【裁剪】下拉按钮，在下拉列表中选择【纵横比】命令，可以在子列表中看到预设的一些常用的比例，如图 2-7 所示。

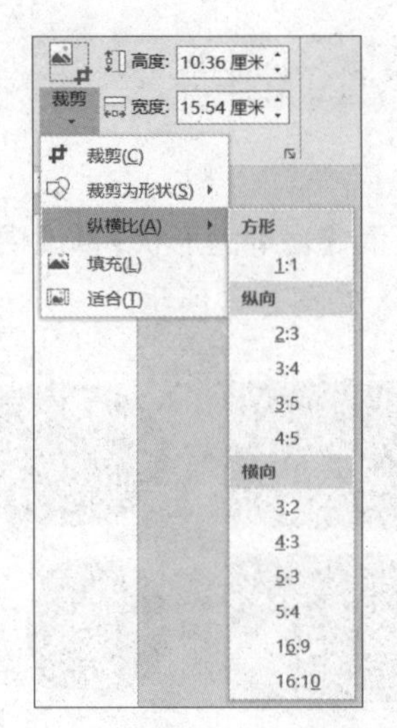

图 2-7　纵横比裁剪的菜单栏

当我们想让图片铺满整个 PPT 幻灯片页面的时候，注意不要随意拉伸图片，因为随意拉伸很容易把图片拉变形，但是通过【纵横比】命令可以保持图片的形状。

我们首先确定 PPT 页面的纵横比（常用的比例是 4∶3 和 16∶9），然后在【纵横比】子列表中选择图片对应的纵横比，也就是把图片裁剪成与 PPT 页面相同的比例，在图片外的任意位置单击鼠标，图片就裁剪完成了。最后拖动图片的一角（注意是一个角，不是一条边），就可以让图片在保持纵横比的前提下铺满整个屏幕，如图 2-8 所示。

图 2-8　按纵横比裁剪示意图

当我们想把图片裁剪成正方形时候，可以选择纵横比为 1∶1，移动图片可以改变裁剪范围，如图 2-9 所示。确定选择范围后，在图片外的任意位置单击，即可完成图片的裁剪。

图 2-9　正方形裁剪示意图

如果觉得裁剪后的正方形太大了，而只想要其中一部分的特写，那么只需调整黑色裁剪框的任意边，然后再选择 1:1 的纵横比再次裁剪即可，这样软件会选择最窄的边来裁剪一个正方形。最后我们再拖动图片选择图片的中心位置，如图 2-10 所示。

图 2-10　裁剪区域调整示意图

裁剪的本质是给图片设置一个预定的边界，这个边界可以完全在原图片内部，也可以比原图片更大。当设定边界比图片更大或者该边界与原图片的纵横比不同时，此时图片显示有【填充】和【适合】两种选择方式：选择【填充】时，图片将被等比例放大并填充整个预定边界的区域；而选择【适合】时，图片则被等比例缩放至预设边界内。

我们来看下面这个案例，黑色裁剪框是预设的图片边界（裁剪后得到的图片大小），由于此时图片的纵横比与此边界纵横比不一致，如果用【填充】的方式则图片将会放大填充满整个裁剪区域（超出的部分不显示），而选择【适合】的方式则是将图片缩小至裁剪区域内，确保图片能够完整显示，但是裁剪区域内会有空白，如图 2-11 所示。

图 2-11　【填充】和【适合】裁剪的示意图

专家提示

如何减小图片的占用空间?

如果我们在 PPT 里添加了大量图片，而这些图片又是高清图片时，整个 PPT 文件会因为这些图片占用很大空间而变得很大。这样的 PPT 文件打开会非常慢，同时也增加了文件的损坏风险。这时候我们就需要想办法对图片进行压缩，以减小 PPT 文件的大小。

操作方法如下。

（1）选中图片，在【格式】选项卡下的【调整】组中单击【压缩图片】按钮，如图 2–12 所示。

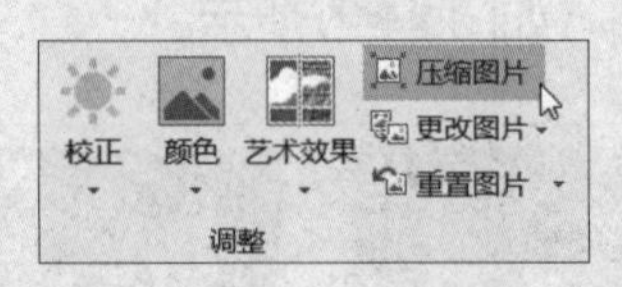

图 2–12　压缩图片选择界面

（2）在弹出的【压缩图片】对话框中选中【压缩选项】和【分辨率】栏中的对应选项。当选中【仅应用于此图片】复选框时，压缩功能只用于当前选中的图片，否则，整个 PPT 中的图片都会被压缩；当选中【删除图片的剪裁区域】复选框时，图片被裁剪的部分就会被删除，否则单击【裁剪】工具时仍然可以看到被裁剪部分，并且可以将图片重置，也就是恢复到裁剪前的状态。在【分辨率】选项组中可以根据 PPT 使用需求选择对应的选项，一般选择【使用默认分辨率】单选按钮即可，如图 2–13 所示。

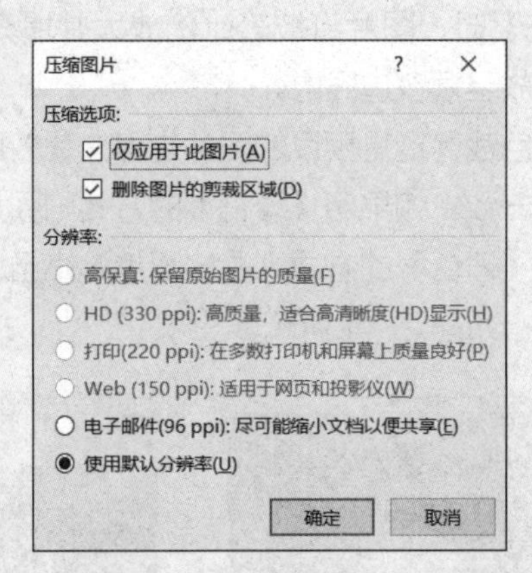

图 2–13　【压缩图片】对话框

下面这个例子展示了图片压缩前后的变化。当我们将一张图片裁剪掉多余的部分后，看上去图片比之前小了，实际上裁掉的区域还保留着，只是不显示了而已，当我们再次裁剪时就能看到图片完整的区域（此时图片仍然占用较大的空间），如图 2–14 所示。在【压缩图片】对话框中选中【删除图片的剪裁区域】复选框再执行压缩操作，裁剪掉的部分才真正不见了。

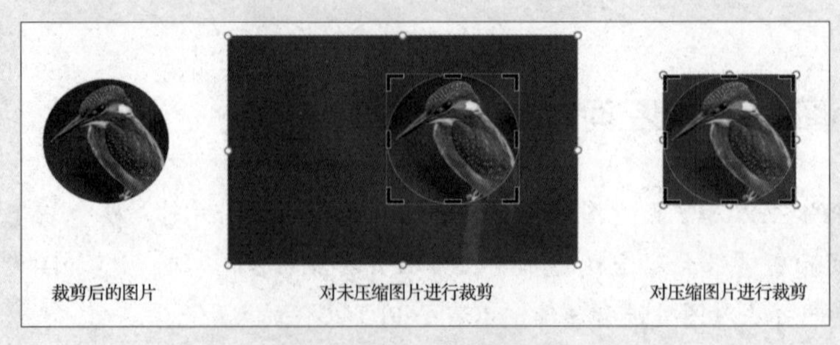

图 2–14　图片压缩前后对比

2.2 PPT 中玩抠图

抠图是图片处理过程中常用的操作，就是去掉图片中的其他背景，把某些人、物等主体元素单独抠出来。很多人都是在图片处理软件中先抠好图，然后再将单独抠取的元素放到 PPT 页面上，其实在 PPT 中可以直接抠图。图 2-15 就是在 PPT 里实现的抠图效果。

图 2-15　PPT 中的抠图效果

2.2.1 纯色背景抠图

背景色越均匀，与主体元素之间的色差越大，抠图操作就越容易，效果也越好，纯色背景就是相对容易的一种。当图片背景是纯色时，无论是白色还是其他色，把其中的元素抠出来都很容易，只要边界足够清晰就可以，如图 2-16 所示。

图 2-16　纯色背景抠图

图 2-16 是对一张白底的卡通图片进行抠图，目的是去掉白底，让卡通元素和背景的橙黄色圆形很好地结合起来。操作方法如下：选中图片，在【格式】选项卡下的【调整】组中单击选择【颜色】下拉按钮，在弹出的选项中选择【设置透明色】命令，如图 2-17 所示；然后用鼠标在图片背景颜色的任意位置（白色区域内）单击一下，背景色就去掉了，如图 2-18 所示。

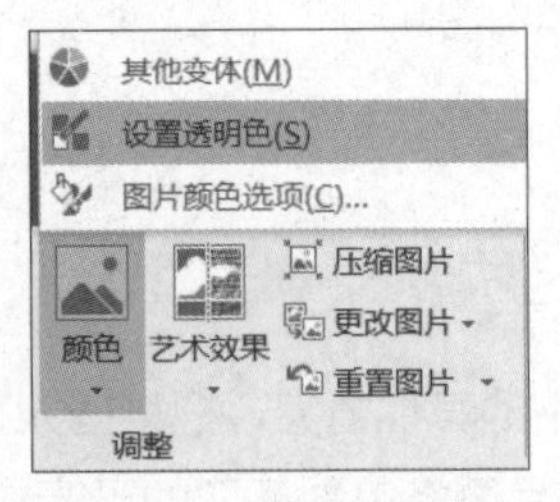

图 2-17 【颜色】选项　　图 2-18 单击背景去除颜色

如果背景不是单一颜色，这种方法就很难准确抠图。如图 2-19（a）的背景颜色不均匀，如果选择【设置透明色】命令只能把鼠标单击到的颜色去掉，其他大部分背景颜色依然在。所以，这个方法不适用于背景有多种颜色的情况。

（a）抠取前　　（b）抠取后

图 2-19 非纯色背景设置透明色效果案例

2.2.2 非纯色背景抠图

如果背景不是纯色的图片，但元素之间的边界相对清晰，这种情况在 PPT 中也能处理，使用【删除背景】工具也可以获得比较好的抠图效果，如图 2-20 所示。

（a）非纯色背景图片　　（b）抠取后的图片

图 2-20 非纯色背景抠图案例

这个操作也简单，选中图片，在【格式】选项卡下单击【删除背景】按钮，如图 2-21（a）所示，将被删除的部分（背景颜色）会变成紫色，高亮区域（图中的小鸟）是将被保留的区域，如图 2-21（b）所示。2019 版本以下的 PowerPoint 可以通过调整四周的边线来改变保留区域，2019 及以上版本已无需该操作。调整好后在图片外任意位置单击鼠标，抠图就完成了。

（a）单击【删除背景】按钮　　（b）删除背景色

图 2-21　图片删除背景界面

如果图片背景颜色复杂，而且和要抠出的元素之间的边界不清，就像下面这张戴帽子的小男孩的图片，这张图片中小男孩的帽子和格子衬衫都与图片背景颜色很接近，没有被自动识别出来，帽子部分也被紫色覆盖了，导致抠出来的人像不完整，如图 2-22 所示。

（a）原图　　（b）抠取效果

图 2-22　图片删除背景效果 1

这时我们可以在此基础上做进一步的手工处理，把需要的这部分保留下来。在【背景消除】选项卡下单击【标记要保留的区域】按钮，如图 2-23 所示，在帽子的紫色区域内画线（低版本只能画直线，高版本可以画弧线），用来把紫色区域变成高亮的保留区域，如图 2-24（a）所示。注意：不是描边。

图 2-23　图片删除背景工具栏

（a）在帽子上画线

（b）抠取效果

图 2-24　图片删除背景效果 2

图 2-24（b）是操作后的效果，可以看到帽子边缘还有一点点仍然被紫色覆盖。

为了去掉帽子边缘的紫色，我们继续使用【标记要保留的区域】功能进行操作，如图 2-25（a）所示，这步操作后将得到图 2-25（b）所示的效果。

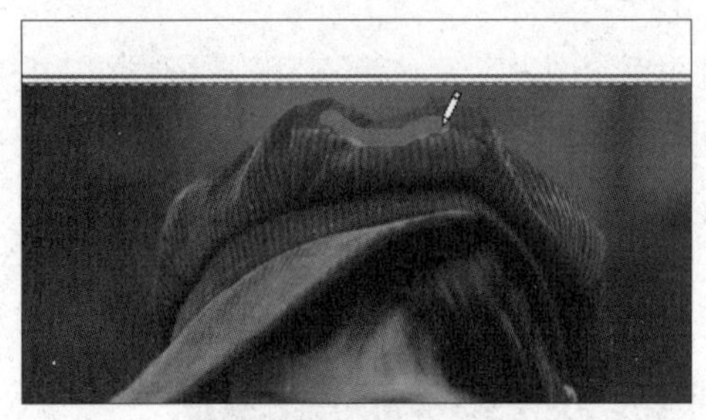

（a）继续标记保留区域

（b）抠取效果

图 2-25　图片删除背景效果 3

我们发现图 2-25（b）中的高亮区域太多了，有一部分区域不是我们想要保留的。这时，我们可以在【背景消除】选项卡下单击【标记要删除的区域】按钮，仍然用画线的方式标记要删除的区域，如图 2-26（a）所示。标记后，高亮区域会变成紫色覆盖区域，如图 2-26（b）所示。

（a）标记删除区域

（b）抠取效果

图 2-26　图片删除背景效果 4

对于要删除的背景颜色或者要保留的主体颜色，如果一次不能选择完全，就重复多做几次这个操作。为了操作时看得更清楚，可以放大视图比例（单击窗口右下角的视图比例进行调整，或按住【Ctrl】键的同时滚动鼠标滚轮）后再次使用【标记要保留 / 删除的区域】功能。全部标记完后单击【保留更改】按钮即可得到更好的抠图效果，图 2-27 即是最后的效果。

图 2-27　最终效果

2.3 图片不清晰怎么解决

有时候我们想要使用的图片像素不够或者看上去有点儿模糊，但又找不到更好的图片来代替，那么可以使用 PPT 中的【校正】功能，在一定程度上可以解决这类问题。

2.3.1 锐化和柔化处理

如图 2-28，处理之前的图片有些模糊，处理之后就清晰很多了。

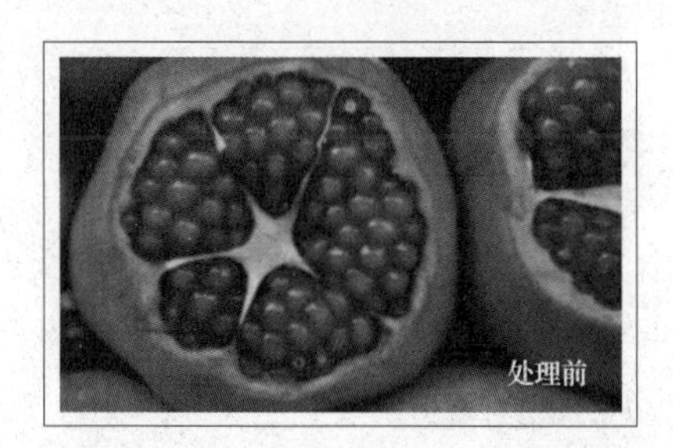

图 2-28　图片锐化 / 柔化处理案例

那具体是怎么操作的呢？仍然是先选中图片，在【格式】选项卡的【调整】组中单击【校正】

下拉按钮，在【锐化 / 柔化】区域选择合适的清晰度效果就可以了。从左到右，图片锐化程度逐渐增加（柔化程度逐渐减弱），也就是清晰度逐渐增强，如图 2-29 所示。

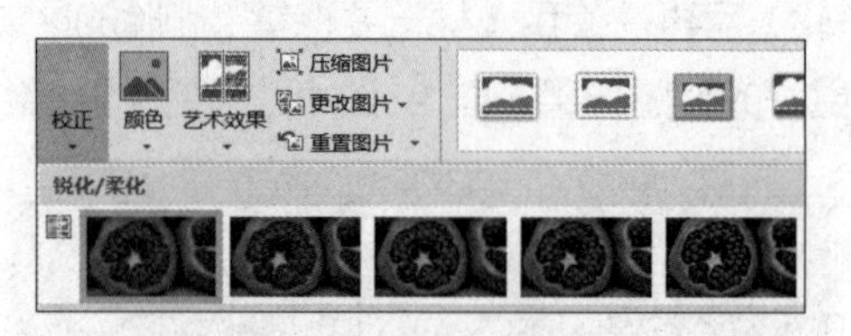

图 2-29　图片锐化 / 柔化菜单栏

除了可以选择预设的这几种清晰度外，还可以进行更精准的设置。在【校正】的下拉列表中选择【图片校正选项】命令，右侧将会弹出【设置图片格式】窗格，在其中拖动【清晰度】设置条或者直接填入具体数值就可以了。拖动设置条到最左侧就是最模糊的状态（柔化程度最高），显示的值是 -100%；最右侧就是最清晰的状态（锐化程度最高），显示的值是 100%，如图 2-30 所示。

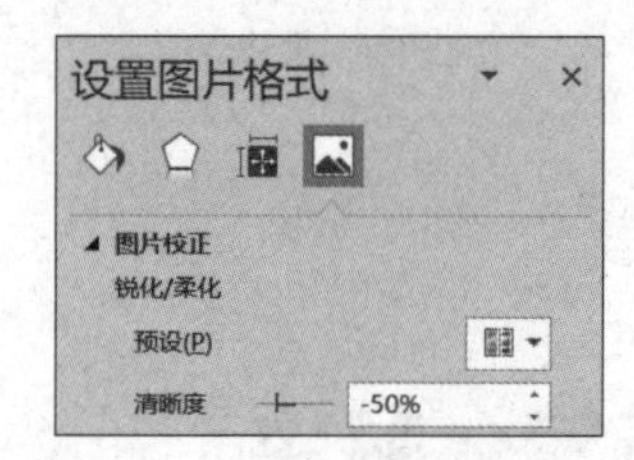

图 2-30　图片锐化 / 柔化参数设置界面

当然，如果需要给图片设置模糊效果，方法与设置清晰效果是一样的。

2.3.2　亮度和对比度调整

如果图片颜色太暗或者太亮又该怎么处理呢？这时就会用到【校正】工具中的【亮度 / 对比度】功能。如图 2-31 所示，颜色很暗淡的图片经过处理后变得明亮了。

图 2-31　图片亮度 / 对比度处理案例

操作方法为：选中图片，在【格式】选项卡下的【调整】组中单击【校正】下拉按钮，在下拉列表的【亮度 / 对比度】区域中有多种预设效果，然后选择合适的就可以了，如图 2-32 所示。

图 2-32 中【亮度 / 对比度】区域的预设效果从左到右亮度逐渐增加，从上到下对比度逐渐增大，移动鼠标在不同的效果上，都可以在原图片上看到预览效果。如果图片太暗，可以横向移动调整亮度。当然也可以纵向移动增加饱和度，让图片看起来更鲜艳，如图 2-33 所示。

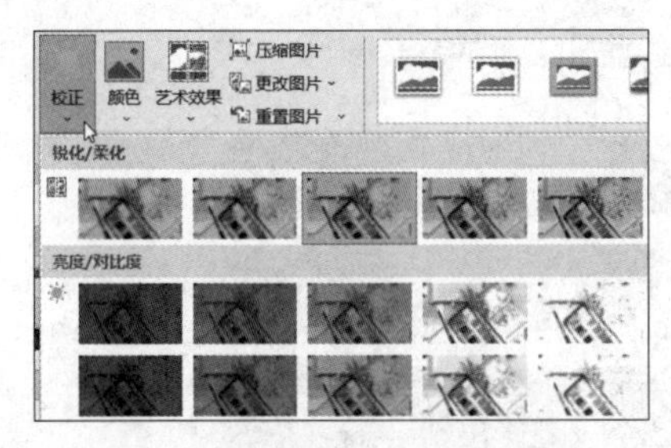

图 2-32　【亮度 / 对比度】区域

图 2-33　亮度 / 对比度效果

对于图片的亮度和对比度，也可以进行更精准的设置，方法和上面一样，在【格式】选项卡下的【调整】组中单击【校正】下拉按钮，在下拉列表中选择【图片校正选项】，在右侧弹出的【设置图片格式】窗格里，分别拖动【亮度】和【对比度】的设置条或者填入具体数值就可以了。如果想取消设置效果，可以单击【重置】按钮，图片就会恢复设置前的状态，如图 2-34 所示。

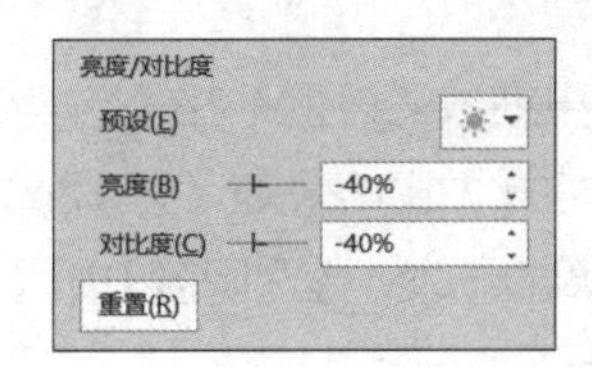

图 2-34　【亮度 / 对比度】的参数设置

2.3.3　图片艺术效果

对于图片，除了基本的大小、亮度调整，我们可以根据页面设计的需要给图片增加艺术效果。添加艺术效果在一定程度上能够减弱效果不太好的图片缺陷，使页面更美观。添加了艺术效果的图片是什么样呢？ PPT 里预设的图片效果有二十余种，图 2-35 是其中的几种。

图 2-35　图片的艺术效果

操作方法如下：选中图片，在【格式】选项卡下的【调整】组中单击【艺术效果】下拉按钮，在下拉列表中的多种预设效果里选择合适的就可以了，如图 2-36 所示。

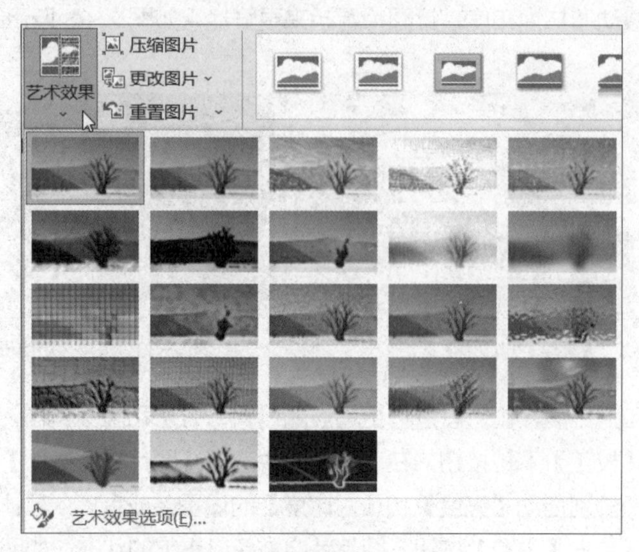

图 2-36　图片的预设艺术效果

对于预设的艺术效果还可以进行更细致的设置：在【艺术效果】下拉列表中选择【艺术效果选项】命令后，右侧会弹出【设置图片格式】窗格，在【艺术效果】下可以设置各种效果的参数。比如选择【胶片颗粒】后会出现两个可调的选项：【透明度】和【粒度大小】。设置【透明度】为 0%，【粒度大小】为 50，如图 2-37 所示。

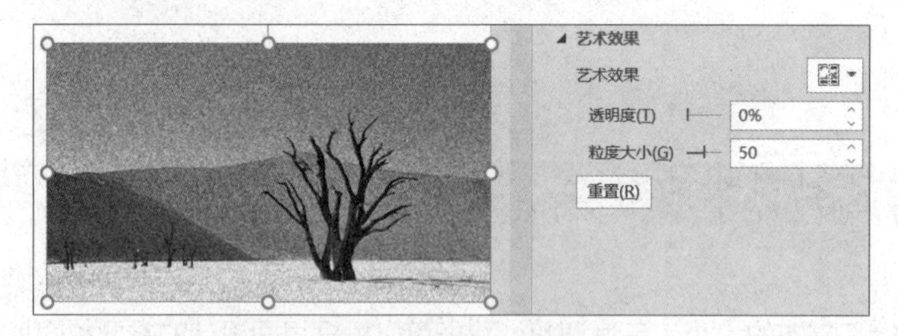

图 2-37　【艺术效果】的参数设置

当然，如果选择其他的图片预设效果，这里的设置项目也会随之改变。另外，如果想让图片恢复到添加效果前的状态，可以单击【重置】按钮。

2.3.4 彩色图片去色

还有一种减小图片大小的方法就是去色，也就是把彩色图片变为黑白图片，如图 2-38 所示。

（a）彩色原图

（b）黑白图片

图 2-38　图片去色案例

操作方法为：选中图片，在【格式】选项卡下的【调整】组中单击【颜色】下拉按钮，然后在下拉列表中的【颜色饱和度】区域中选择合适的效果。预览图中从左到右图片的饱和度逐渐增加，图片饱和度为 0 时，就是黑白图片，也就是去色后的图片，如图 2-39 所示。

图 2-39　【颜色饱和度】选项区域

如果需要对图片的颜色饱和度进行更细致的调整，则单击【颜色】下拉按钮，在下拉列表中选择【图片颜色选项】命令，在右侧弹出的【设置图片格式】窗格中调整颜色饱和度设置条就可以了，如图 2-40 所示。

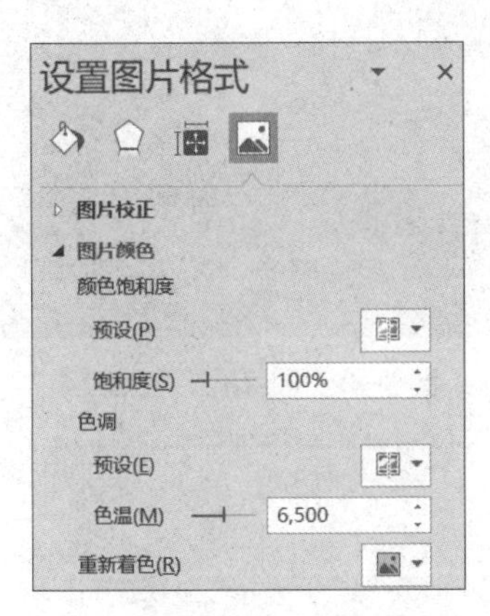

图 2-40　图片饱和度参数设置

图片既可以去色，也可以重新着色。在【颜色】按钮的下拉列表中，可以看到【重新着色】选项区域预设了多种颜色可选，如灰度、蓝色、绿色等，使用这个功能可以将多张原本五颜六色的图片变成一个色系，以统一风格。选择下方的【其他变体】命令还可以选择更多的颜色，如图 2-41 所示。

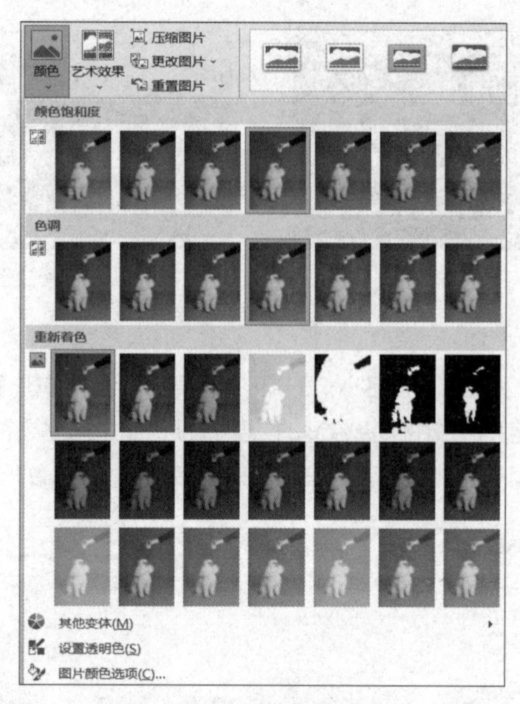

图 2-41 【颜色】的下拉列表

图 2-42 就是经过重新着色处理的案例。

图 2-42 图片重新着色案例

2.4 去哪儿找高质量图片

前面讲的让图片变得更清晰的处理方法，其实效果还是有限的，最好还是直接使用清晰的图片。

特别是全图型 PPT，图片质量很重要，即使再高端的设计，都可以被一张满是像素块的图片轻而易举地拉低档次。下面推荐几个可以免费下载高清大图的网站。

1 Pixabay

该网站是免费的外文网站，提供高清无码大图，无版权，可免费商用，还可以将语言切换为中文，如图 2-43 所示。

图 2-43 Pixabay 网站首页截图

另外，在该网站还可以按类别、尺寸、颜色等条件筛选所需要图片，如图 2-44 所示。

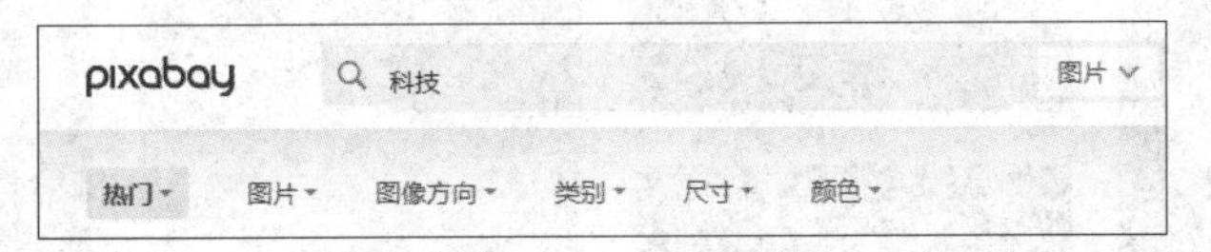

图 2-44 Pixabay 网站搜索页面截图

比如我们用绿色来筛选图片，可以搜到图 2-45 所示的图片。

图 2-45 Pixabay 网站搜索结果截图

2 Pexels

该网站同样也是免费的外文网站，也可以切换为中文版，如图 2-46 所示。

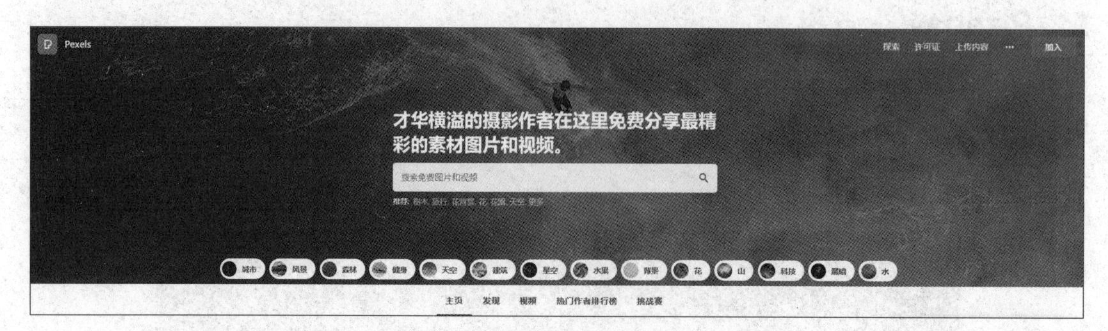

图 2-46　Pexels 网站首页截图

该网站的图片每周都会更新，图片质量也很不错，如图 2-47 所示。

图 2-47　Pexels 网站图片截图

这里的图片还会显示详细信息，比如拍摄相机的型号、光圈、焦距等，如图 2-48 所示。

图 2-48　Pexels 网站图片信息页面截图

3　Unsplash

这也是一家免费的外文图片网站，拥有海量实景图片，而且首页就有清晰的分类，如图2-49所示。

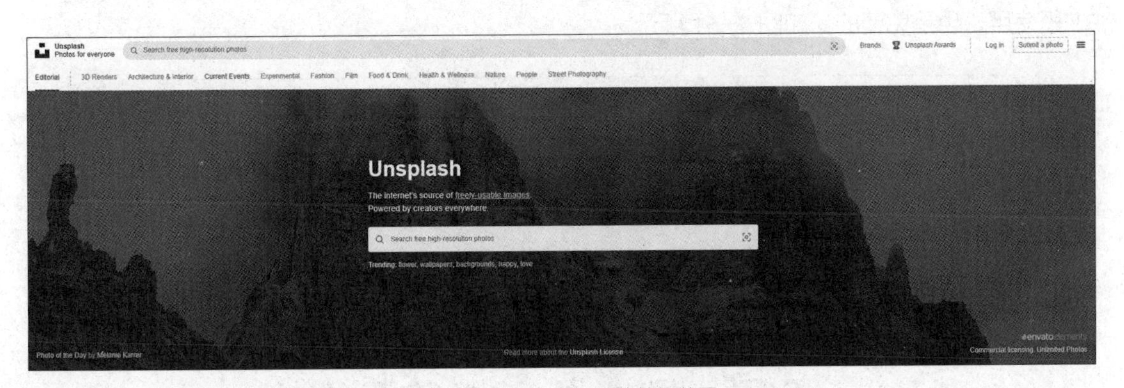

图 2-49　Unsplash 网站首页截图

这些图片都是高清图片，无需一步步下载，直接打开图片页面，右击图片然后在弹出的快捷菜单中选择【将图像另存为】命令（不同浏览器的名称可能不同），就可以将其保存下来，清晰度也是足够的，如图 2-50 所示。

图 2-50　Unsplash 网站图片截图

4　Pngimg

该网站提供的图片全部都是 png 格式的免抠图素材，就是无背景元素的图片，可以直接放到 PPT 里使用，也是免费的，如图 2-51 所示。

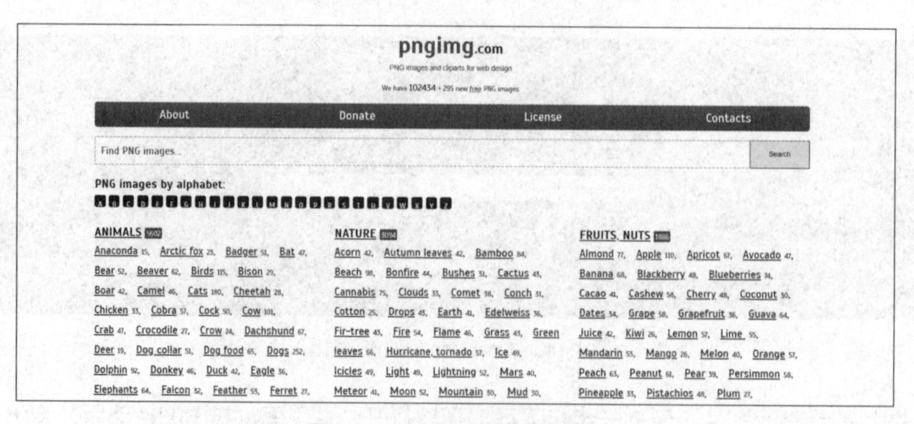

图 2-51　Pngimg 网站首页截图

从图 2-51 可以看到，这里是以首字母给图片分类的，比如我们单击或者设置关键字为 Earth，会搜到图 2-52 所示的这些图片，直接右击图片，在弹出的快捷菜单中选择【保存】命令就可以。

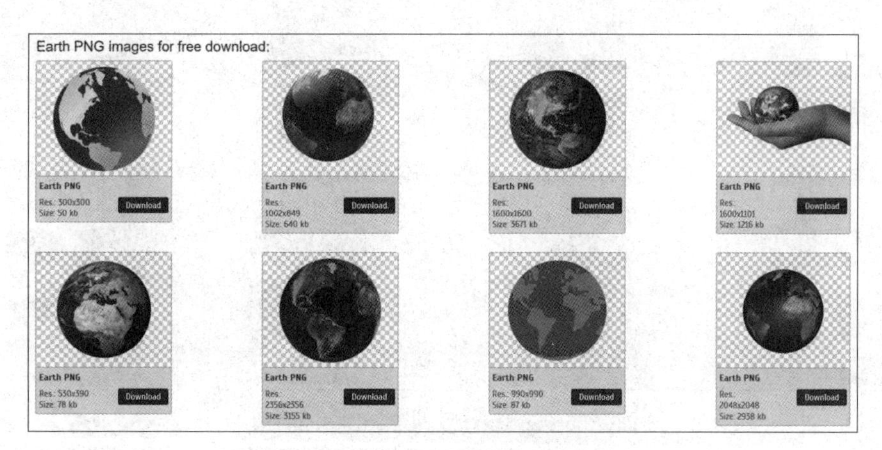

图 2-52　Pngimg 网站搜索结果截图

5　Stickpng

该网站提供的也是免费 png 图片，有很多实物的图片，还有些很搞怪的图片，如图 2-53 所示。

图 2-53　Stickpng 网站首页截图

网站首页已经对图片进行了分类，可以直接通过分类搜索，也可以通过关键字进行搜索，如图 2-54 所示。

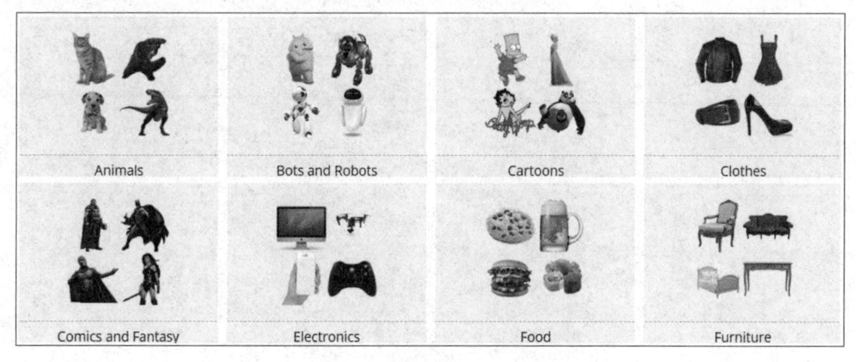

图 2-54　Stickpng 网站图片分类页面截图

比如我们选择 Food，之后就会出现食物的分类，如图 2-55 所示。

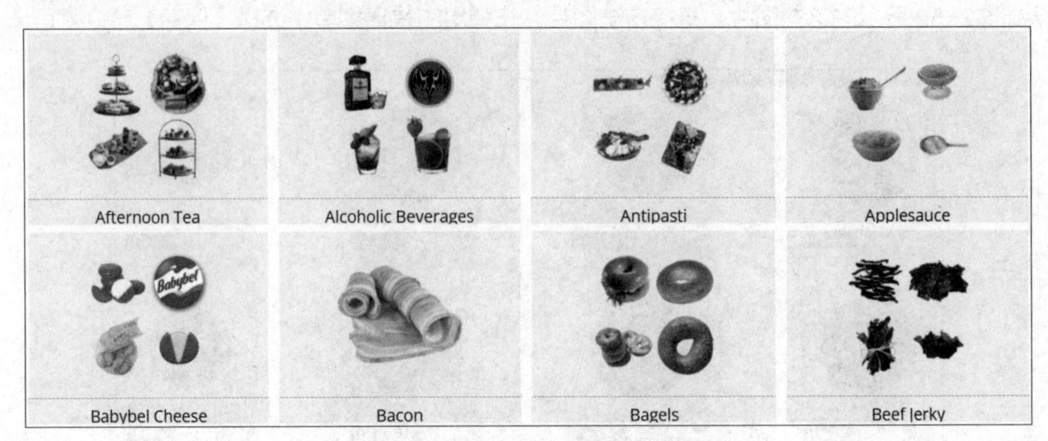

图 2-55　Stickpng 网站按类搜索页面截图

如果选择 Bagels，单击进去就可以看到独立的元素了，如果想要使用某个元素直接右击，在弹出的快捷菜单中选择【保存】命令即可，如图 2-56 所示。

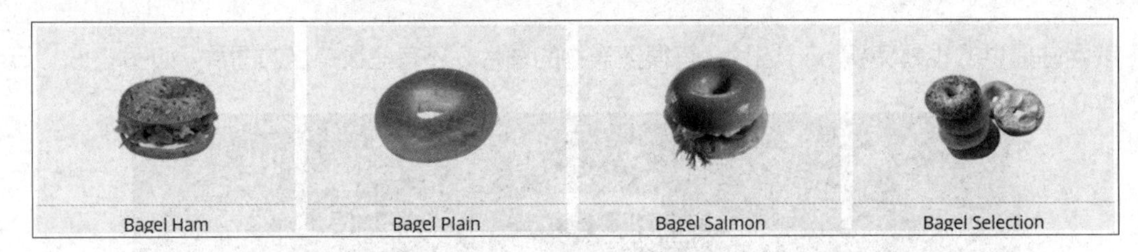

图 2-56　Stickpng 网站按类搜索结果截图

第3章 形状

在 PPT 页面中不光可以调整图片，还可以进行绘图。在 PPT 里，形状是一个神奇的工具，在绘图方面有强大的功能。如图 3-1 所示，这是通过 PowerPoint 软件中的形状工具绘制出来的。

图 3-1　PPT 中的绘图效果

在制作 PPT 时，除了绘制简单的形状，还需要对形状进行处理和美化，让整体页面达到我们想要的效果。

3.1 随心所欲绘制形状

下面我们就从绘制形状开始，来掌握 PPT 的绘图功能吧。

3.1.1 绘制规则形状

在【插入】选项卡中单击【形状】下拉按钮，在下拉列表中可以看到自带的多种形状。单击选择任意形状后，在编辑页面上直接拖动鼠标就能完成对应形状的绘制了，比如图 3-2 中我们绘制了椭圆形。

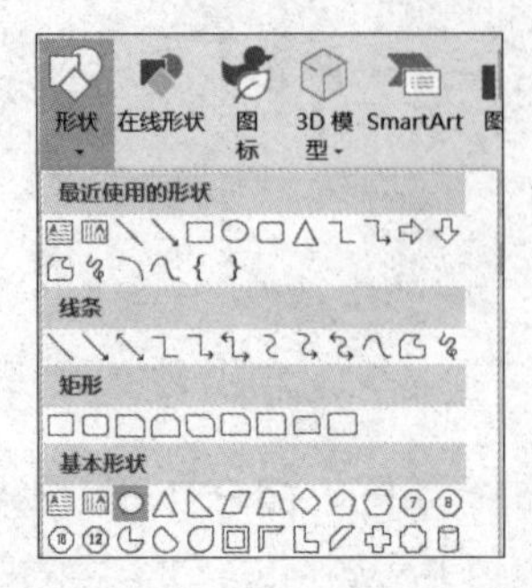

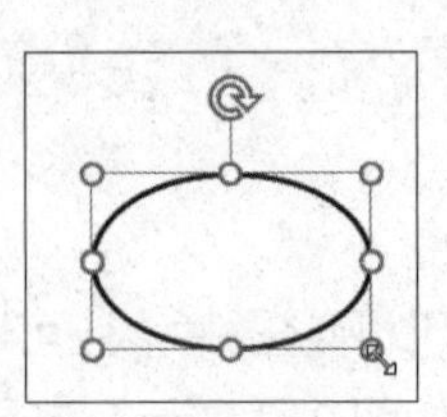

图 3-2　插入形状

绘制椭圆形形状的操作很简单，但是如果需要绘制的形状是正方形、圆形、正三角形，那该怎么做呢？这里我们以正方形为例。

（1）在【插入】选项卡中单击【形状】下拉按钮，在下拉列表中选择【矩形】分类下的第一个形状图标，如图 3-3 所示。

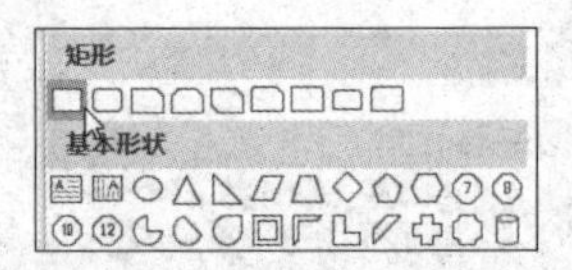

图 3-3　插入矩形界面

（2）按住【Shift】键，同时在编辑页上拖曳鼠标，这样绘制的矩形就是一个正方形，如图 3-4 所示。

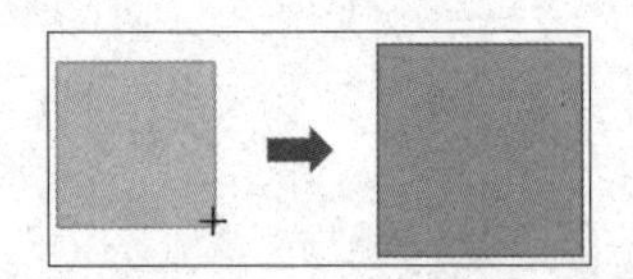
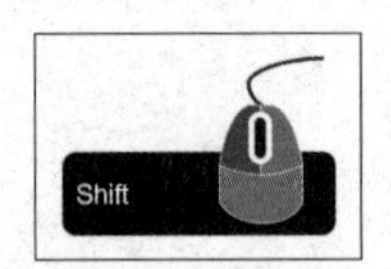

图 3-4　绘制正方形操作示意图

绘制正圆形、正三角形与绘制正方形的方法相同，例如，选择六边形形状，按这个方法绘制出来的形状就是等边的正六边形。

我们注意到，绘制出来的多数形状都有一个（有的可能是多个）黄色的圆点，拖动可对形状做进一步调整。例如，将原本圆角矩形的黄色圆点向右拖动至中点处，形状将会变成圆形，如图 3-5 所示。

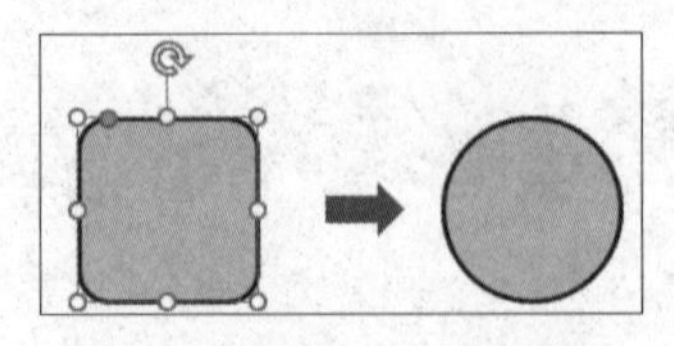

图 3-5　矩形圆角调整示意图

如何等比例改变形状大小？

插入形状后，如何在保持比例不变的情况下调整形状的大小呢？这里要用到【Shift】键。

选中形状，按住【Shift】键，同时按住鼠标左键拖动该形状，就可以等比例调整形状的大小了，确定好形状的大小后释放鼠标左键即可，如图3–6所示。

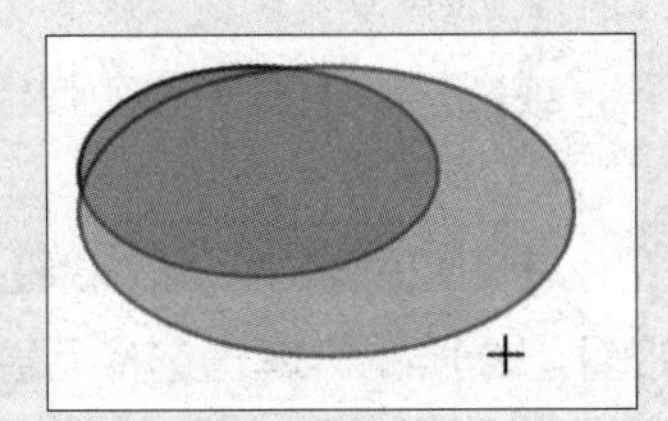

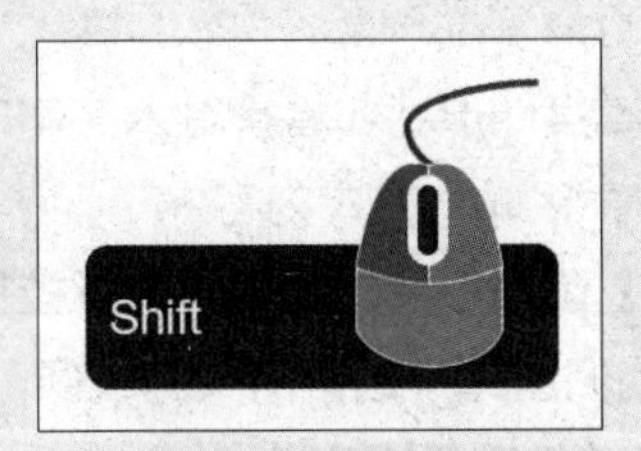

图3-6 等比例缩放形状示意图

如果希望形状从中心进行等比例缩放，选中形状后，同时按住【Shift】键和【Ctrl】键，再按住鼠标左键拖动形状，就可以看到形状从中心进行等比例缩放，确定大小后释放鼠标左键即可，如图3–7所示。

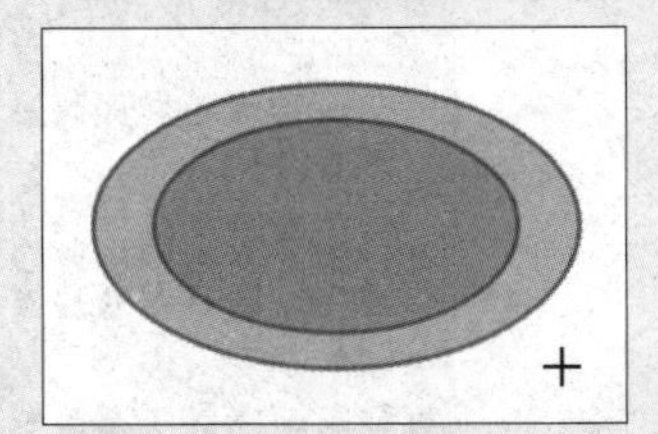

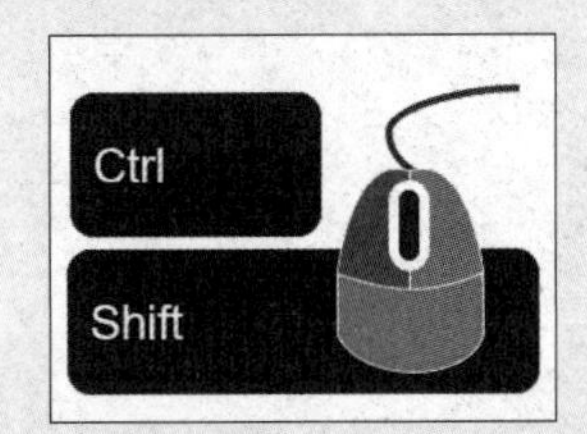

图3-7 从形状中心等比例缩放示意图

3.1.2 绘制线条

1 绘制连接线

在制作带连接线的框图或流程图时，我们常常选择用Visio工具，连接线可以随着文本框移动，很方便。其实，这在PPT里也是可以实现的，如图3-8所示，我们在图3-8（a）框图的基础上移动深色的文本框，就可以得到图3-8（b）的效果，即连接线可以自动随文本框移动。

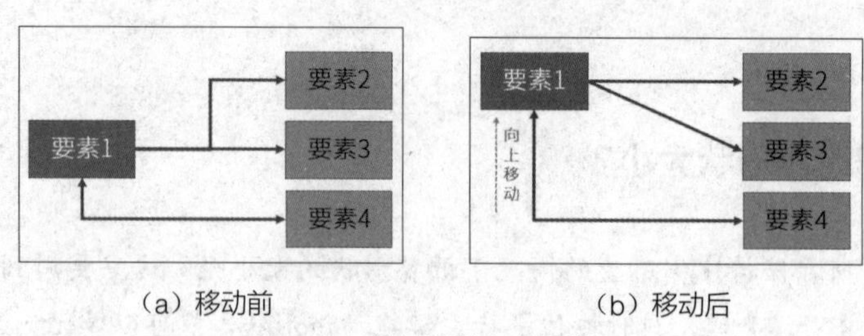

（a）移动前　　（b）移动后

图 3-8　连接线随文本框移动

框图绘制步骤如下。

（1）插入矩形或其他形状，直接输入文本内容，或在形状上右击并在弹出的快捷菜单中选择【编辑文字】命令，然后输入文本内容。

（2）在【插入】选项中单击【形状】下拉按钮，在下拉列表中的【线条】分组里选择线条类型。根据框图需求我们选择一端带箭头的线条，如图 3-9 所示。单击选择后直接在编辑页面上拖动鼠标，即可绘制一条带箭头的直线。

（3）选中线条，在【格式】选项卡中单击【形状轮廓】下拉按钮，在下拉列表中的【主题颜色】中选择黑色方块，将线条颜色设置为黑色，并在【粗细】中将线条粗细设置为 3 磅。这里还可以把线条设置为虚线等其他线型，或改变箭头形状，如图 3-10 所示。

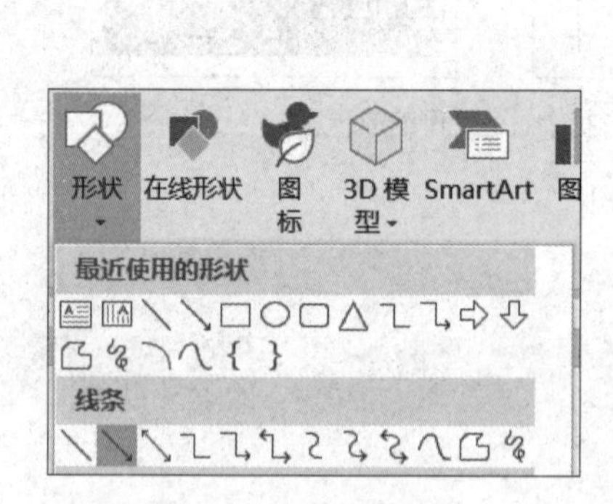

图 3-9　线条选择界面

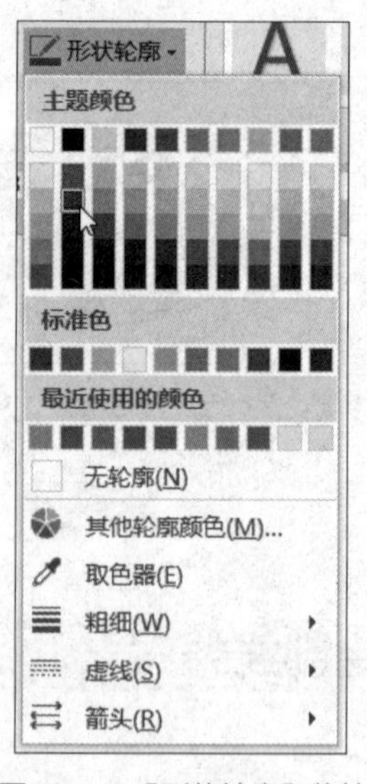

图 3-10　【形状轮廓】菜单

（4）连接形状。当线条一端靠近形状时，形状四周会显示几个连接点（灰色圆点，低版本是红色方块），如图 3-11 所示。拖动鼠标将线条端点对准连接点，这样在移动形状时，线条就可以跟随移动了。如果想取消线条和形状的连接关系，直接将线条端点从形状连接点上移开就可以了。

当然，也可以在第（2）步绘制线条时，直接将连接线的开始和结束放至在连接点上。另外，如果我们希望连接线走向都是横平竖直的，可以选择【线条】选项区域中的第 5 或第 6 个线条类型，如图 3-12 所示。

图 3-11　线条靠近形状的显示截图

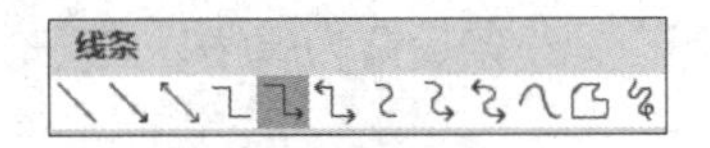

图 3-12　线条选择界面

图 3-13 是使用两种类型的线条做出的框图效果。

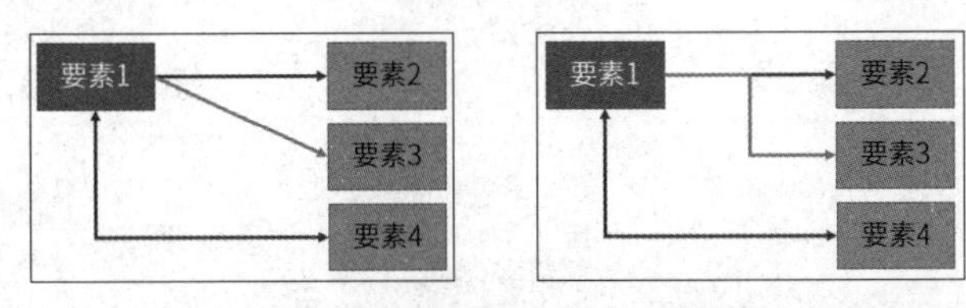

图 3-13　两种不同线型的流程图

2　绘制曲线

前面讲到的连接线都是直线，其实曲线也可以作为连接线，绘制方法和直线相同。【形状】按钮的下拉列表中自带了曲线的连接符，可以直接选择使用，操作方法和直线类似。

这里我们主要讲解自由曲线的绘制，方法如下。

（1）在【插入】选项卡中单击选择【形状】下拉按钮，在下拉列表中的【线条】选项区域里选择【曲线】类型，如图 3-14 所示。

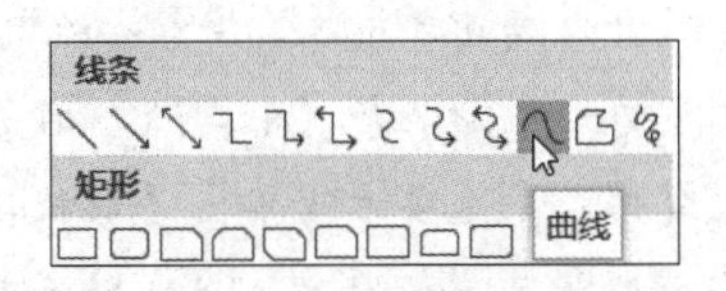

图 3-14　曲线选择界面

（2）用鼠标在编辑页面上单击一下，作为曲线起始点，移动鼠标后再单击一下即可形成曲线的一个拐点。用相同的方法确定曲线的多个拐点，完成全部拐点后双击即可退出编辑状态，曲线绘制完成，如图 3-15 所示。

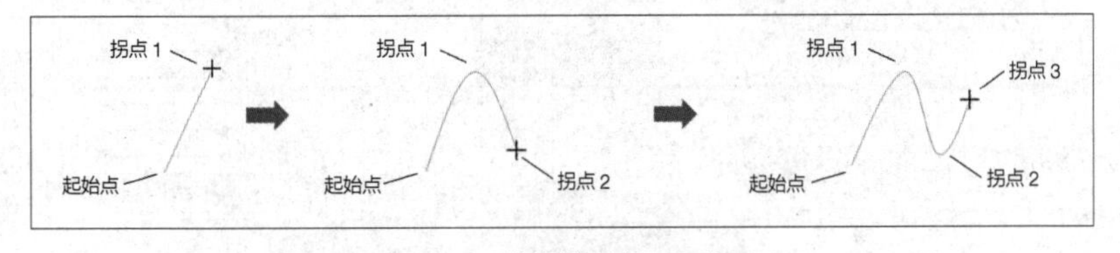

图 3-15　曲线绘制步骤示意图

（3）曲线绘制完再设置线条格式。选中线条，在【格式】选项卡中单击【形状轮廓】下拉按钮，在下拉列表中选择绿色，将线条颜色设置为绿色，并将线条的粗细设置为 2.25 磅，效果如图 3-16 所示。

这里还可以把线条设置为虚线，如图 3-17 所示。

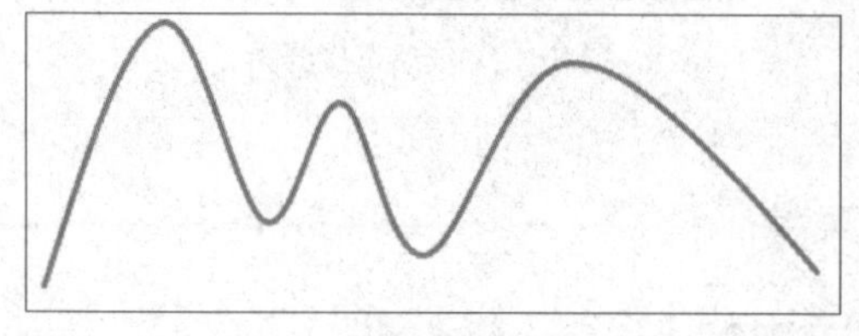

图 3-16　绿色线条效果

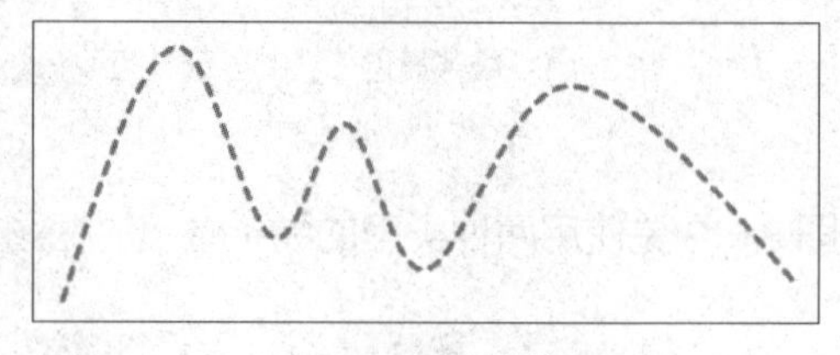

图 3-17　虚线效果

专家提示

如何绘制不规则线型的箭头线?

PPT 自带的形状里有多种箭头线，还可以根据自己的需求绘制不规则线型的箭头线，如图 3-18 所示。

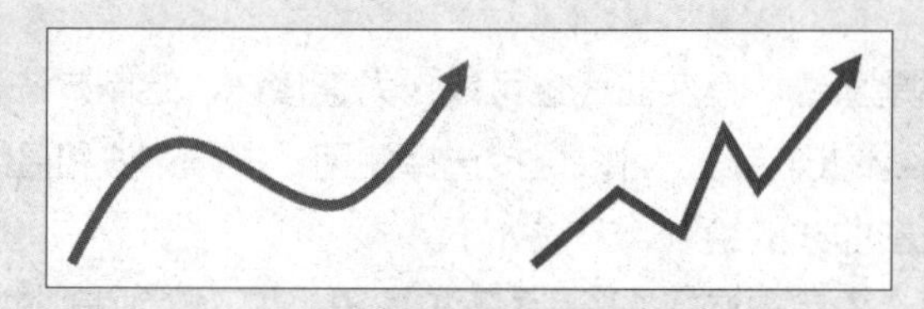

图 3-18　不规则线型箭头线效果

首先，按照前面介绍的方法绘制出曲线或者折线。注意：绘制右边的折线时，线条选择【线条】选项区域中倒数第 2 个图标【任意多边形：形状】（不同版本名称可能不同），如图 3-19 所示。

绘制好线条后，选中线条，在【格式】选项卡里单击【形状轮廓】下拉按钮，在下拉列表中的【箭头】的子菜单中选择一种箭头类型即可。当然也可以选择【其他箭头】子命令，然后在弹出的窗格中进行更多箭头的设置，如图 3-20 所示。

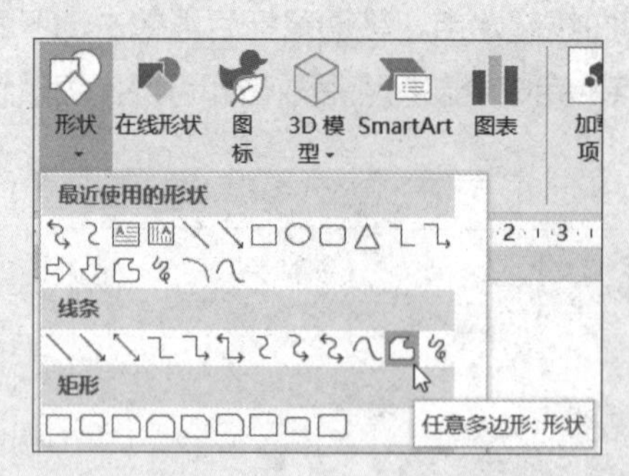

图 3-19　任意多边形选择界面

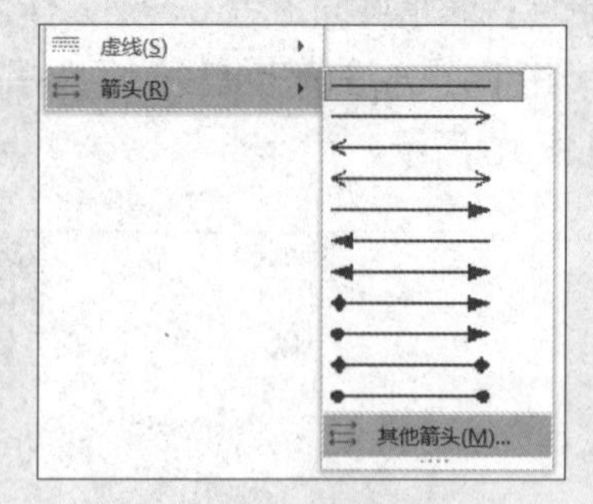

图 3-20　箭头菜单栏

注意，使用【线条】选项区域中的最后两个工具【任意多边形：形状】和【任意多边形：自由曲线】时，不仅可绘制不规则折线，还可以绘制不规则闭合形状。方法是，在绘制最后一个顶点时要拖动到第一个顶点处与之重合，形成一个闭合的区域即可，这样得到的形状是可以设置填充色的。

3.1.3 绘制任意形状

现在我们学会了在 PPT 里绘制规则形状、线条及不规则形状的方法，其实 PPT 还提供了形状的编辑顶点功能，可以对现有形状的顶点进行修改调整，从而绘制出我们想要的任意形状。下面以图 3-21 为例学习如何绘制任意形状。

图 3-21　形状绘制案例

案例中的小花是由花瓣和中心的圆组成的，其中的花瓣是对基础形状进行了顶点编辑形成的，这也是形状绘制常用的方法之一。图 3-22 是对其中一朵小花的绘制步骤示意图。

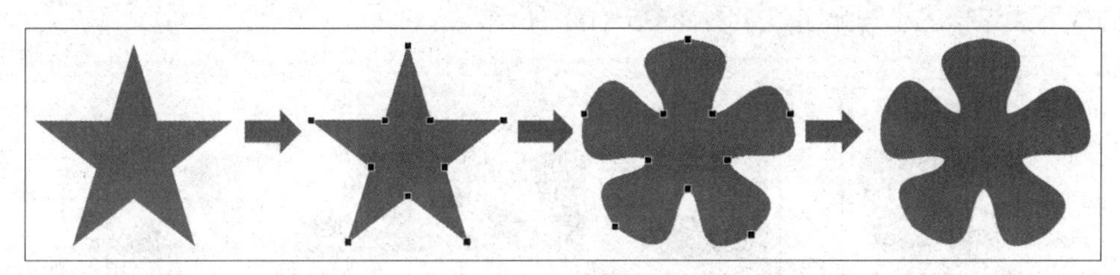

图 3-22　绘制花朵步骤示意图

具体操作步骤如下。

（1）插入基础形状并右击形状，在弹出的快捷菜单中选择【编辑顶点】命令，如图 3-23（a）所示；形状周围出现若干黑色小方块，就是顶点，如图 3-23（b）所示，拖动任意顶点可以改变其位置，进而改变该形状；单击选择顶点后，就可以看到顶点两侧出现了带有白色方形端点的控制柄，如图 3-23（c）所示，拖动控制柄可以调整选中顶点到相邻顶点之间线条的弯曲度。

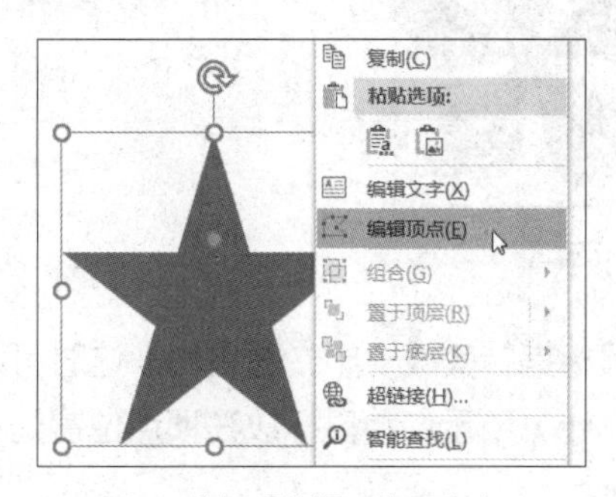

（a）选择【编辑顶点】命令

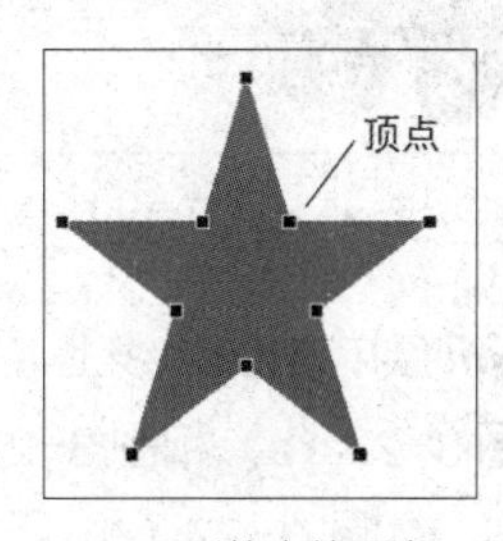

（b）形状中的顶点

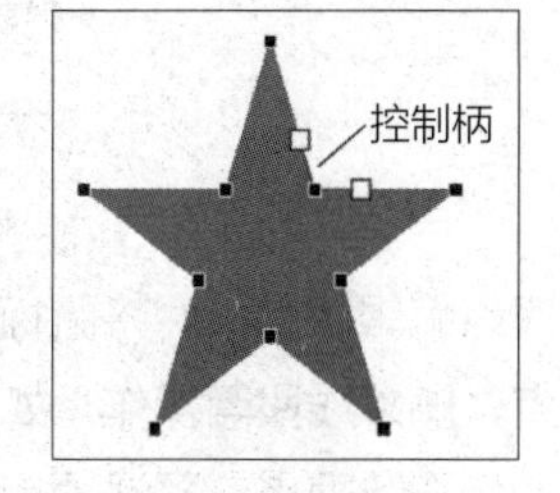

（c）形状中的控制柄

图 3-23　编辑顶点操作示意图

（2）单击选择五角星最上方的顶点，拖动鼠标改变一个控制柄的方向，两个顶点间的线段就会发生弯曲，然后再调整控制柄的长度，曲线的弯曲度也会随之改变，如图 3-24 所示。调整好控制柄后，在空白处单击即可退出编辑顶点。

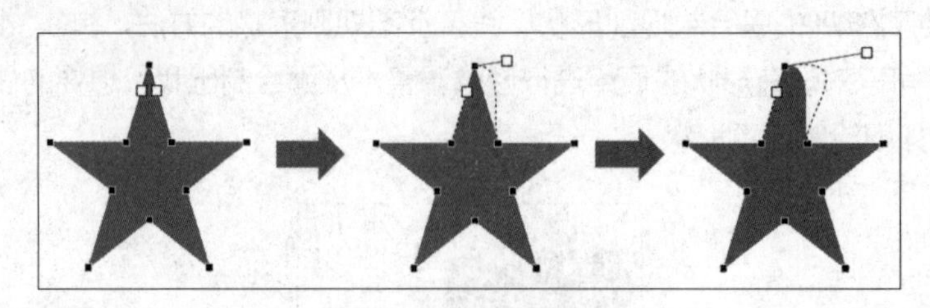

图 3-24　顶点控制柄操作示意图

用相同的方法调整好五角星最上方顶点另一侧的控制柄，再把其他四个顶点也调整成花瓣的样子，这样一个花朵的形状就初具雏形了。

（3）仔细观察一下虚线框区域会发现，花瓣内侧的顶点（花瓣之间的空白处）是较尖锐的，如图 3-25（a）所示。这里我们再来把内侧调整得更圆润些，首先用上面的方法调整内侧顶点控制柄，让两个控制柄在同一条直线上，这样尖角就会变得圆润，再把控制柄稍微缩短些，就可以把内侧尖角做成下图这样的小圆弧了，如图 3-25（b）所示。

（a）花瓣待调整部分

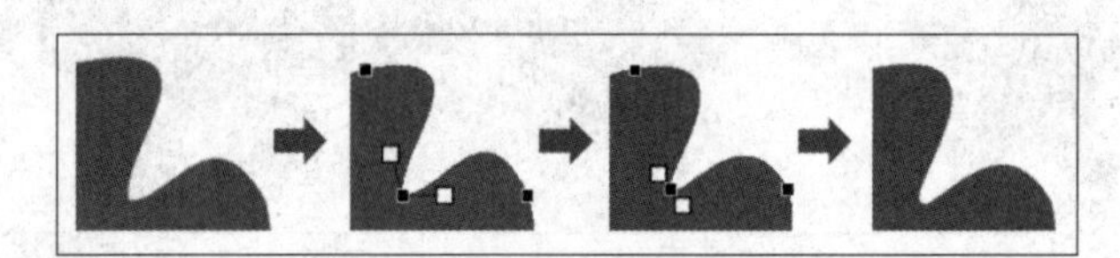

（b）花瓣调整示意图

图 3-25　顶点微调操作示意图

把五个内侧顶点都调整好，一个花朵的形状就做好了。如果将内侧的五个顶点向中心拖动，就可以绘制出另外一种形状的花瓣了，如图 3-26 所示。

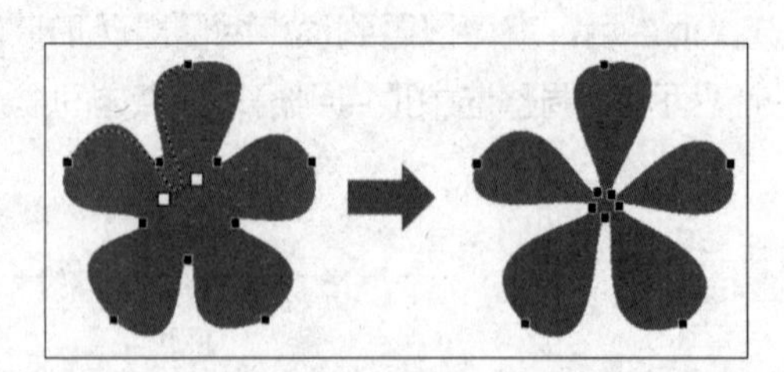

图 3-26　顶点移动操作示意图

在顶点编辑状态下，将鼠标移动到花瓣的边线上，鼠标指针变成“十”时右击，这时可以执行添加顶点、删除线段等操作，如图 3-27（a）和图 3-27（b）所示；将鼠标放在顶点位置处右击，可以添加和删除顶点、平滑顶点等，如图 3-27（c）所示。

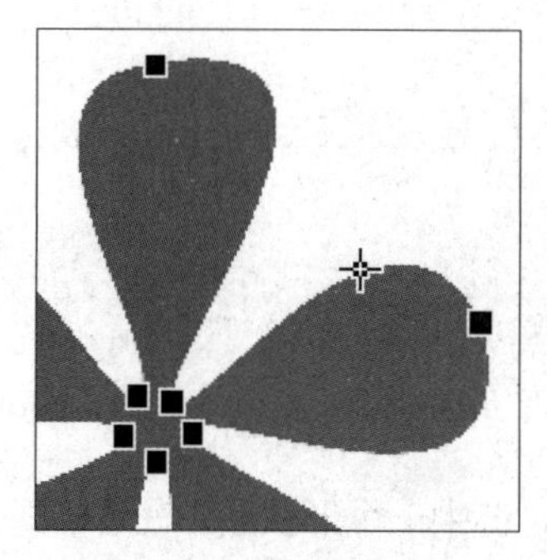

（a）可编辑状态

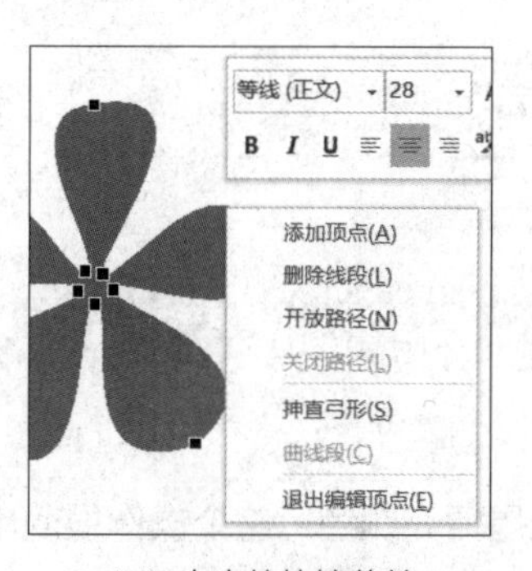

（b）右击的快捷菜单

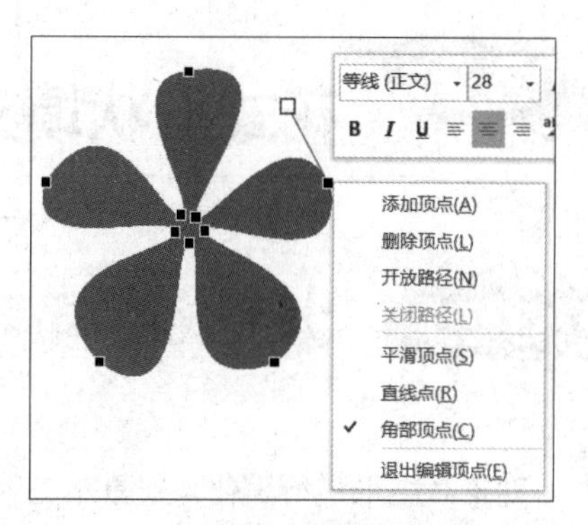

（c）添加或删除顶点

图 3-27　添加删除顶点界面

专家提示

如何让形状旋转精确的角度？

如图 3-28 所示为对花朵依次旋转 15°，如何让形状按规定的角度进行旋转呢？

图 3-28　形状旋转示例

先选中形状，按住图标拖动即可自由旋转形状，也可在【格式】选项卡下单击【旋转】下拉按钮，在下拉列表里可以直接选择各种旋转方式。若需要将形状按一个精确的角度进行旋转，选择【其他旋转选项】命令即可，如图 3-29（a）所示，右侧会出现【设置形状格式】窗格，可以在【旋转】栏里填写具体的旋转角度，如图 3-29（b）所示。设置之后即可按一定角度旋转，这是手动旋转没法做到的。

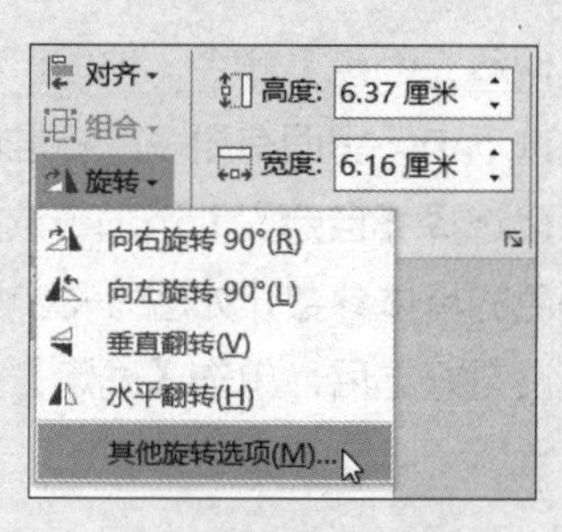

（a）选择【其他旋转选项】命令

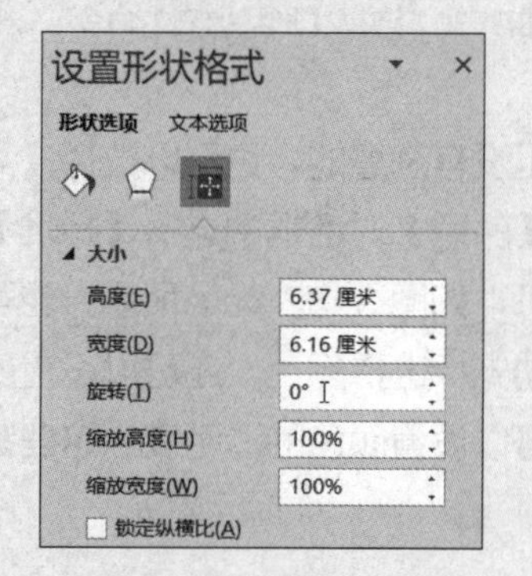

（b）【设置形状格式】窗格

图 3-29　形状旋转参数设置界面

3.2 花式形状填充

3.2.1 填充纯色

对形状图形进行美化，最基本的就是填充颜色。这个操作很简单，选中一个形状后，在【格式】选项卡中单击【形状填充】下拉按钮，在下拉列表中选择想要的颜色就可以。单击按钮左侧的小油漆桶图标后，会用上次操作选择的颜色（也就是油漆桶下面的矩形条颜色）直接填充形状，如图 3-30 所示。

在图 3-31 中，【主题颜色】是当前 PPT 所使用的主题里预设的颜色，且会随着当前主题的改变而改变。【标准色】就是固定的颜色，不会随着主题改变。选择【无填充】表示没有颜色，也就是透明色。

图 3-30　选择【形状填充】命令

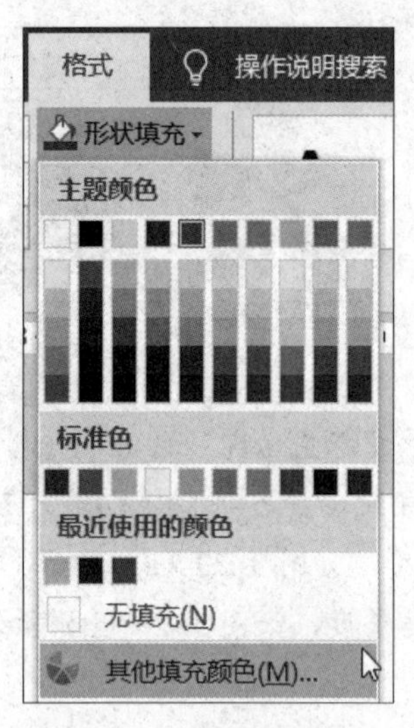

图 3-31　【形状填充】菜单

如果这些颜色里没有满意的，也可以选择【其他填充颜色】命令，这里可以设置自己需要的任何颜色。在弹出的【颜色】对话框中选择【标准】选项卡，里面有更多的标准颜色，直接选择后单击【确定】按钮即可，如图 3-32（a）所示；也可以选择【自定义】选项卡选择颜色，在颜色盘上单击或按住左键移动光标选择颜色，还可以设置颜色的具体参数，如图 3-32（b）所示。另外，在对话框的最下方还可以设置颜色的透明度。这些都设置好之后，单击【确定】按钮即可。

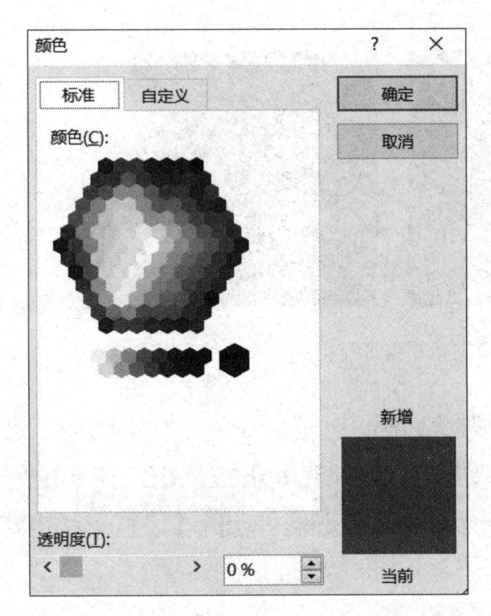

（a）【颜色】对话框

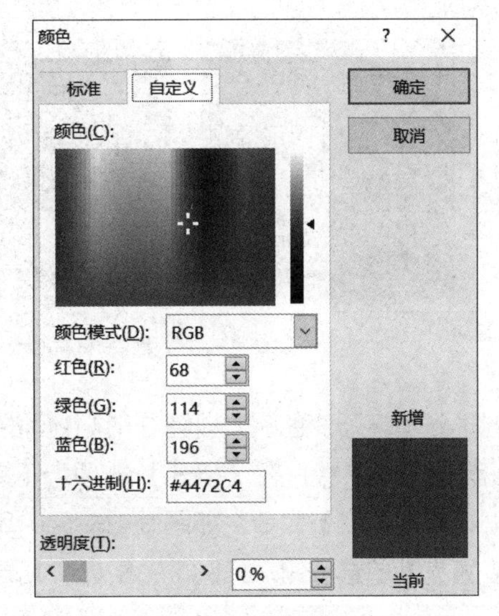

（b）设置颜色参数

图 3-32　颜色设置窗口

专家提示

已经设置好格式的形状，如何快速更改？

已经设置好格式的形状（如填充颜色、边框等），如果需要更改形状时，是不需要重新插入形状再设置格式的。正确的操作是选中要更改的形状，单击【格式】选项卡中的【编辑形状】下拉按钮，在下拉列表中选择【更改形状】命令，然后在子菜单中直接选择想要的形状就可以了，如图 3-33 所示。

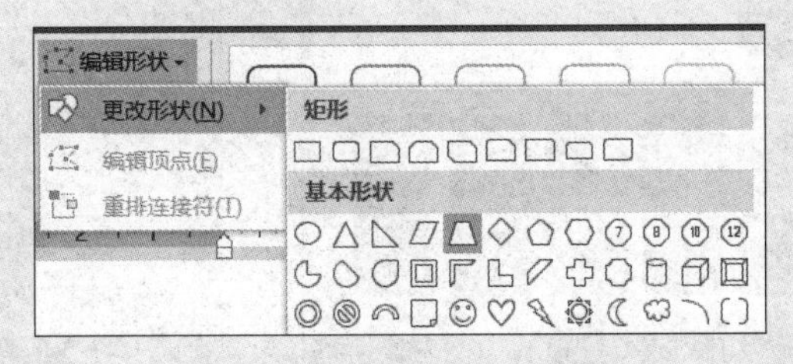

图 3-33　【更改形状】命令

3.2.2 填充渐变色

如果觉得纯色太过单调的话，这里还可以给形状填充色彩丰富的渐变色，如图 3-34 所示。

图 3-34　形状填充渐变色案例

如何对形状填充渐变色呢？以图 3-34 中间的形状为例。

（1）首先选中形状，在【格式】选项卡下单击【形状填充】下拉按钮，在下拉列表中选择【渐变】→【其他渐变】命令，如图 3-35（a）所示；然后在右侧弹出的【设置形状格式】窗格中选中【渐变填充】单选按钮，如图 3-35（b）所示。

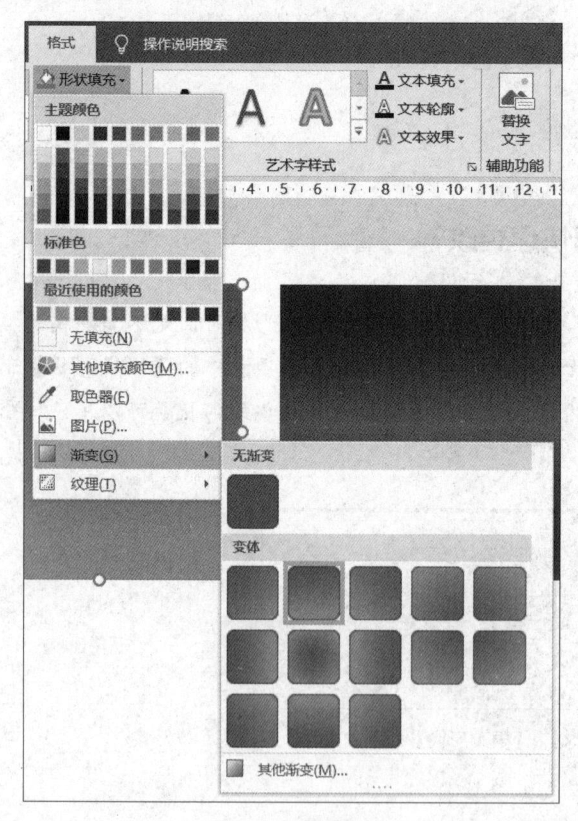

（a）选择【其他渐变】命令

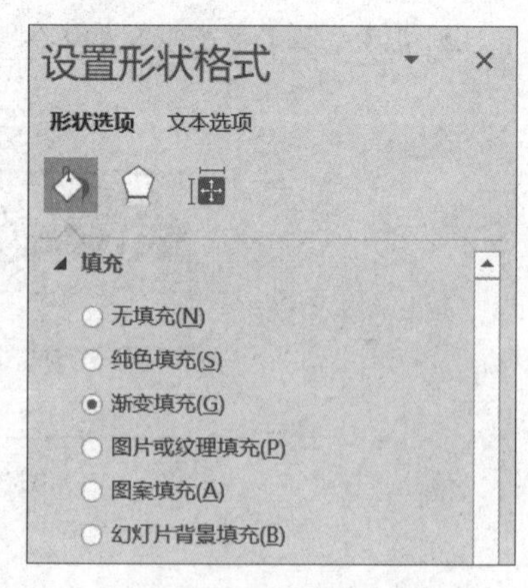

（b）【设置形状格式】窗格

图 3-35　渐变色设置界面

（2）案例填充的是由三种颜色组成的渐变色，这三种颜色可以在【渐变光圈】的色彩条中设置滑块颜色来确定。色彩条右侧的 和 按钮用来增加或者删除滑块。选中一个滑块，再单击【颜色】旁边的小油漆桶图标可以设置当前滑块的颜色，如图 3-36 所示。

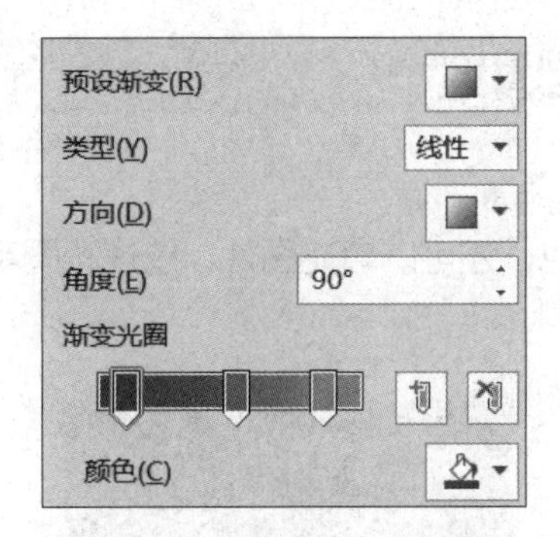

图 3-36 【渐变光圈】设置界面

图 3-36 中自左向右三个滑块的颜色参数如图 3-37 所示。

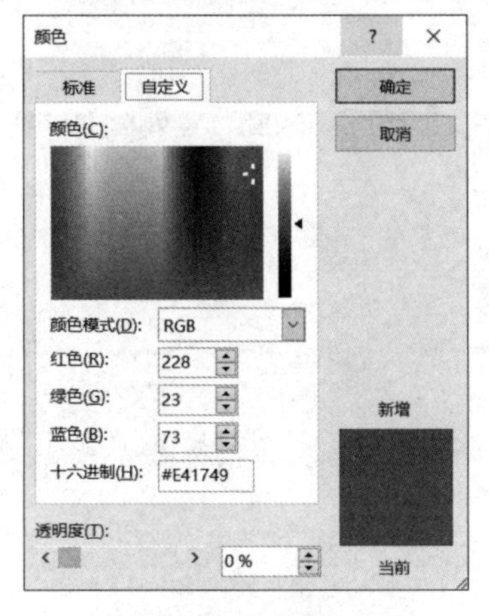

（a）第一个滑块的颜色参数

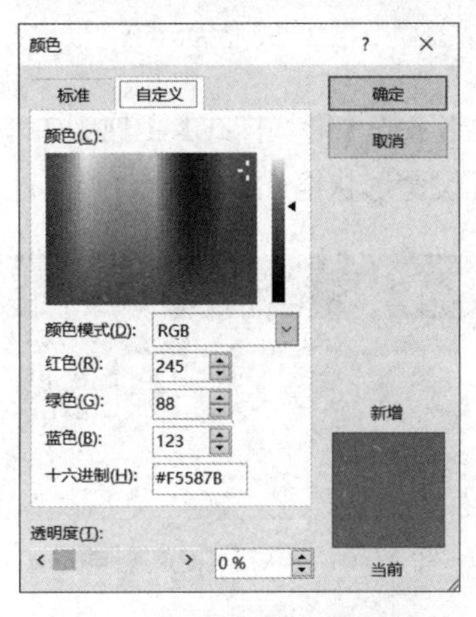

（b）中间滑块的颜色参数

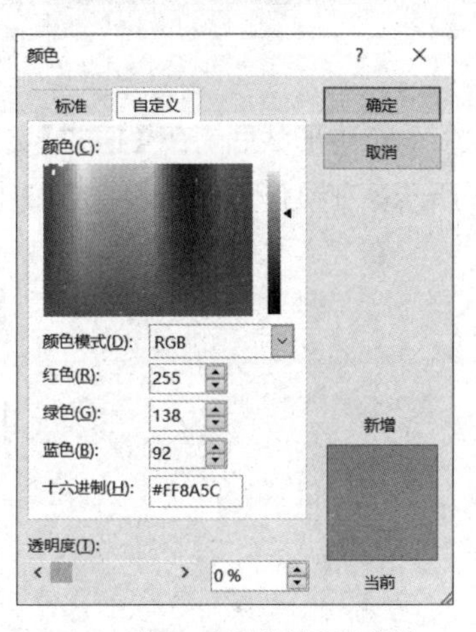

（c）最后一个滑块的颜色参数

图 3-37 【渐变光圈】的滑块设置参数

（3）设置每个滑块的位置和透明度。选中左端滑块，在【位置】处输入 10%（也可以在光圈条上移动滑块小标签到 10%），其他滑块也可以用相同的方法进行设置。软件会自动将两个滑块之间的颜色设置成自然过渡的效果。这里【透明度】设置为 0%，就是完全不透明，如图 3-38 所示。

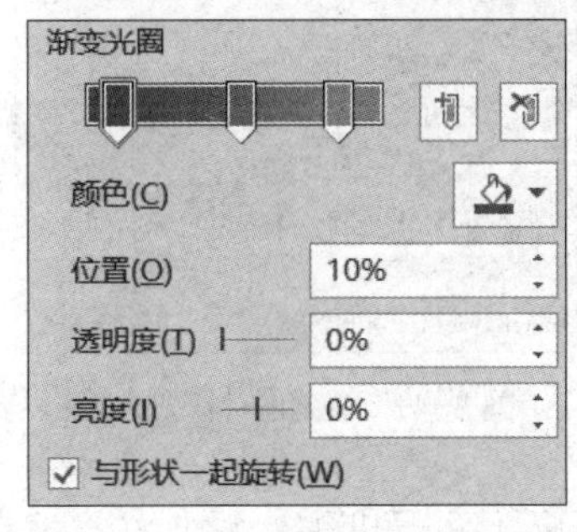

图 3-38 【渐变光圈】的参数

3.2.3 填充图片或图案

对于形状，除了可以填充颜色，还可以填充图片、纹理和图案，图 3-39 为在矩形里的三种填充方式。

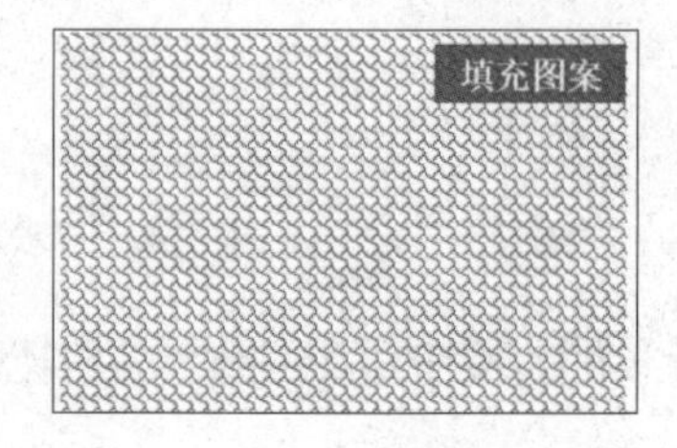

图 3-39　形状填充

选中形状后，在【格式】选项卡下的【形状样式】工具组中单击右下角的箭头图标，如图 3-40 所示。在操作界面右侧将会弹出【设置形状格式】窗格。

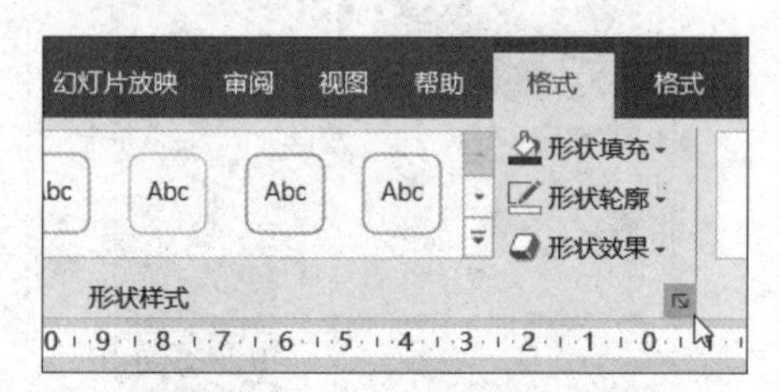

图 3-40　形状格式设置操作界面

在【设置形状格式】窗格中选择【形状选项】，再单击小油漆桶图标。在【填充】选项组中选中【图片或纹理填充】单选按钮（此时窗格名称变为【设置图片格式】），如图 3-41 所示。

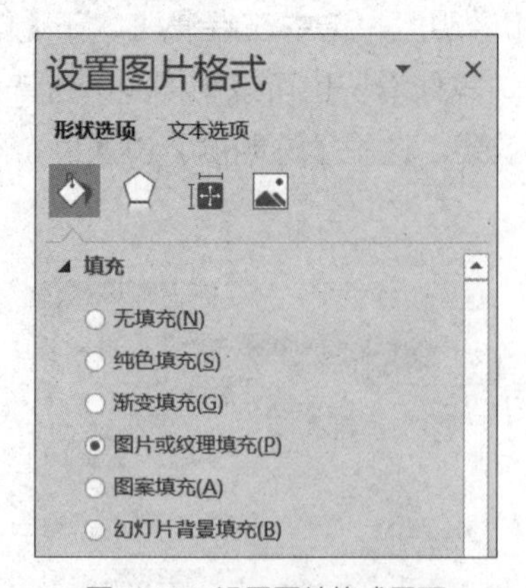

图 3-41　设置图片格式界面

填充图片时，图片源有两种选择方式，如图 3-42 所示：一种是单击【插入】按钮直接选择本地图片；另一种是单击【剪贴板】按钮填充剪贴板中的图片（在这步操作之前，需要先选中一张图片并执行【复制】和【粘贴】操作，将该图片保存在剪贴板里）。填充纹理的方法更便捷，单击【纹理】右侧的按钮，在下拉列表中直接选择合适的纹理即可。

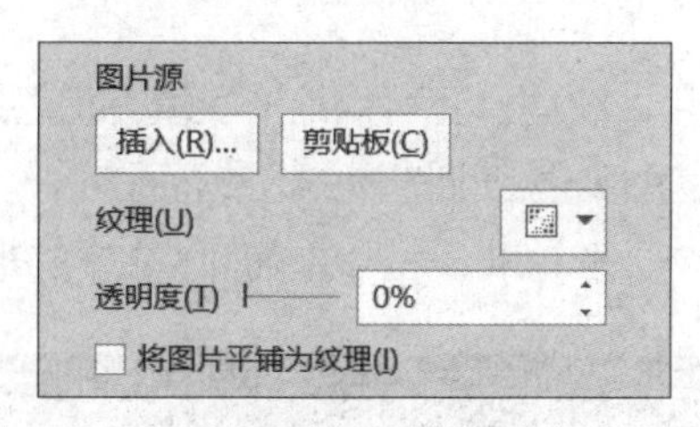

图 3-42　图片源选择

在图 3-42 中，如果取消选中【将图片平铺为纹理】复选框，图片将会被压缩或拉伸填充入所选形状（图片显示完整）；若选中该复选框，图片将保持原有大小和比例平铺填充（图片比形状大则只显示部分区域，图片比形状小则重复显示）。

在图 3-43 所示的案例中，需要将 16∶9 的原图填充至 4∶3 的形状中，若不选中【将图片平铺为纹理】复选框，图片将会被压缩；若选中【将图片平铺为纹理】复选框，可以看到图片的一角，这是因为所选形状相比原图非常小，仅有原图的一角那么大。

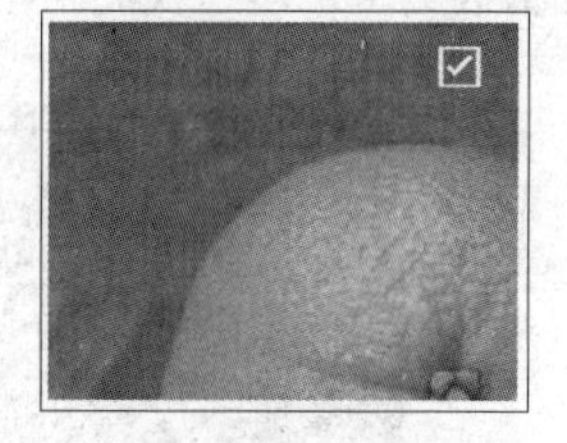

图 3-43　图片平铺为纹理案例

此外，形状里还可以添加已经预设好的图案，并且可以对这些图案和底色进行调整。图 3-44 是选中【图案填充】单选按钮后弹出的窗口界面，在下面的【图案】区域中可以选择需要的纹理图案。

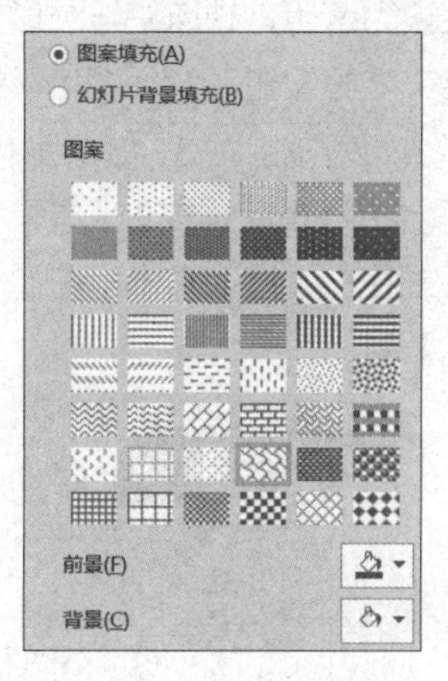

图 3-44　图案填充形状界面

3.2.4 填充幻灯片背景

除了能给形状填充颜色、图片、纹理，还可以给形状填充幻灯片背景，这个功能很有趣。填充后的形状如果要移动位置，填充的图案也会随背景的改变而改变，以图 3-45 为例进行说明，图中用到两种元素，一种是一大一小两个圆形轮廓；一种是添加了文字的矩形，也可以把它看成是文本框。

图 3-45　形状填充幻灯片背景案例

乍一看很简单，可是我们常常会做成图 3-46 的样子。

（a）填充效果（1）

（b）填充效果（2）

图 3-46　形状填充错误案例

图 3-46（a）是将文本框的背景设为透明，缺点是与圆形交汇处的线条也显示出来了，对文字造成了干扰；图 3-46（b）是干脆给文本框设置了背景颜色，线条虽然不显示，字也清楚了，但是这个颜色跟背景图片融合得不好。那么如何做出图 3-45 中那样的效果呢？

先选中文本框，单击【格式】选项卡中【形状样式】工具组右下角的箭头图标，如图 3-47 所示。右侧会弹出【设置形状格式】窗格。或在文本框上右击，在弹出的快捷菜单中再选择【设置形状格式】命令，也会弹出【设置形状格式】窗格。

图 3-47　形状格式菜单

在【设置形状格式】窗格中选择【形状选项】，再单击小油漆桶图标。在【填充】选项组中选中【幻灯片背景填充】单选按钮，如图 3-48 所示。这样，矩形文本框就完成背景填充了。无论文本框移动到哪里，都会以当前位置的背景图片进行动态填充。

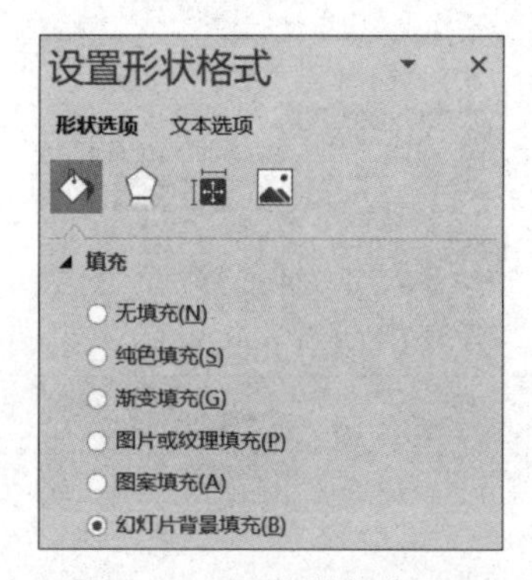

图 3-48 设置形状格式界面

这里有以下两点需要注意。

(1) 要把文本框放在圆环的上层（右击文本框，在弹出的快捷菜单中选择【置于顶层】命令），刚好视觉上圆环被填充了背景的文本框矩形挡住，才有了上面的效果。

(2) 幻灯片背景一定要是真正的背景，直接在幻灯片里插入一张图片拉大占满全页是不行的。正确方法为：在幻灯片空白处右击，选择【设置背景格式】命令，然后在右侧弹出的【设置背景格式】窗格中选择背景填充方式，上面案例中选中的是【图片或纹理填充】单选按钮，然后插入图片，如图 3-49 所示。当然，这里无论给背景设置哪种填充方式都可以作为幻灯片背景被形状填充。

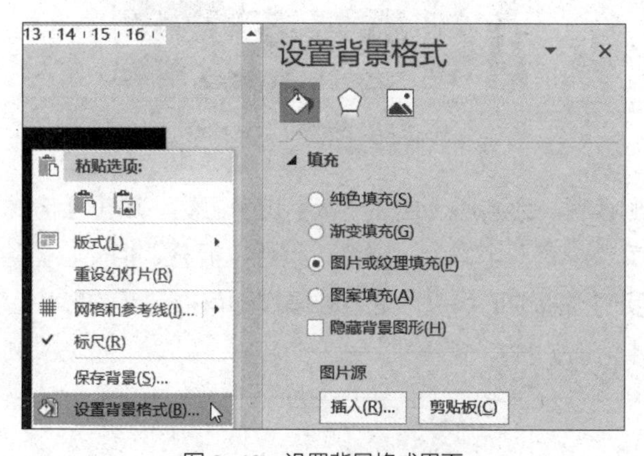

图 3-49 设置背景格式界面

专家提示

如何让每次插入的形状都是想要的格式呢?

我们每次插入形状后，默认的效果都不太理想，然后还需要自己再重新填充颜色或者加边框。

那么如何让默认的形状都是我们想要的样式呢？方法很简单，插入一个形状，根据需要设置好其填充、轮廓等格式，然后选中该形状并右击，在弹出的快捷菜单中选择【设置为默认形状】命令，以后再插入的形状默认都会是设置好的效果，如图 3-50 所示。

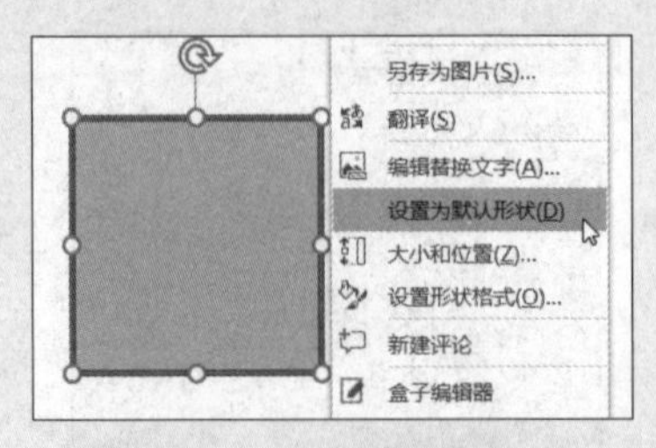

图 3-50　设置默认形状

3.3 神奇的布尔运算

一些优秀的 PPT 模板或作品里，我们常常会看到很多好看的图标和形状，这些形状往往有规则但又不是 PPT 自带的。例如，图 3-51 中的工具形状，是怎么做出来的呢？这就需要学习一个新的功能了。

图 3-51　形状布尔运算案例

当选中一个以上的形状后，会激活【合并形状】这个工具，单击【格式】选项卡里的【合并形状】下拉按钮，在下拉菜单中有五个命令：结合、组合、拆分、相交、剪除，如图 3-52 所示。就像数字加减乘除一样，我们对所选形状执行这五种操作即可得到新的形状，我们也称之为形状的布尔运算。

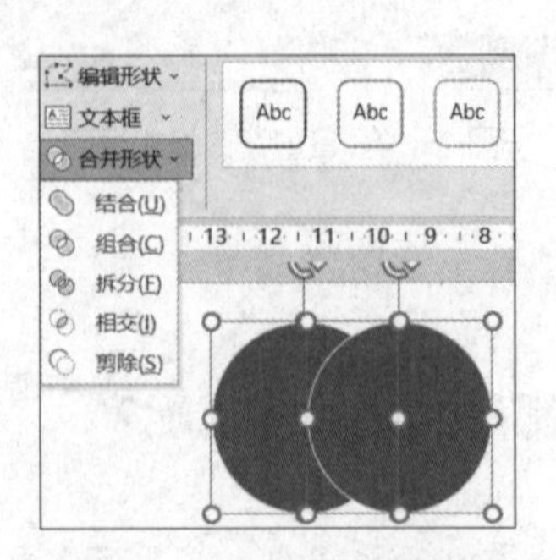

图 3-52　形状布尔运算界面

这五个命令旁边的图标示意了各自的作用效果，对于两个正圆图形，这 5 种命令对应的效果如图 3-53 所示。

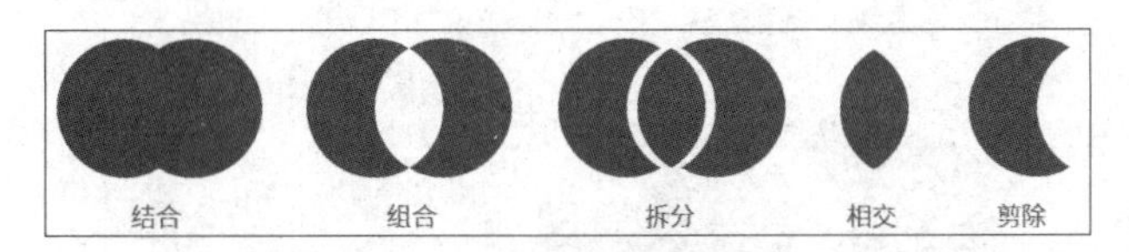

图 3-53　布尔运算示意图

两个形状结合得到的结果是两个形状的最大区域；组合相当于在结合的基础上，去掉两个形状重叠的区域；拆分则是沿重叠的区域将形状拆开，得到多个形状；相交是得到两个形状的重叠部分；剪除是将一个形状与另一个形状重叠的部分去掉所剩下的区域。

下面以图 3-54 为例来详细介绍【合并形状】这个工具，那么如何对给定的形状做出目标形状呢？

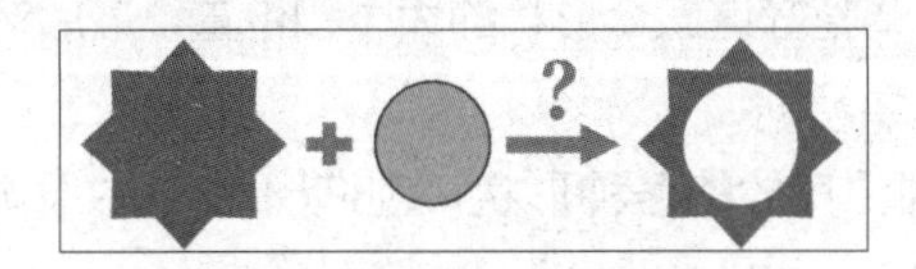

图 3-54　布尔运算案例

操作步骤如下。

（1）将八角形和圆形上下左右对齐摆放好。拖动圆形到接近八角形中心的位置时，会出现对齐的虚线，当虚线呈图 3-55 这样时就代表上下左右居中对齐了。也可以选中两个形状，单击【开始】选项卡，选择【排列】→【对齐】→【水平居中】命令，再选择【垂直居中】选项。

（2）单击选中八角形，按住【Ctrl】键再用鼠标选中圆形，单击【格式】选项卡，选择【合并形状】→【组合】命令就可以了。注意：一定是先选八角形，后选圆形，如果选择的先后顺序改变了，结果也会不一样。

当然，选择【组合】命令只是其中的一种方法，用【剪除】命令也能得到我们需要的形状。

这里要讲一下为什么强调先选八角形，先选和后选的形状会对结果造成什么影响呢？我们举例来说明，先选圆形和先选八角形的对比图如图 3-56 所示。

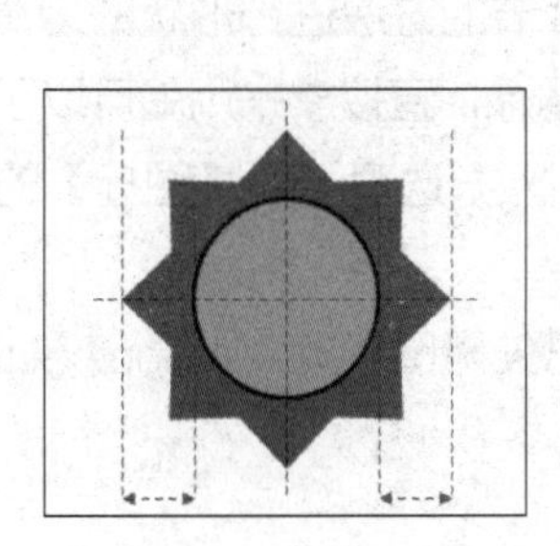

图 3-55　形状对齐界面

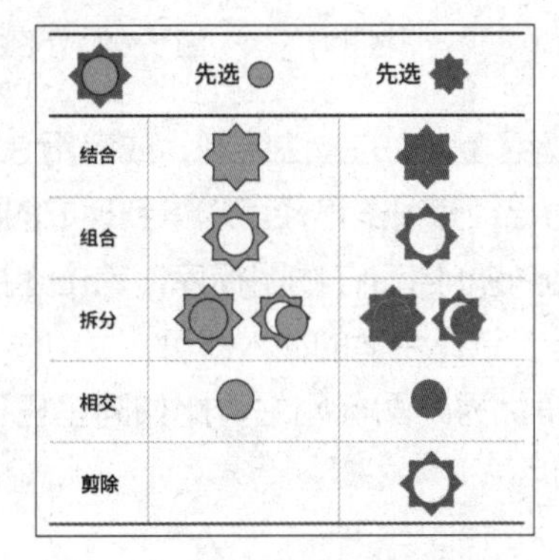

图 3-56　元素选择顺序效果对比

如果不按照顺序选择形状而是拖动左键一起选中的话，则以各形状的图层决定顺序。

下面再以小扳手形状为例，讲解如何制作如图 3-57 所示的形状。

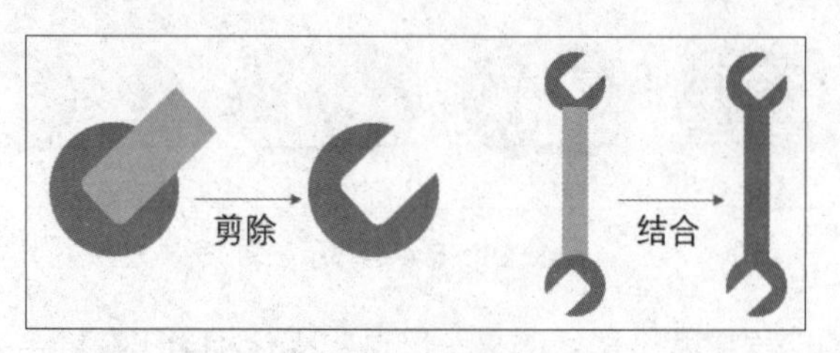

图 3-57　布尔运算应用示意图

绘制一个圆形，在其上层再绘制一个圆角矩形，调整好两个形状的大小、位置、角度，选中两个形状进行【剪除】操作，得到一个带缺口的形状。调整该形状大小并复制一个放至下方，调整其角度，然后再绘制一个矩形。调整好这三个形状的大小和位置，最后选中这三个形状，执行【结合】操作即可。

类似地，我们也可以绘制出其他的各种形状，创造出 PPT 中原本没有的图形，增加页面的表达和视觉效果。

3.4 妙趣横生的小图标

我们经常在好看的 PPT 中发现很多好玩又显格调的小图标，如图 3-58 所示。

图 3-58　小图标案例

这些小图标可以用 3.1 节的方法绘制，或者用 3.6 节的方法进行形状的运算得到。但是现在我们很少这么做，因为已经有很多途径可以得到现成的图标，直接拿来用就可以了。

新版本的 PowerPoint 自带在线图标库，单击【插入】选项卡中【图标】的按钮，在弹出窗口中将按类别显示图标，选择合适的插入即可。

另外，也有很多优秀的图标网站，比如阿里巴巴矢量图标库、flation，如图 3-59 和图 3-60 所示。

图 3-59　阿里巴巴矢量图标库首页

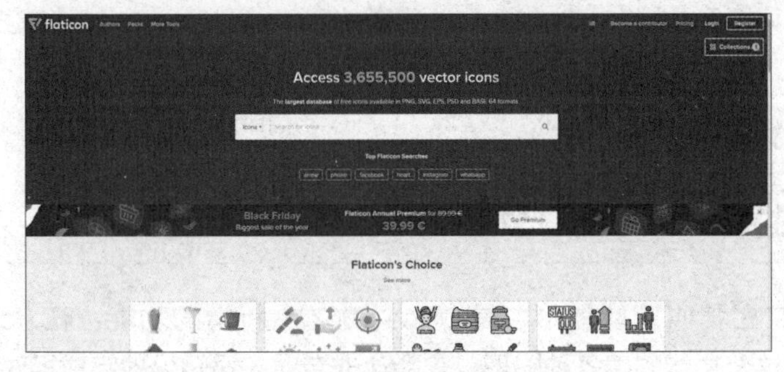

图 3-60　flation 网站首页

下面以阿里巴巴矢量图标库网站为例讲解如何使用图标。在网站上搜索到所需要的图标后，将鼠标移到图标上，下方即会显示【下载】按钮，单击后将会弹出图标预览窗口，在这里我们可以选择所需的颜色，还可以自定义颜色及图片大小，如图 3-61 所示。

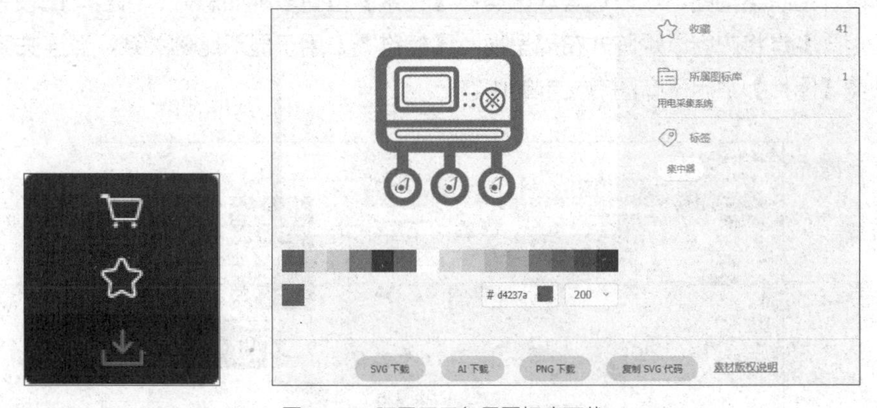

图 3-61　阿里巴巴矢量图标库下载

网站提供多种下载格式。如果图片不需要很大尺寸，推荐选择PNG格式，因为它的背景是透明的，可以直接插入 PPT 中使用。如果需要改变图片的颜色，可以先在线编辑图标颜色后再下载，也可以插入 PPT 后使用图片的重新着色功能进行调整。如果图片需要很大尺寸，推荐使用 SVG 矢量图格式，优点是图片效果与像素无关，无论怎样放大或缩小图片都不会失真，而且还可以对其进行编辑。

新版本的 PowerPoint 支持 SVG 格式，下载后可直接插入幻灯片页面中，右击，在弹出的快捷菜单中选择【转换为形状】命令，可以看到矢量图往往是由多个部分组成的，我们可以对其中任意部分进行调整位置、大小或更改颜色等操作，如图 3-62 所示。

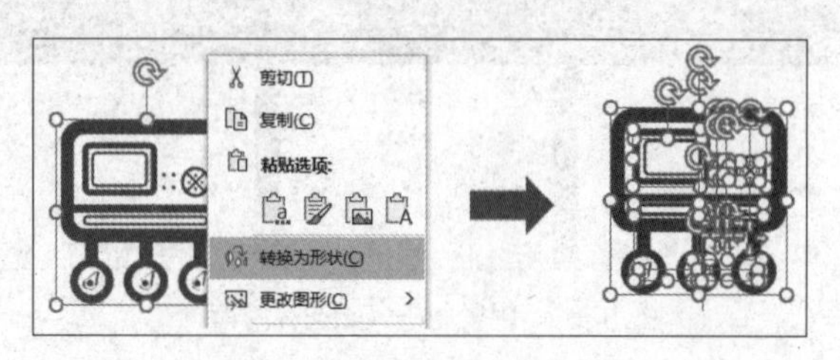

图 3-62　图片转换为形状示意图

3.5 玩转 SmartArt

SmartArt 的中文名称叫智能图形，是 Office 2007 中新增的功能，在 PowerPoint、Word、Excel 中都可以使用这个功能创建各种图形。它能让非专业人员轻松地完成相对专业化的设计，呈现出更易于理解的视觉表达形式。

图 3-63 所示是【选择 SmartArt 图形】对话框，我们可以根据内容的逻辑关系选择合适的类型。其中【列表】常用于并列关系，比如目录、条目罗列；【流程】用于递进关系，比如有先后顺序的内容；【循环】跟流程类似，不同的是流程有开始、有结束，而循环是首尾相连的闭环；【层次结构】多用来设计组织结构图，或表达层次分类；【关系】里有多种如总分、包含、比较等综合关系的图形；【矩阵】是将内容以矩阵式布局呈现；【棱锥图】用于显示比例关系、互连关系或层次关系；最后一类【图片】则用于有图有文字的内容。

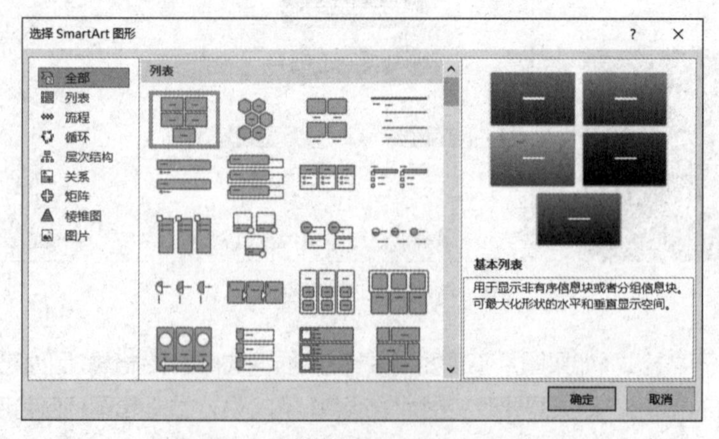

图 3-63　【选择 SmartArt 图形】对话框

1　创建 SmartArt

下面以绘制组织结构图为例，讲讲如何创建 SmartArt。

方法一：在【插入】选项卡下的【插图】组中直接单击【SmartArt】按钮，选择适合的版式，即可创建 SmartArt，如图 3-64 所示。

图 3-64　SmartArt 工具选择界面

方法二：可以先录入好文字内容，再选中文本框，在【开始】选项卡下的【段落】组中单击【转换为 SmartArt】按钮，所选内容即可一键转换为 SmartArt，如图 3-65 所示。也可以在文本框上右击，在弹出的快捷菜单中选择【转换为 SmartArt】命令。

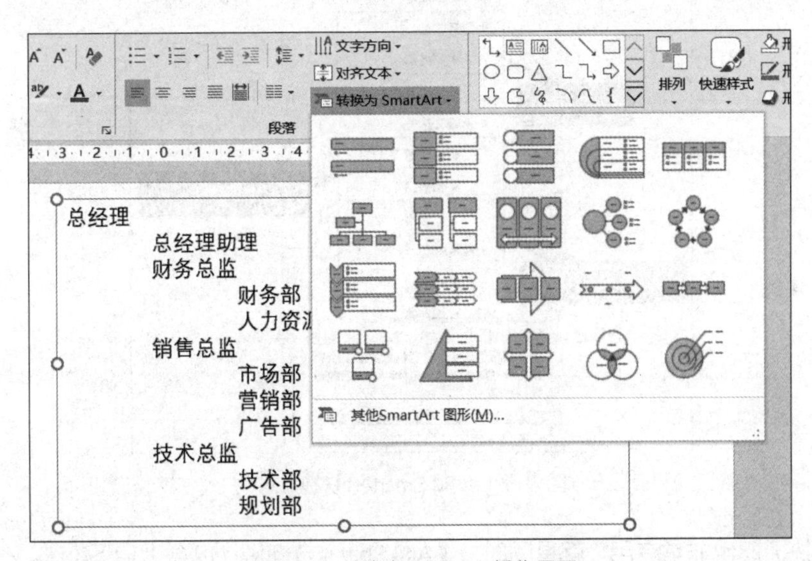

图 3-65　转换为 SmartArt 操作界面

2　编辑 SmartArt

创建好一个空的 SmartArt 之后，需要对其进行编辑，那么，如何编辑图形中的文字呢？

选中 SmartArt 图形，在左侧文本窗格（如果不显示可单击 SmartArt 左边框中间的折叠按钮）中输入内容，或在文本框内直接输入，即可编辑 SmartArt，如图 3-66 所示。

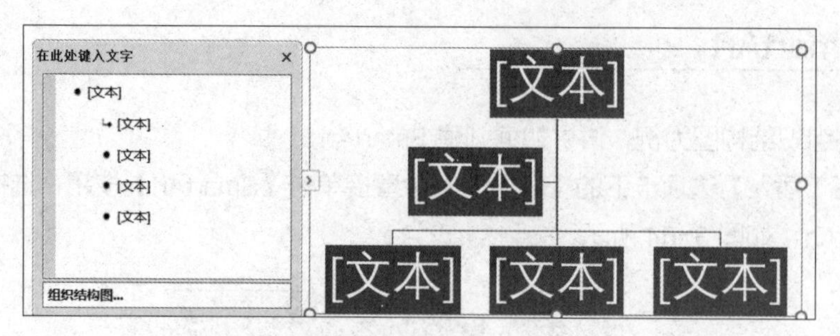

图 3-66　编辑 SmartArt 操作界面

在输入文本的窗格内，掌握以下这几个快捷键可以帮助我们更快捷地操作：新增同级按【Enter】键；降级按【Tab】键；升级按【Shift+Tab】。使用这几个键可以方便地录入很多层级的文本内容，同步生成对应的图形，如图 3-67 所示。

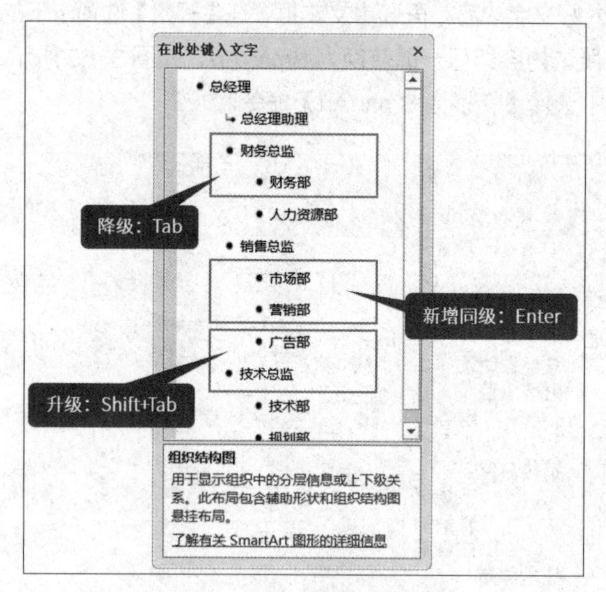

图 3-67　编辑 SmartArt 快捷方式

还有一组快捷键也非常有用，就是同时按【Alt+Shift+ 方向键（包含上、下、左、右）】三个键，上、下键可调整上下顺序，左、右键可调整级别。

另外，图 3-67 中的“总经理助理”是通过【添加助理】得到的。操作方法为：选中 SmartArt 中的一个形状，右击，在弹出的快捷菜单中选择【添加形状】命令，或在【设计】选项卡下单击【添加形状】下拉按钮，然后在下拉列表中选择【添加助理】选项。

3　更改 SmartArt 布局、版式和形状

SmartArt 中有多种布局可选，包括标准型、两者型、左悬挂型、右悬挂型等，我们可以在设计幻灯片页面时进行布局调整，如图 3-68 所示。

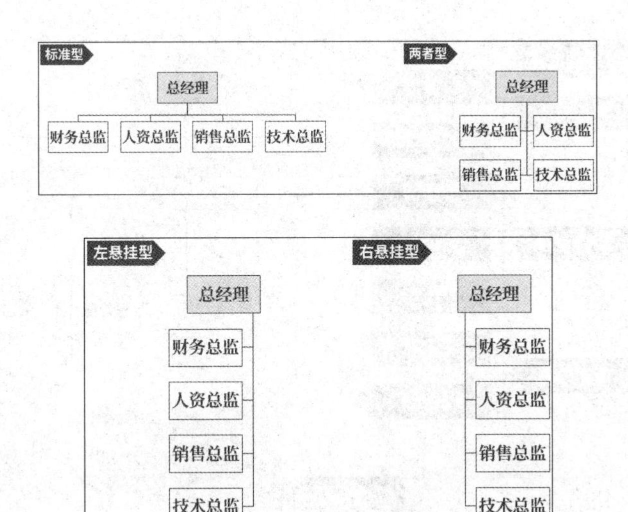

图 3-68 SmartArt 布局案例

更改 SmartArt 布局、版式和形状的具体操作方法为：选中“总经理”文本框，也就是待更改布局的最顶层图形，在【设计】选项卡中单击【布局】下拉按钮，然后在下拉列表中选择一种布局形式，就可以对选中文本框的子项布局进行调整了，如图 3-69 所示。

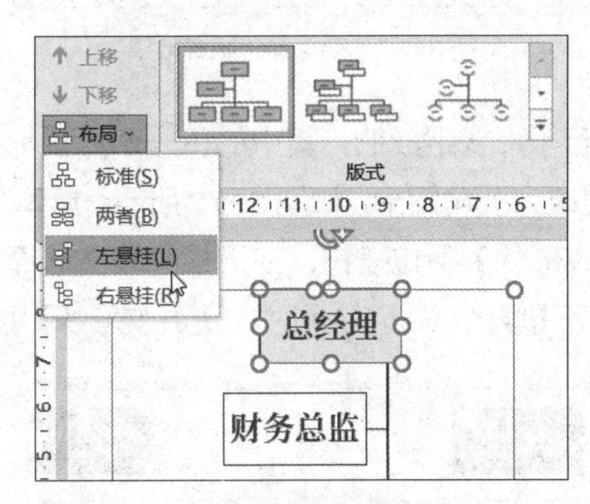

图 3-69 SmartArt 布局调整操作界面

此外，还可以通过 SmartArt 中自带的多种版式实现整体布局改变。具体方法为：选中图形，在【设计】选项卡下的【版式】组里选择需要的版式即可，如图 3-70 所示。

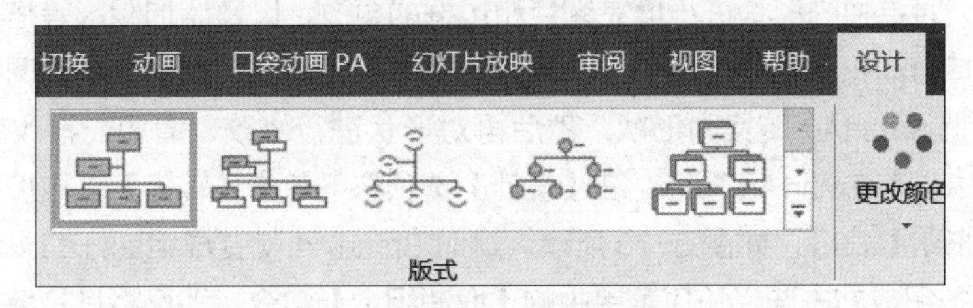

图 3-70 SmartArt 版式选择界面

图 3-71 是 SmartArt 的几种版式的效果。

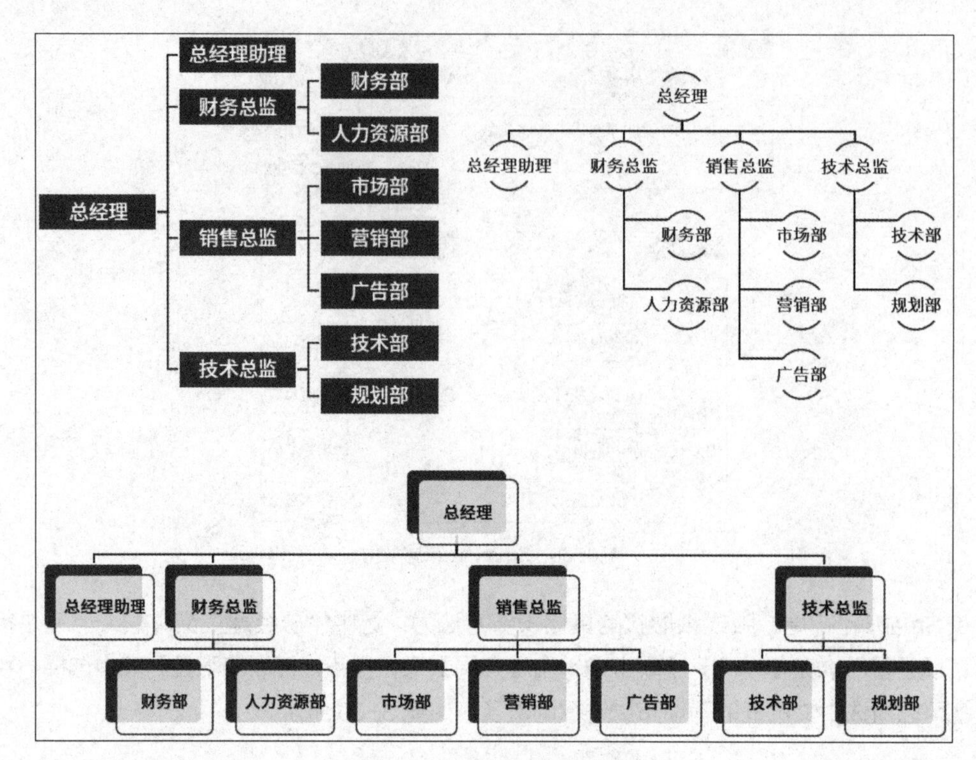

图 3-71　SmartArt 版式效果

SmartArt 可以理解为是由若干形状组成的，其中的每一个形状都可以单独更改。例如，我们需要把“总经理”文本框的矩形更改为圆角矩形，如图 3-72 所示。具体方法为：选中需要更改的形状，在【格式】选项卡下单击【更改形状】下拉按钮，在下拉列表中选择目标形状就可以了。注意，选中 SmartArt 中的某一个形状而不是整个 SmartArt 时，【更改形状】按钮才可以使用。

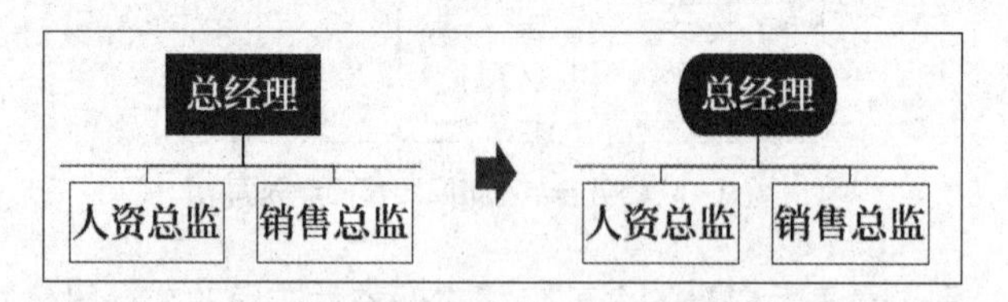

图 3-72　SmartArt 形状更改示意图

另外，还可以对单独的形状进行填充颜色和边框的更改，以及添加阴影等格式设置。不过，SmartArt 最好保持自动布局和样式，一般不建议对其做手工调整。如确有必要调整，还可以用下面这个方法：先把 SmartArt 转换为形状，然后再对形状进行修改、增加或者改变布局等操作。具体操作为：选中当前 SmartArt 图形，在【设计】选项卡下单击【转换】下拉按钮，在下拉列表中选择【转换为形状】命令，如图 3-73 所示。这时 SmartArt 就变成组合好的多个形状了，再按【Ctrl+Shift+G】按钮或右击选择快捷菜单中的【取消组合】命令，即可将其打散得到一个一个独立的形状，根据需要重新进行布局设计。

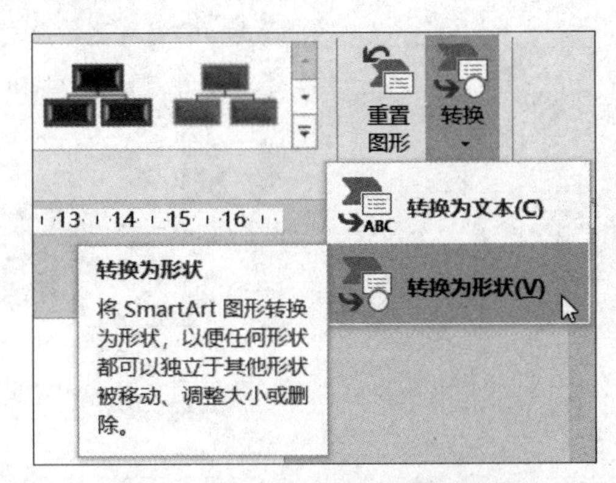

图 3-73　SmartArt 转换为文本操作界面

不过要注意，上述操作是不可逆的，即一旦将 SmartArt 图形转换成形状就不能恢复为原来的图形了，会失去 SmartArt 的特性。如果选择【转换为文本】选项，则可将当前 SmartArt 图形转成文本框。

第4章 表格和图表

4.1 表格的基本操作

4.1.1 创建表格

在工作型 PPT 中，表格是经常用到的展示元素，比如用于信息统计、数据对比，表格还可以用来辅助排版、对齐文本等。

如何在 PPT 里创建表格呢？方法有很多。

（1）方法一：在【插入】选项卡下单击【表格】下拉按钮，根据需要用鼠标在下拉列表中的小正方形上拖曳来确定表格行数和列数，选中的区域颜色会变深，同时表格也会出现在当前页面上，如图 4-1 所示。

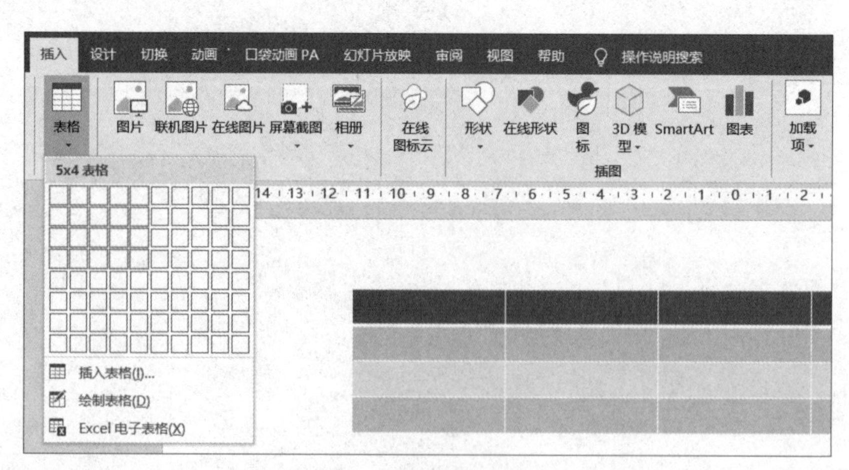

图 4-1　插入表格操作界面

（2）方法二：在【插入】选项卡下单击【表格】下拉按钮，在下拉列表中选择【插入表格】命令，在弹出的【插入表格】对话框中设定创建表格的行数和列数，然后单击【确定】按钮即可，如图 4-2 所示。

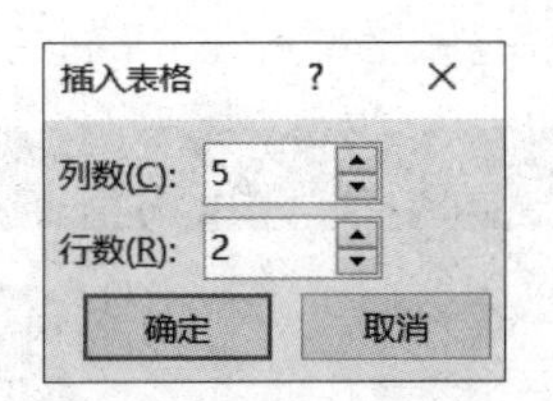

图 4-2　【插入表格】对话框

（3）方法三：在【插入】选项卡下单击【表格】下拉按钮，在下拉列表中选择【绘制表格】命令，拖动鼠标就可以绘制表格框线，如图 4-3（a）所示；选中表格时，把光标放在表格里，在【设计】选项卡下单击【绘制表格】按钮，就可以在已有表格上增加单元格线条了，如图 4-3（b）所示。

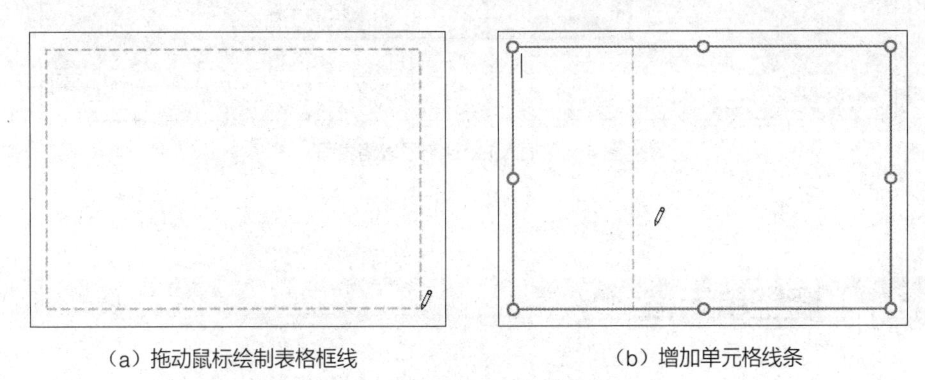

（a）拖动鼠标绘制表格框线　　（b）增加单元格线条

图 4-3　绘制表格操作界面

已经创建好的表格，如果需要增加或删除行列，较便捷的方法是在需要操作的单元格处单击右键，在弹出的快捷工具中单击【插入】或【删除】下拉按钮并选择相应的命令，如图 4-4 所示。如果在操作之前选中了多行或多列，则会插入或删除相应数目的行或列。

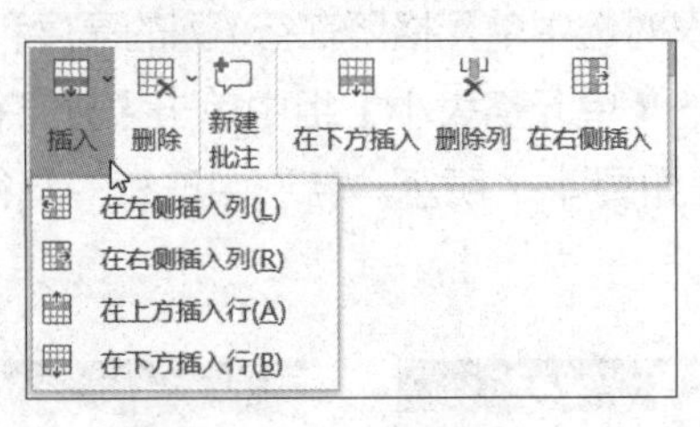

图 4-4　表格插入菜单

如果想要在表格的最后增加行，还有个更简单的方法：单击定位到表格的最后一个单元格内，直接按【Tab】键即可添加一行。

在 PPT 中，除了创建普通的表格，还可以插入 Excel 表格。在【插入】选项卡中单击【表格】下拉按钮，在下拉列表中选择【Excel 电子表格】命令，整个窗口即可进入 Excel 编辑界面，在这里可以录入数据、编写公式、插入图表等，操作方法和在 Excel 中相同。表格操作完成后在页面空白处单击即可退出编辑，如图 4-5 所示。

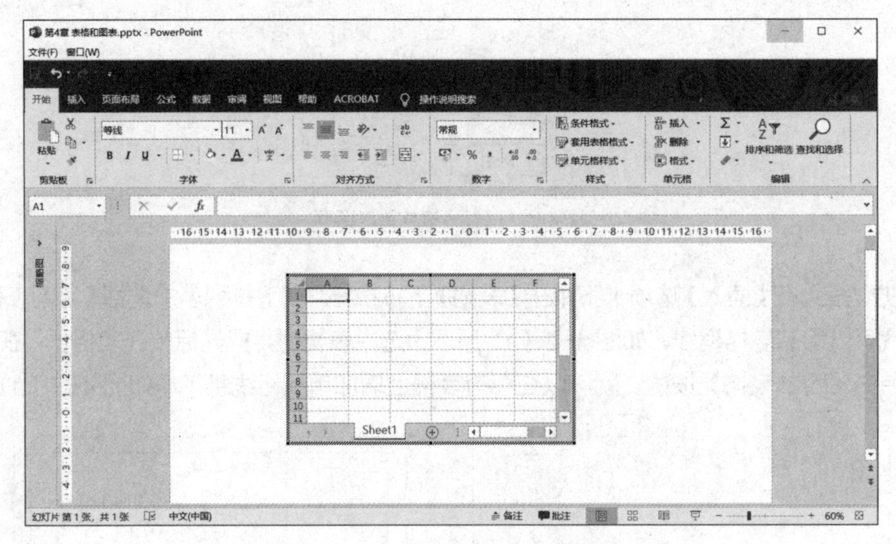

图 4-5　插入 Excel 电子表格界面

4.1.2 调整单元格

创建好表格后，单击表格任意位置，拖曳表格四边的中心点和四角，可以改变表格整体的大小，进而改变单元格大小。另外，还可以通过菜单工具调整单元格。

（1）设置单元格的高度和宽度数值。选中表格，在【布局】选项卡下的【单元格大小】工具组中的【高度】和【宽度】处输入数值，即可设置单元格的高度和宽度；如果选中的是表格的某个单元格或某行 / 列，用这个方法则仅对选中单元格所在行 / 列的高度和宽度进行设置，如图 4-6 所示。

（2）在【布局】选项卡下的【单元格大小】组中单击【分布行】或【分布列】按钮，还可以让表格的行或列进行平均分布，如图 4-7 所示。若选中连续的几行或几列，则仅对选中的行或列进行平均分布。

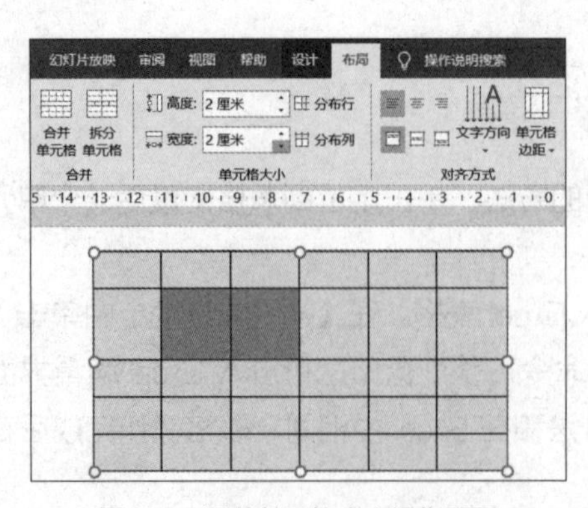

图 4-6　调整单元格大小操作界面

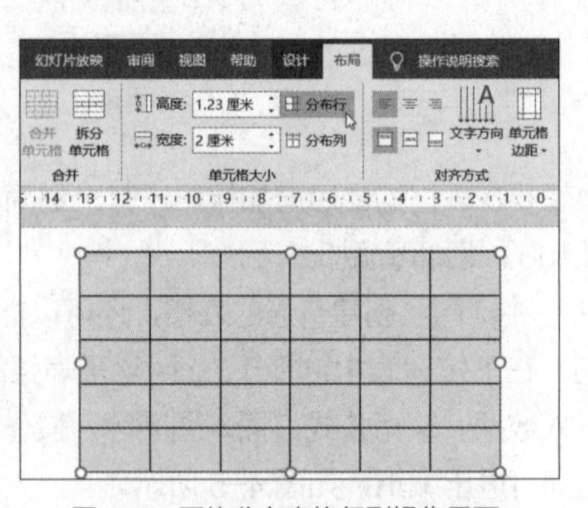

图 4-7　平均分布表格行列操作界面

（3）选中表格，在【布局】选项卡下的【对齐方式】组中单击各对齐方式按钮，可以对单元格中的文本进行对齐设置。另外，在【对齐方式】组中还可以设置文字方向、文本对齐方式、文本距离单元格的边距。

看图 4-8 的表格，其中的文字都是靠单元格左上角，我们先来设置文字居中对齐。

序号	型号名称	说明
1	XX	XXXXXXXXXXX
2	XX	XXXXXXXXXXXXXX XXXX

图 4-8　调整前表格案例

在表格的外边框上单击以选中表格，再在【布局】选项卡下的【对齐方式】工具组中通过对齐按钮来设置对齐方式。【左对齐】【居中】【右对齐】表示水平方向的对齐方式，而【顶端对齐】【垂直居中】【底端对齐】则表示垂直方向的对齐方式，如图 4-9（a）所示。我们单击【居中】和【垂直居中】按钮，可以看到每个单元格里的文本都上下左右居中了，如图 4-9（b）所示。

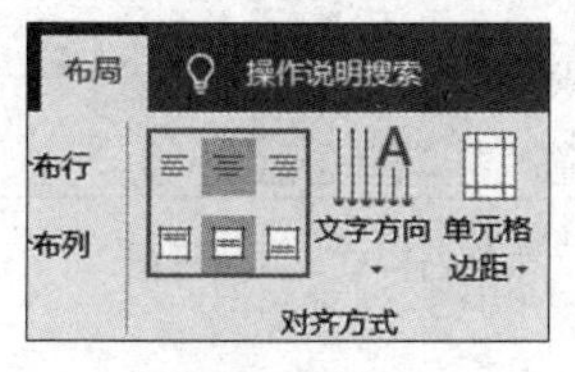

（a）对齐方式按钮

序号	型号名称	说明
1	XX	XXXXXXXXXXX
2	XX	XXXXXXXXXXXXXX XXXX

（b）文本对齐效果

图 4-9　表格对齐方式界面及案例

图 4-9（b）中，第二列的“型号名称”被分成了两行，要想显示一行，通常只要增大列宽即可；在不改变列宽和文字大小的情况下，能否让这四个字在一行显示呢？可以尝试减小边距。将鼠标光标移动至该单元格内，在【布局】选项卡下单击【单元格边距】下拉按钮，在下拉列表中选择【窄】或【无】选项；也可以根据需要选择【自定义边距】选项，在弹出的【单元格文本布局】对话框中将左右内边距设置为更小的值，再单击【确定】按钮就可以了，如图 4-10（a）所示。调整后，可以看到“型号名称”这四个字已经在一行中显示了，如图 4-10（b）所示。

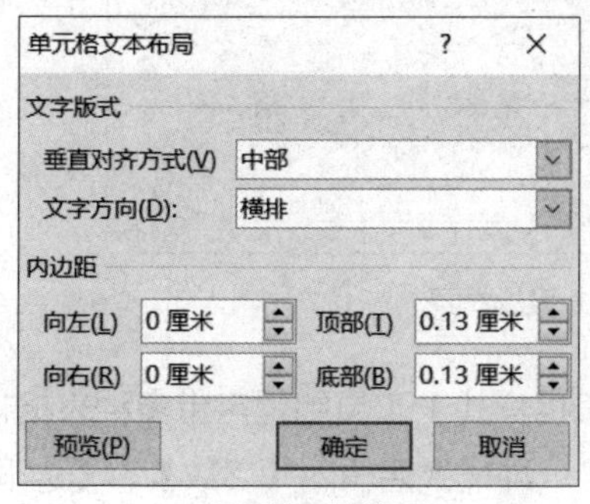

（a）设置单元格边距

序号	型号名称	说明
1	XX	XXXXXXXXXXX
2	XX	XXXXXXXXXXXXXX XXXX

（b）调整后效果

图 4-10　调整单元格文本布局

4.1.3 表格样式应用

在 PPT 中，白底黑线的表格太过普通已经无法满足日常 PPT 的审美需求，因此需要对表格进行美化，而美化表格最基本的操作就是进行表格样式设置。

选中表格，在【设计】选项卡下的【表格样式选项】工具组中有六个复选框，选中不同的复选框会对表格的这些部分进行突出显示，当然，这些复选框可以同时被选中多个，如图 4-11 所示。

【标题行】和【汇总行】分别指表格的第一行和最后一行；【第一列】和【最后一列】分别指表格的最左列和最右列；【镶边行】和【镶边列】会让表格的行、列有颜色深浅间隔变化的效果。各选项的效果如图 4-12 所示。

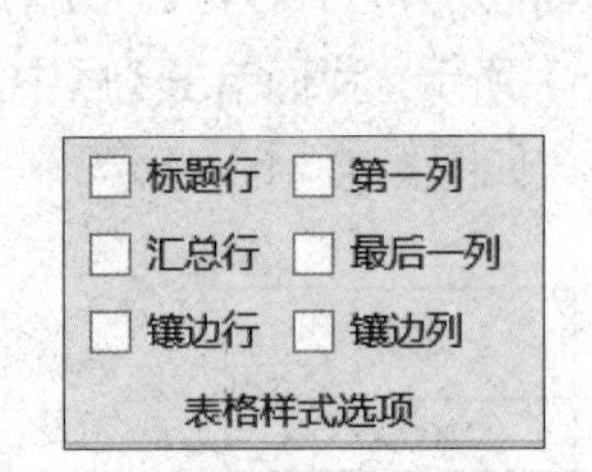

图 4-11 【表格样式选项】工具组

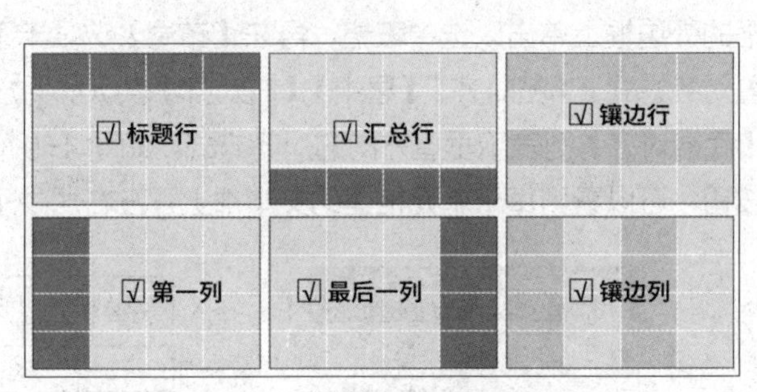

图 4-12 表格各样式效果示意图

设置好样式选项后，表格的样式区也会跟着变化。比如选中标题行、镶边行和第一列，效果就是图 4-13 的样子。

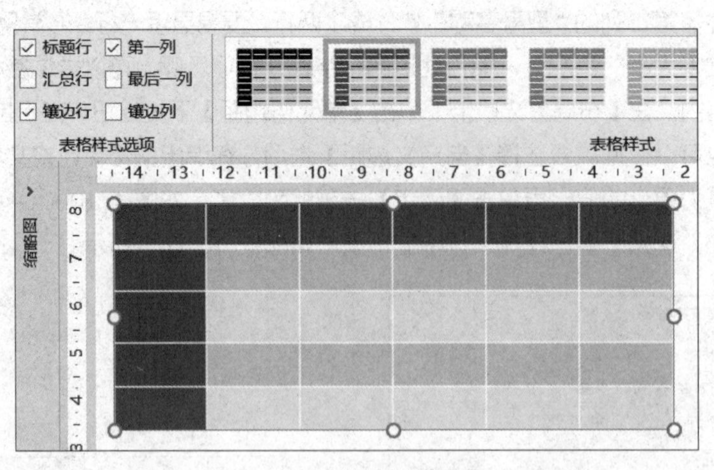

图 4-13 表格样式设置界面

选中表格，选择【设计】选项卡，可以看到【表格样式】工具组里自带多种表格样式，可以直接选择一种将其使用到当前表格上，也可以在选择了一种样式后再对【底纹】、【边框】或【效果】进行修改，如图 4-14 所示。

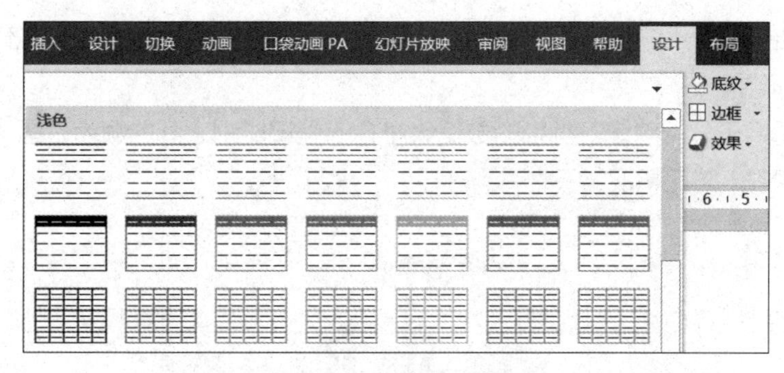

图 4-14　表格样式工具组

如果想清除对表格的样式设置，在【设计】选项卡下单击【表格样式】组中的【清除表格】按钮即可。

4.2 认识常用的图表

工作中常见的图表有柱形图、折线图、饼图等，由于图表的展示效果更直观，因此是 PPT 展示数据常用的方式，但一定要根据需求选择合适的图表，才能清晰明了。

下面我们以某公司全年各地区销售收入为例，分别介绍几种图表，原始数据如图 4-15 所示。

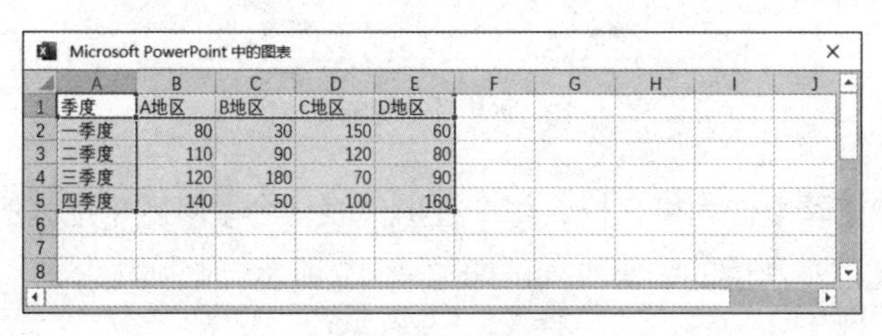
Microsoft PowerPoint 中的图表

季度	A地区	B地区	C地区	D地区
一季度	80	30	150	60
二季度	110	90	120	80
三季度	120	180	70	90
四季度	140	50	100	160

图 4-15　原始数据

1　柱形图

柱形图也叫柱状图，可以按类别进行直观比较，也是最常见的一种图表，如图 4-16 所示。

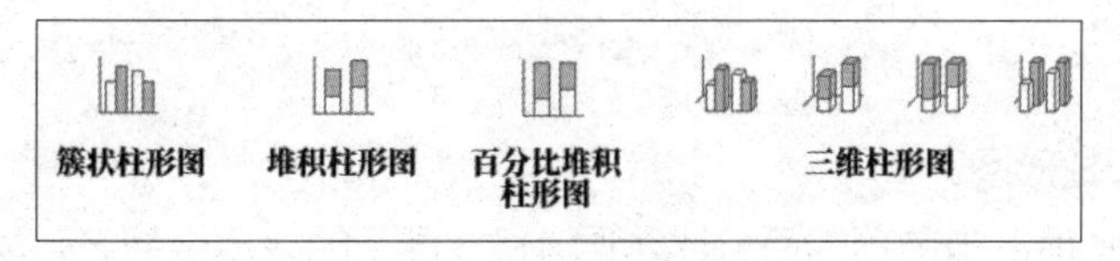

图 4-16　柱形图类别示意图

这里我们介绍几种常用的柱形图的特点和区别。三维柱形图与此类似，以下不再做详细讲解。

（1）簇状柱形图。

簇状柱形图适用于分析对比各类别的数据大小，不强调类别之间的顺序。图 4-17 展示的是各地区各季度的销售收入对比情况。

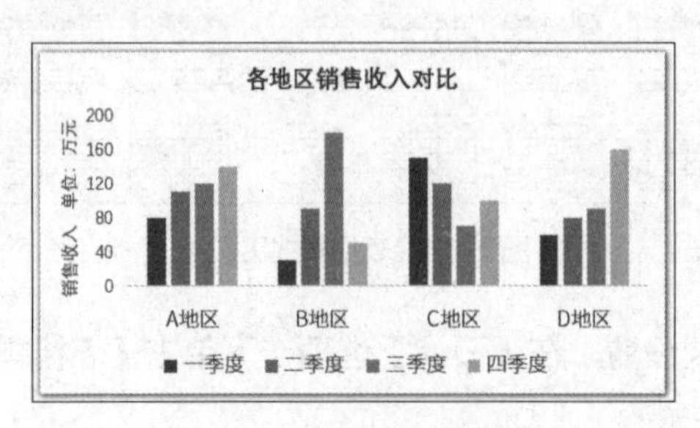

图 4-17　簇状柱形图示例

（2）堆积柱形图。

堆积柱形图主要用来对比各子项累计之后的数据大小。如图 4-18 所示，每个地区的柱形都是四个季度的销售收入总和，可以直观对比各地区全年（四个季度之和）的销售收入。

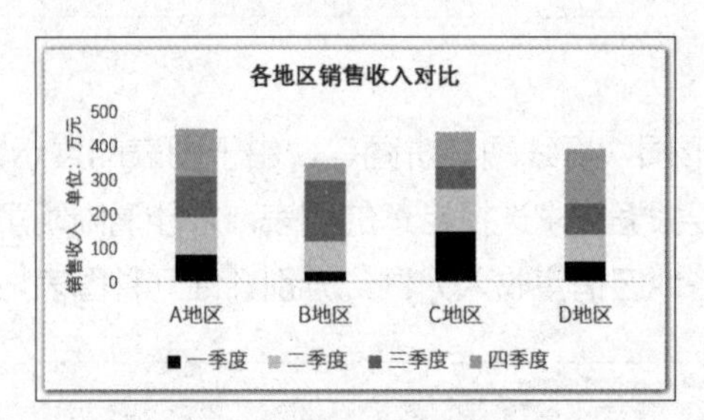

图 4-18　堆积柱形图示例（1）

如果切换行 / 列，把季度作为横坐标，每个柱形代表一个季度四个地区的销售收入总和，那么可以用堆积柱形图对比四个季度的销售收入，如图 4-19 所示。

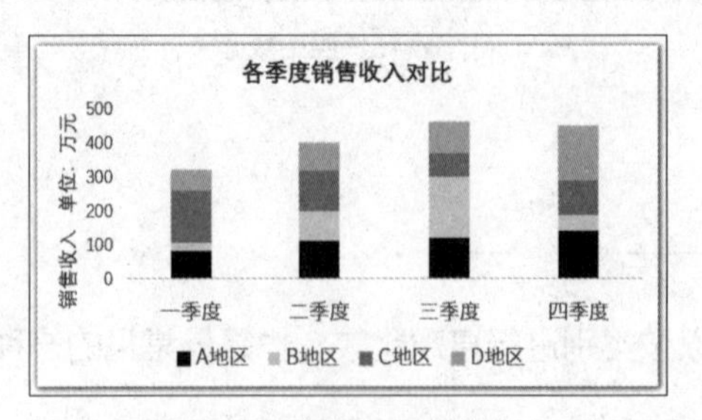

图 4-19　堆积柱形图示例（2）

（3）百分比堆积柱形图。

柱形高度表示各子项占当前项的百分比，图 4-20 展示的是每个地区各季度销售的收入在全年收入的占比情况。

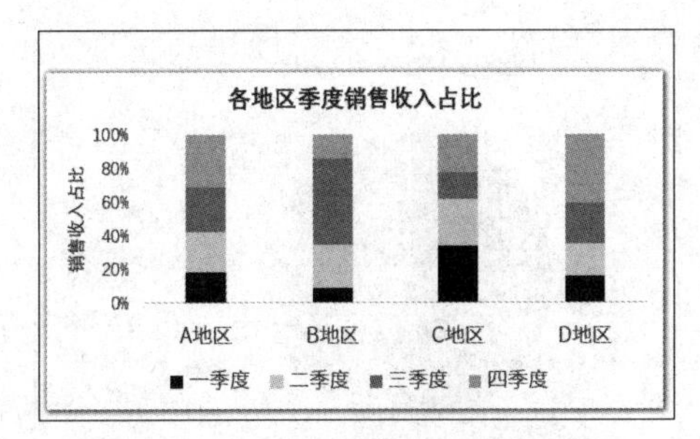

图 4-20　百分比堆积柱形图示例（1）

如果把季度作为横坐标，那么每个柱形代表每一个季度四个地区的销售收入占比，如图 4-21 所示。

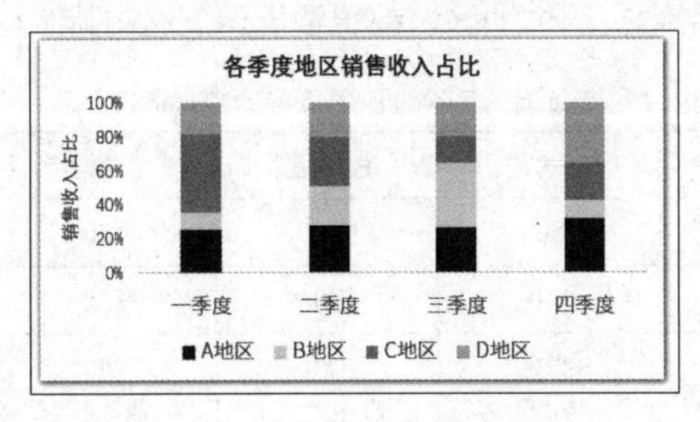

图 4-21　百分比堆积柱形图示例（2）

2　折线图

折线图可以显示随时间变化的连续数据，常用于展示数据的变化趋势。图 4-22 表示每个地区全年的销售收入的变化趋势。

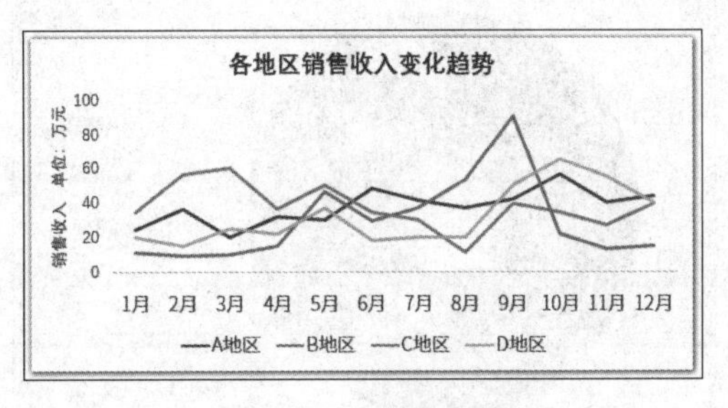

图 4-22　折线图示例

3　饼图

饼图主要用来表达构成整体的各个类别的占比。例如，我们用饼图展示 A 地区各季度销售收入的占比情况，如图 4-23 所示。

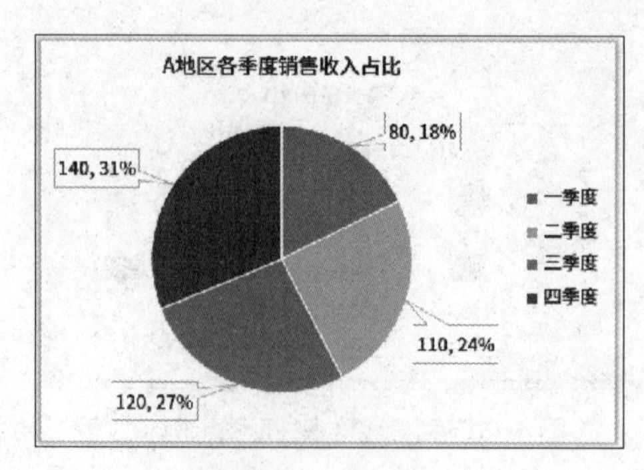

图 4-23　饼图示例

饼图只能展示表格的一行或者一列数据，每个数据即是饼图的一个扇区，整个饼图就是这一行或一列数据的总和。如表 4-1 中有四个地区，都想要展示怎么办呢？

表 4-1　四个地区每季度的销售情况

销售额 / 万元	A 地区	B 地区	C 地区	D 地区
一季度	80	30	150	60
二季度	110	90	120	80
三季度	120	180	70	90
四季度	140	50	100	160

饼图中还包括一种叫作“圆环图”的图表，它可以有多个系列，能够展示诸如表 4-1 中的全部数据，不仅仅是一行或者一列。图 4-24 展示的就是上面表格的内容，最内圈为一季度，最外圈为四季度。

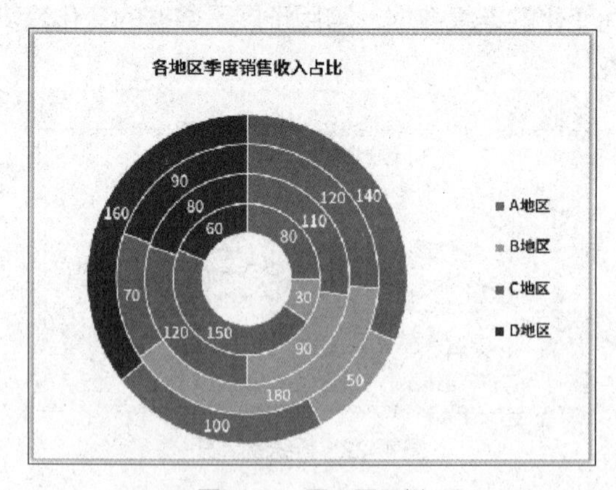

图 4-24　圆环图示例

使用饼图还要注意，类别数目不要太多，一般不超过 7 个为宜，多了会有部分扇区占比小、展示不清楚。如果部分扇区占比较小，我们可以使用“子母饼图”来表示，可将占比较大的几个主要类别显示在“母图”中，而将占比较小的部分单独在一个“子图”中展示，其包含的类别个数是可以设置的，如图 4-25 所示。

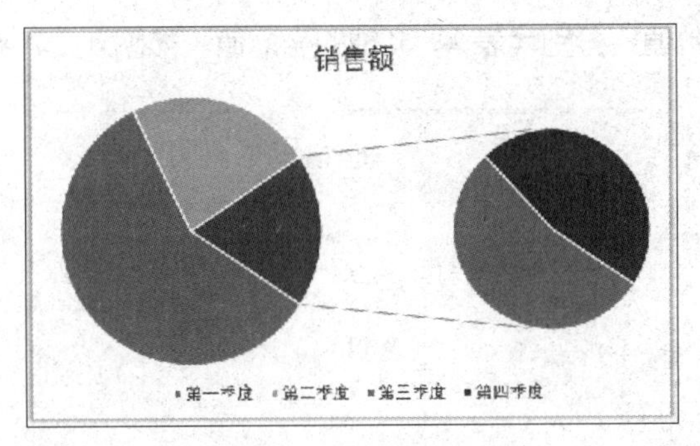

图 4-25　子母饼图示例

4　条形图

条形图与柱形图作用类似，当类别数目较多或者类别文字较长时，柱形图视觉效果不是很好，因此常使用条形图。还是以上面的数据为例，当地区多的时候，对比一下图 4-26（a）堆积柱形图和图 4-26（b）堆积条形图的效果。很显然，条形图更加清晰，看起来更舒适。

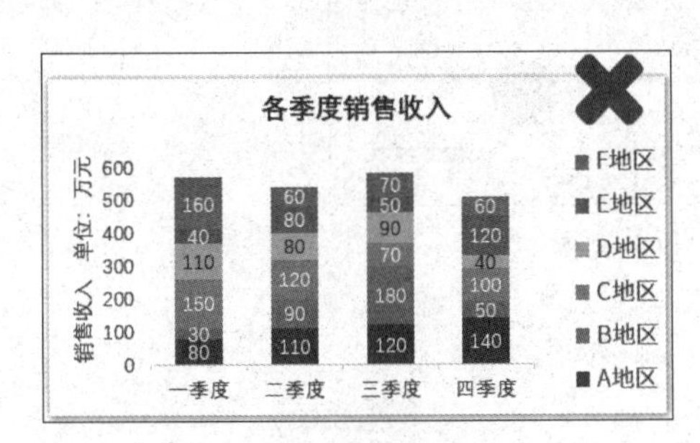

（a）堆积柱形图

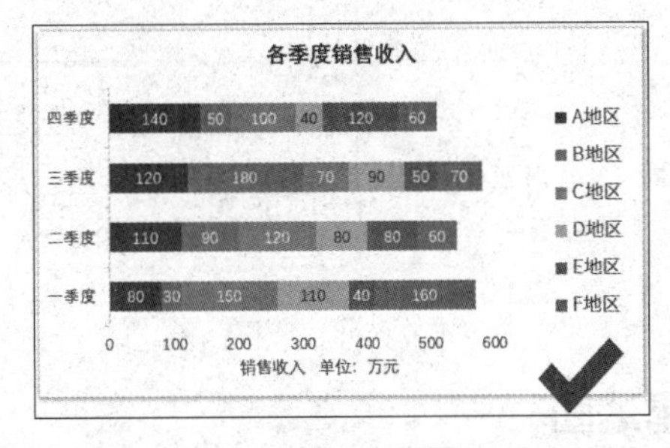

（b）堆积条形图

图 4-26　柱形图与条形图对比

5　散点图

散点图是数据点在直角坐标系平面上的分布图，用来表示两个变量的相关程度。比如我们用表 4-2 中的数据来做散点图。

表 4-2　变量值

X 值	*Y* 值
0.7	2.7
1.8	3.2
2.6	0.8
0.3	1.9
1.2	1.1
2.1	1.5

绘制散点图需要两列数值，分别代表 *X*、*Y* 轴的坐标值，如图 4-27 所示。

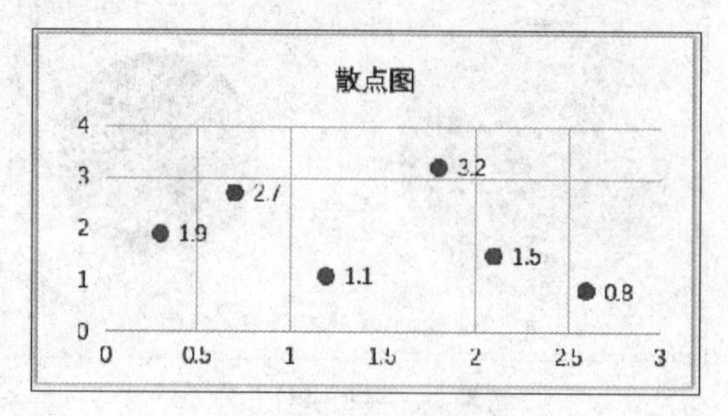

图 4-27　散点图示例

气泡图比散点图更高级一点，增加了第三个数值维度，代表数据点气泡的大小，如图 4-28 所示。

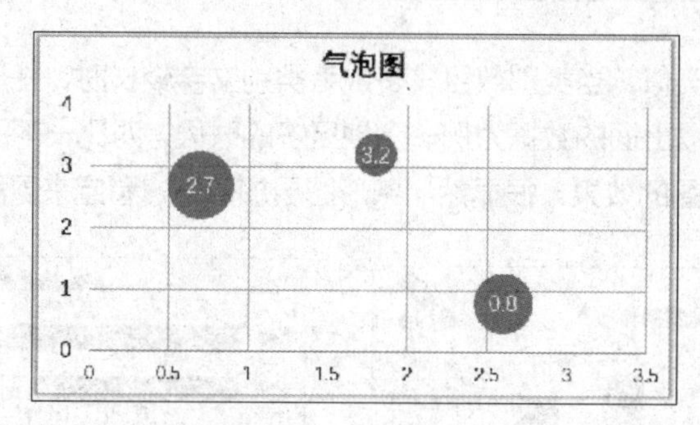

图 4-28　气泡图示例

6　雷达图

雷达图用来表达数据按照各个指标维度的倾向程度，通常用在评估 / 考核的场合。中心是坐标原点，数据沿坐标轴向外排列。表 4-3 是对四个组在六个维度考察后得到的分值。

表 4-3　考查分值

分数	A 组	B 组	C 组	D 组
观察力	9	3	8	4
空间力	7	6	3	5
记忆力	5	4	4	9
计算力	3	7	5	9
创造力	3	9	7	6
推理力	9	2	6	3

图 4-29 是由表 4-3 中的数据制作成的雷达图，图中可以直观地反映四个组在各个维度上能力的强弱。

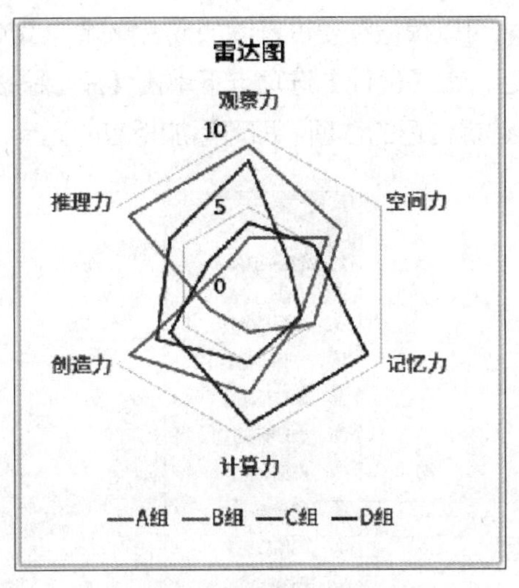

图 4-29　雷达图示例

4.3 图表的构成元素

在确定使用哪种图表之前，首先要分析当前的数据，并明确当前的数据想要表达什么。在【插入】选项卡下单击【图表】按钮，在弹出的【插入图表】对话框中选择相应的图表类型，单击【确定】按钮即可插入图表，当然也可以先在 Excel 中插入好图表再复制到 PPT 里。

插入的默认图表往往不太美观，还需要我们对其做局部或整体的调整。为此我们需要了解图表的构成元素，如图 4-30 所示。

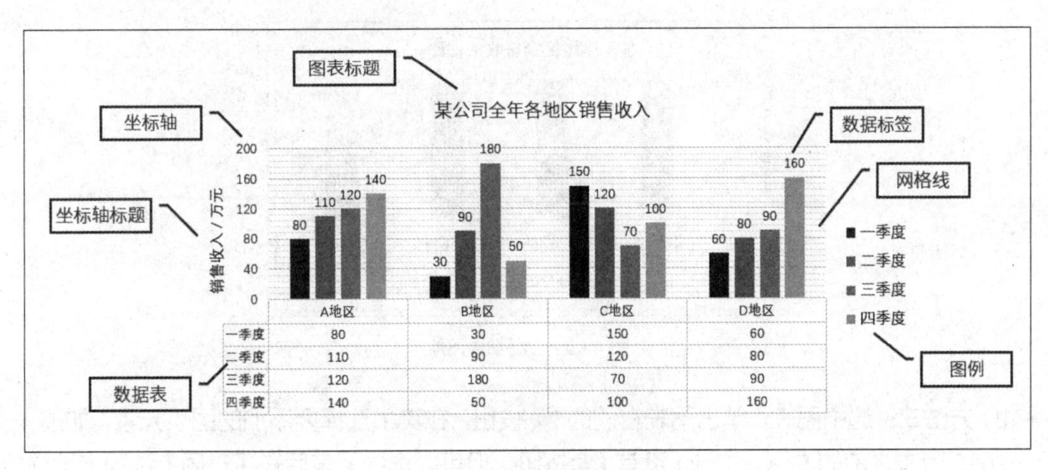

	A地区	B地区	C地区	D地区
一季度	80	30	150	60
二季度	110	90	120	80
三季度	120	180	70	90
四季度	140	50	100	160

图 4-30　图表构成元素示意图

对于图 4-30 中的这些元素可以根据需要进行添加或者删除，添加的方法如下。

（1）方法一：选中图表后，在【设计】选项卡下单击【添加图表元素】下拉按钮，在下拉列表中通过各元素右侧的小三角选择合适的选项，即可添加相应的元素，如图 4-31 所示。

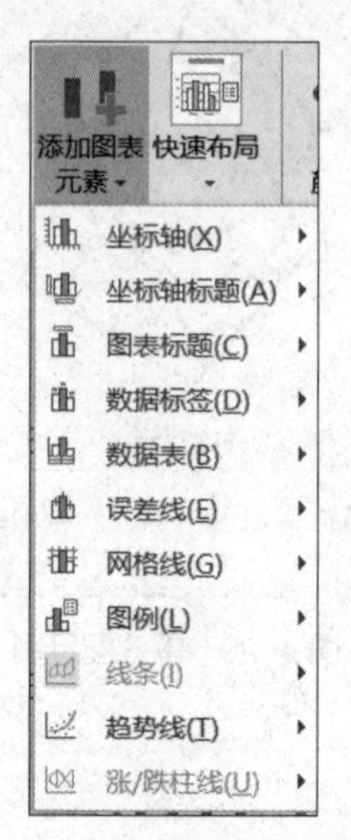

图 4-31 【添加图表元素】菜单

图 4-31 中底部的某些元素在特定的图表中才会被激活。例如，当图表为堆积柱形图时，【线条】命令将被激活，在其子列表中可以选择【系列线】命令，如图 4-32 所示。图 4-33 是添加系列线的效果，可以更加清晰地看出同系列数据的变化幅度。

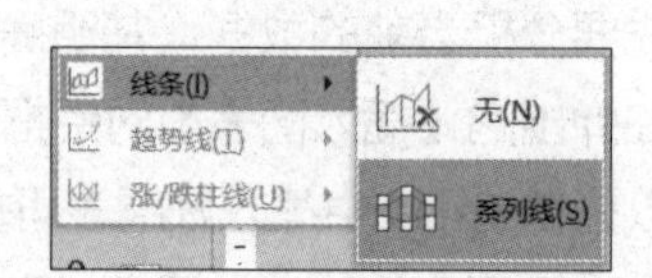

图 4-32 系列线选择界面

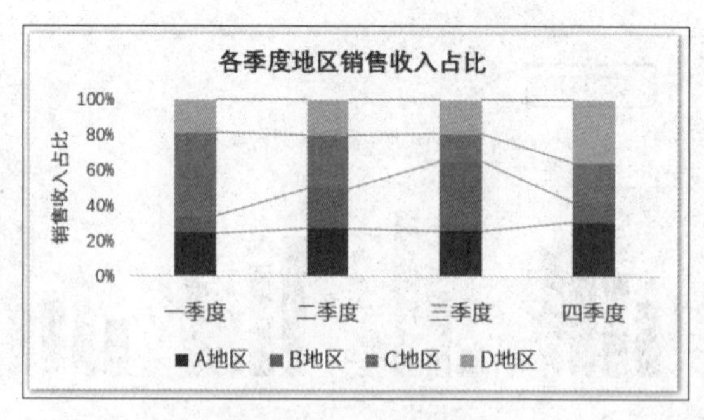

图 4-33 系列线示例

（2）方法二：选中图表，单击图表右侧的 按钮，在其中选择要添加的图表元素，如图 4-34 所示。2013 版本之前的 Power Point 没有 按钮，但可以选中图表后在【布局】选项卡选择相应的元素进行添加并设置。

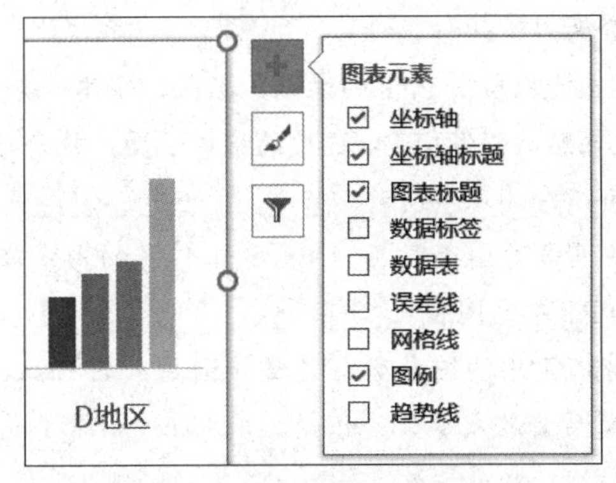

图 4-34　快速添加图表元素界面

如果要删除图表中的元素，直接在图表上选中相应的元素然后按【Delete】键即可删除。如果该元素不容易在图表上选中，可以选中图表后，在【格式】选项卡下左侧的图表元素下拉框中进行选择，如图 4-35 所示，选择后再执行删除操作。

这个选择方法也可以用来设置格式。方法是选中元素后再单击下拉框下方的【设置所选内容格式】按钮，在弹出的窗口中进行具体的参数设置。

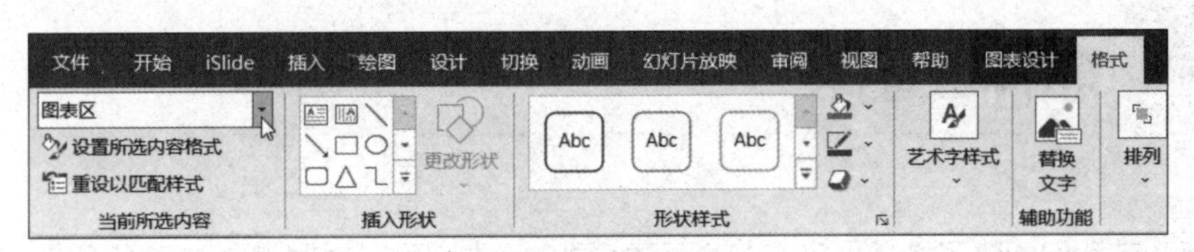

图 4-35　选择图表元素

专家提示

将 Excel 中制作好的图表复制到 PPT 时，5 种粘贴选项如何选择？

将 Excel 中制作好的图表复制到 PPT 时，会出现 5 种粘贴选项，如图 4-36 所示，它们有什么区别呢？

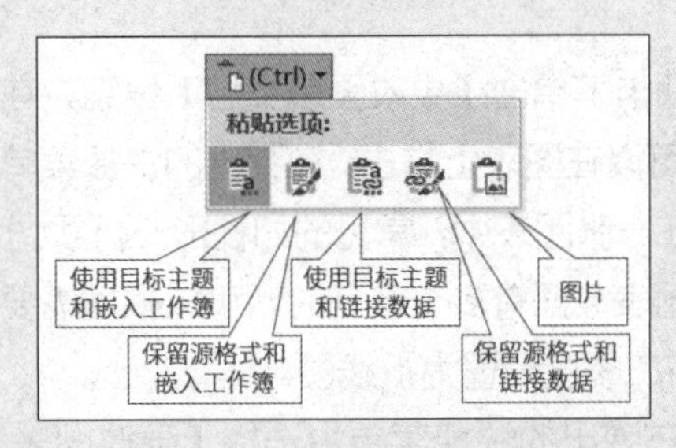

图 4-36　图表粘贴选项示意图

从图表格式的维度可以分为以下两种。

（1）使用目标主题：图表使用当前 PPT 的主题，颜色、字体等会自动与当前 PPT 匹配。

（2）保留源格式：图表粘贴后仍保留 Excel 中的格式设置，就是一模一样地粘贴到 PPT 里。

从图表数据的存放维度可以分为以下两种。

（1）嵌入工作簿：粘贴过来的图表数据以 Excel 工作簿的形式嵌入 PPT 中，对原来的 Excel 进行修改或者删除不会影响 PPT 中的图表。

（2）链接数据：粘贴到 PPT 中的图表数据是链接到原来的 Excel 里的数据。如果 Excel 中的数据变了，PPT 里的图表刷新后会随之变化；但是如果 Excel 删除了或者路径改变了，PPT 里的图表数据就无法再编辑了。

了解了上面几个概念后，那么到底应该选择哪种粘贴选项呢？通常都是使用目标主题，在少数情况下才需要保留源格式。如果 Excel 和 PPT 文件都在自己的电脑中，推荐使用第 3 个选项；但如果 PPT 文件是发给别人且仍需编辑图表数据的，则使用第 1 个选项。至于第 5 个选项图片，则是把图表以图片格式粘贴到 PPT 里，无法对其编辑数据。

4.4 怎样改图表

通过上一节我们清楚了构成图表的各个元素，每个元素都可以根据需要对其格式进行单独设置，进而实现更美观、清晰的效果。此外，我们还要掌握图表的更改技巧。

4.4.1 更改图表类型

在插入图表之前，我们通常会先选择好一种图表类型，那么插入好之后如果希望再更换为其他类型，怎么操作呢？

选中图表，在【设计】选项卡下单击【更改图表类型】按钮，在弹出的对话框中直接选择图表类型即可，如图 4-37 所示。也可以在图表上右击，在弹出的快捷菜单中选择【更改图表类型】命令。

不同类型的图表可以共存在一张图表中，常见的如柱形－折线图、折线－面积图、柱形－饼图，甚至柱形－条形图也可以。当图表数据有多个系列时，可以根据需要给其中一个或多个系列单独设置图表类型，比如图 4-38 中将二季度设置为折线图。

操作方法为：右击图表，在弹出的快捷菜单中选择【更改图表类型】命令，在弹出的【更改图表类型】对话框中选择【组合图】选项，如图 4-38 所示。也可以单击每个数据系列的【图表类型】下拉框，自行选择相应的图表类型。

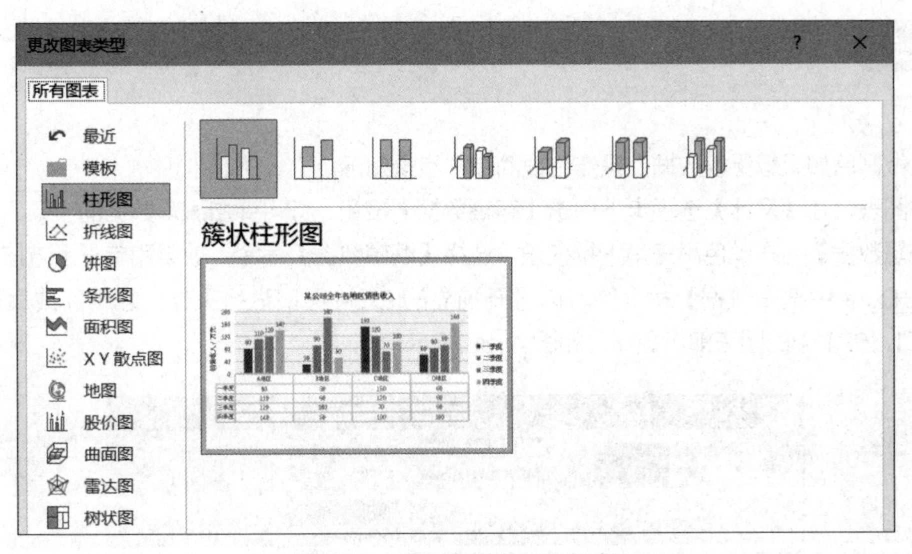

图 4-37　【更改图表类型】对话框

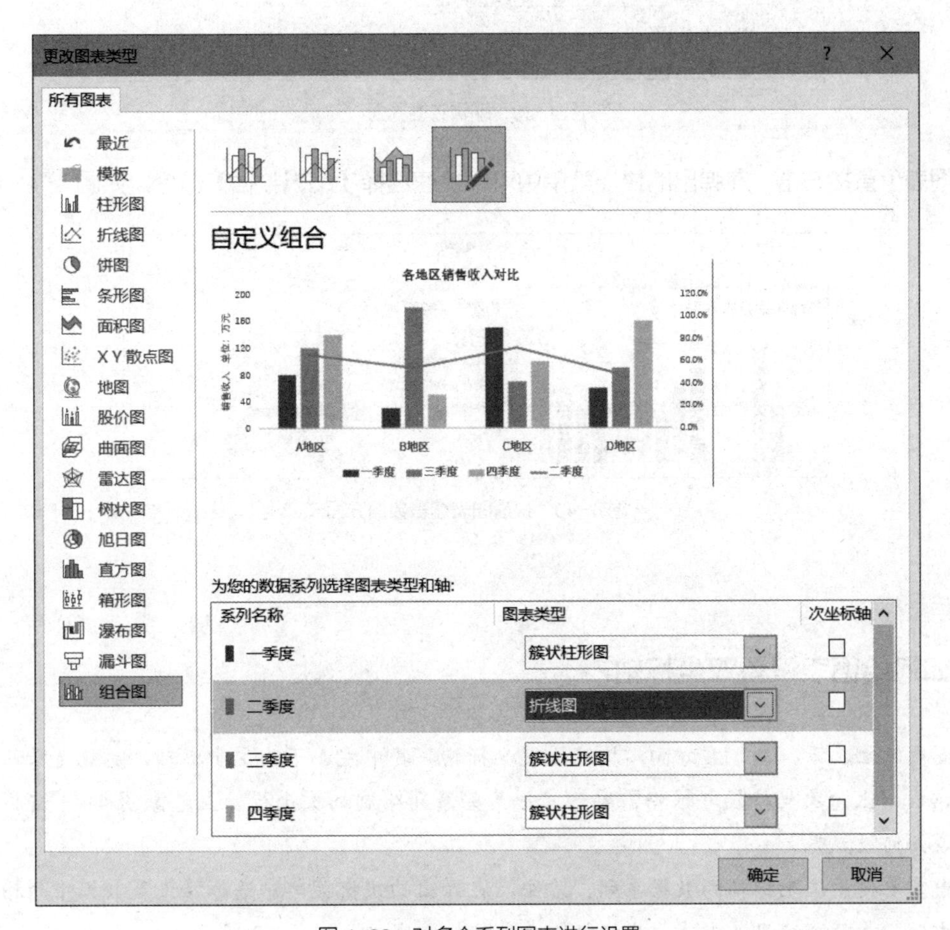

图 4-38　对多个系列图表进行设置

4.4.2 更改数据

图表做好后如果想更改数据，操作也很简单，步骤如下。

选中图表，在【设计】选项卡下单击【编辑数据】按钮，即可弹出编辑数据的小窗口；也可以单击【编辑数据】下方黑色小三角下拉按钮，选择【编辑数据】命令，效果和单击上方按钮相同；选择【在 Excel 中编辑数据】命令则可以打开独立的 Excel 窗口进行操作，编辑完成后直接关闭 Excel 窗口，PPT 中的图表即可更新，如图 4-39 所示。

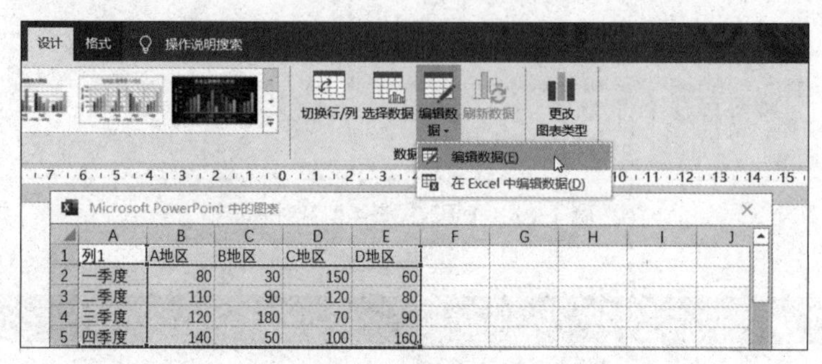

图 4-39　编辑数据界面

在图表上直接右击，在弹出的快捷菜单中可以快速选择【编辑数据】命令，如图 4-40 所示。

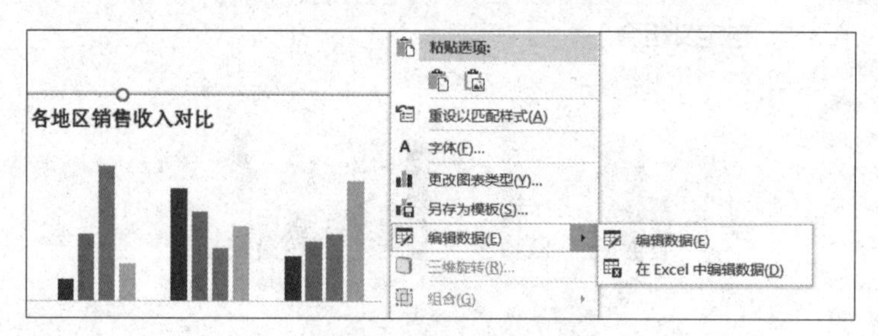

图 4-40　快速图表编辑数据界面

专家提示

如何给图表设置双坐标轴？

对图表的上、下、左、右方向，均可设置坐标轴。其中左、下为主坐标轴，也就是默认显示的坐标轴，右、上为次坐标轴，根据需要可以把某些系列绘制到次坐标轴上，像图 4-41 这样的双坐标轴图表如何设置呢？

选中需要使用次坐标轴的数据系列，右击，在弹出的快捷菜单中选择【设置数据系列格式】命令，在右侧弹出的窗格里选中【次坐标轴】单选按钮即可，如图 4-42 所示。

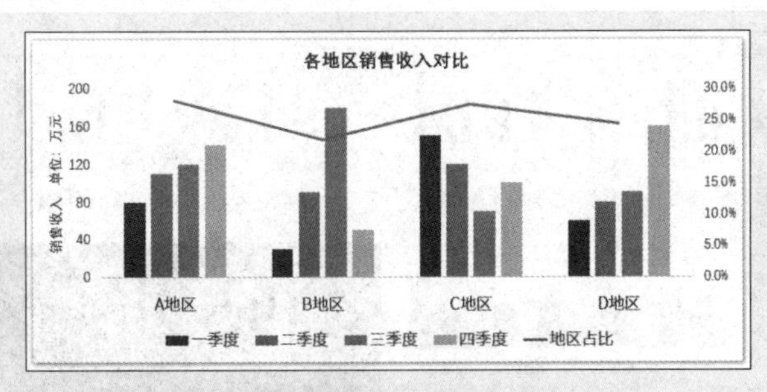

图 4-41　双坐标案例

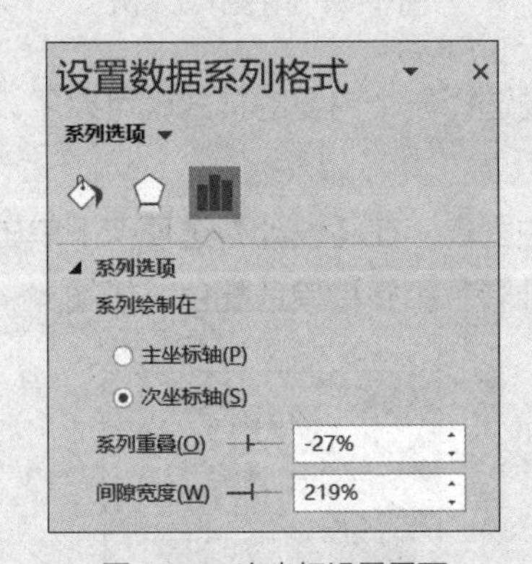

图 4-42　次坐标设置界面

当某一数据系列与其他数据系列的数值差异较大，无法共用主坐标轴采用同一刻度时，通常我们可以采取这样的办法，在次坐标轴上单独使用自己的刻度。

4.4.3 更改图表样式

在 PPT 中，自带了多种图表样式以供选择。如果要更改图表样式，选中图表后，在【设计】选项卡下的【图表样式】组中直接选择一种样式就可以了，如图 4-43 所示。

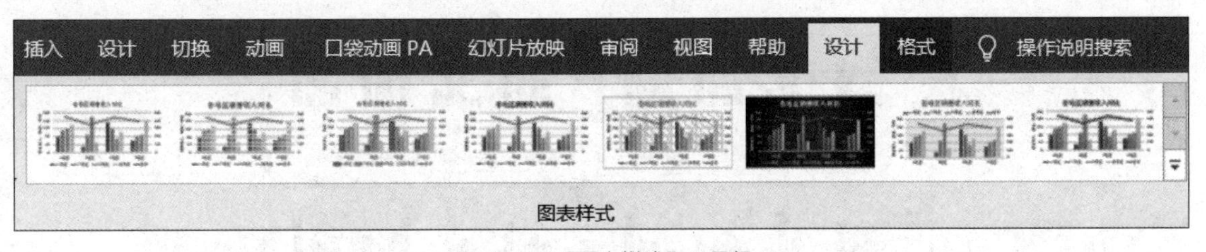

图 4-43　【图表样式】工具组

图 4-44 是【图表样式】工具组中的几种样式。

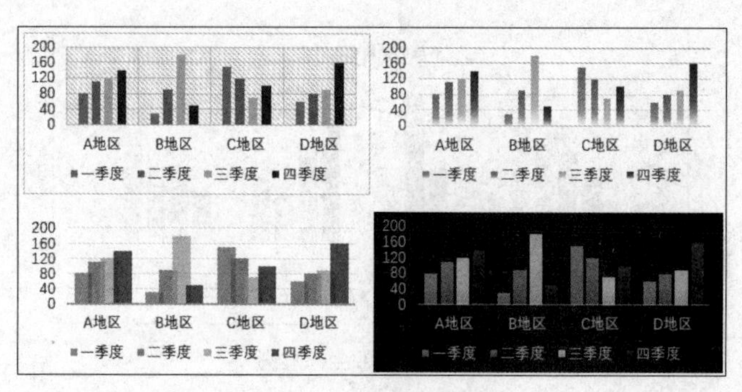

图 4-44　图表样式案例

我们要美化图表，通常只需要选择一个内置的样式就可以了。如果对其效果不满意，还可以更改颜色和布局。

更改图表颜色的方法为：选中图表，在【设计】选项卡下单击【更改颜色】下拉按钮，在其下拉列表中可以看到软件自带了 4 种彩色和多种单色配色，如图 4-45 所示。

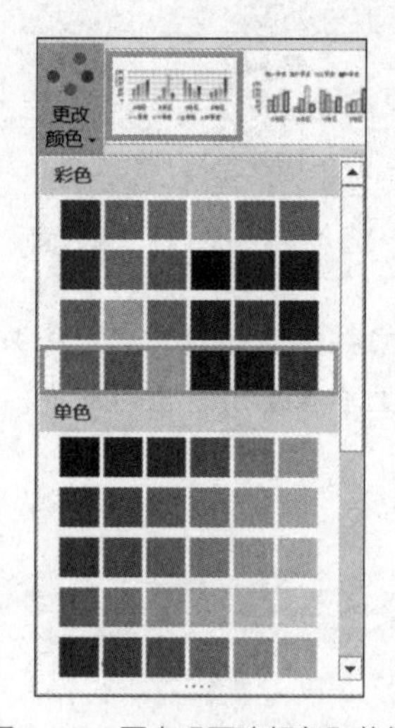

图 4-45　图表【更改颜色】菜单

图 4-46 是其中的几种配色。

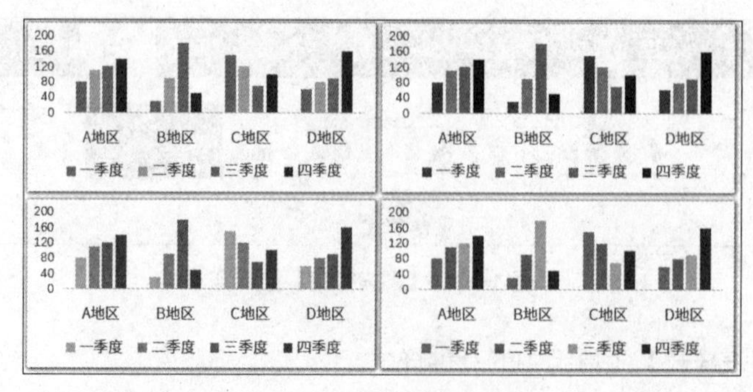

图 4-46　图表配色案例

图表布局是指图表标题、坐标轴、图例等元素在整个图表中的位置。更改图表布局只需要几步就可以，选中图表，在【设计】选项卡下单击【快速布局】下拉按钮，在下拉列表中有十余种布局可选择，图 4-47 是其中的几种布局。

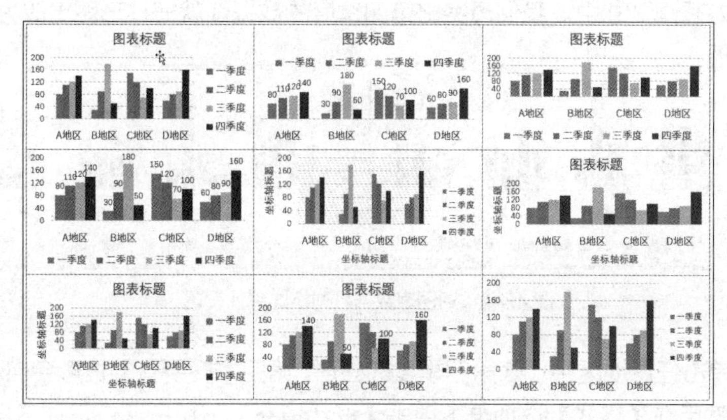

图 4-47　图表布局案例

当然，如果更改了图表颜色和布局后，效果还是不能令人满意，还可以手动调整，包括图表中使用布局自动设置过的各个元素的位置，以及各个元素的格式。

4.4.4 修改图表格式

图表各元素的填充与线条、大小与属性、文字颜色与效果等都可以进行修改。方法是右击相应的元素，在弹出的快捷菜单中选择底部的【设置 ××× 格式】命令。

以图表区为例，在图表空白区域右击，在弹出的快捷菜单中选择【设置图表区格式】命令，在右侧弹出的【设置图表区格式】窗格中选择【图表选项】或【文本选项】，可以在其中进行参数设置，如图 4-48 所示。

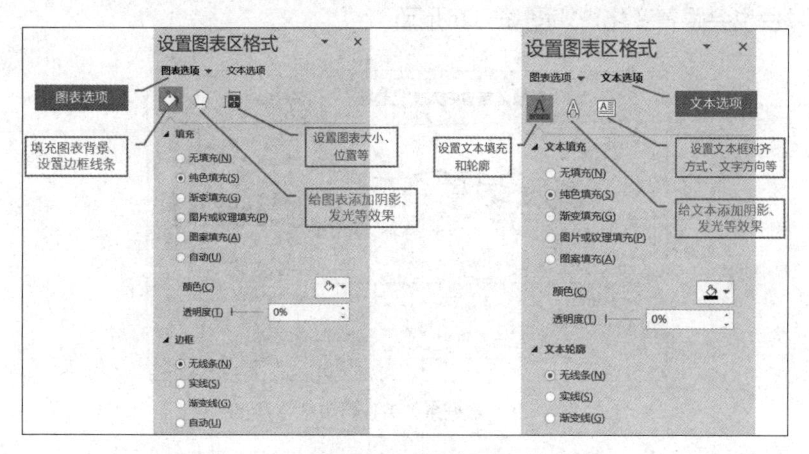

图 4-48　【设置图表区格式】界面功能示意图

用同样的方法，在图表标题上右击可以调出【设置图表标题格式】窗格，在坐标轴上右击可以调出【设置坐标轴格式】窗格，在系列上右击可以调出【设置数据系列格式】窗格等。

数据源中的同一行或同一列数据叫作一个数据系列，我们可以针对同一个数据系列的格式进行单独设置。例如，在图 4-49 中，我们想突出第四季度的数据，就把柱形图更改为红色。

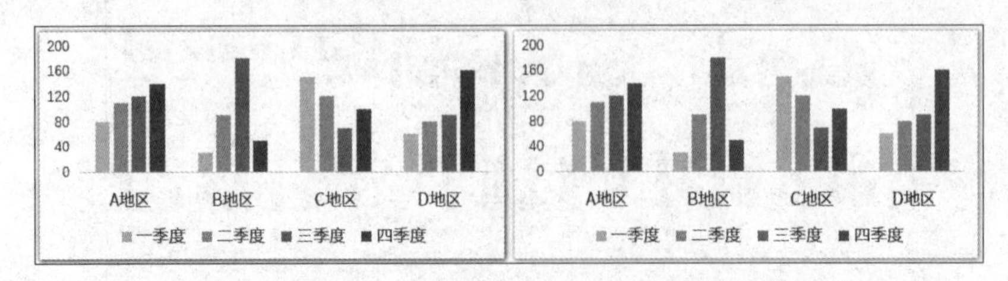

图 4-49　对图表数据系列格式单独设置

操作步骤为：单击任意地区中代表第四季度的柱形，第四季度所有的柱形会自动被全部选中（如图 4-50 所示），然后在【格式】选项卡下单击【形状填充】下拉按钮，再在下拉列表中选择合适的颜色，柱形图和图例的颜色都会随之改变。【形状轮廓】则用来设置边框颜色和粗细。

另外，还可以选中数据系列并右击，在弹出的小窗口（低版本 PowerPoint 软件不会弹出这个小窗口）中可以直接设置颜色和边框，如图 4-51 所示。

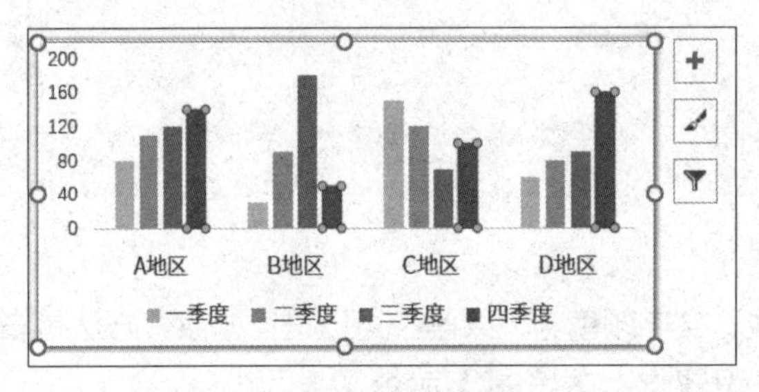

图 4-50　选中数据系列

图 4-51　选中数据系列右击弹出的小窗口

以折线图为例，比如需要更改线条的颜色，用鼠标单击线条，选中后再右击，在弹出的工具栏中单击【边框】下拉按钮，在下拉列表中如果选择红色，这样选中的线条颜色就变成了红色，图例中对应的线条颜色也会跟着变化，如图 4-52 所示。

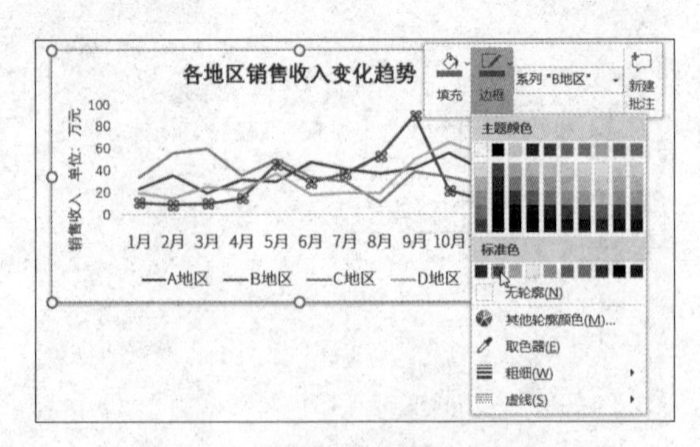

图 4-52　数据系列单独更改颜色界面

选中数据系列并右击，在弹出的快捷菜单中选择【设置数据系列格式】命令，在右侧弹出的【设置数据系列格式】窗格中可以进行更多设置。如果是柱形图，可以将矩形填充为渐变色、纹理或加阴影等，也可以设置边框。另外要注意，单击【系列选项】右侧的下拉按钮，可以快速选择图表的其他元素进行格式设置，如图 4-53 所示。

如果是折线图，【设置数据系列格式】窗格中的【填充与线条】工具里还有两个选项，一个是【线条】，一个是【标记】，如图 4-54 所示。

在【线条】选项下，可以对线条的颜色、宽度和线条两端的箭头类型等进行设置，如图 4-55 所示。

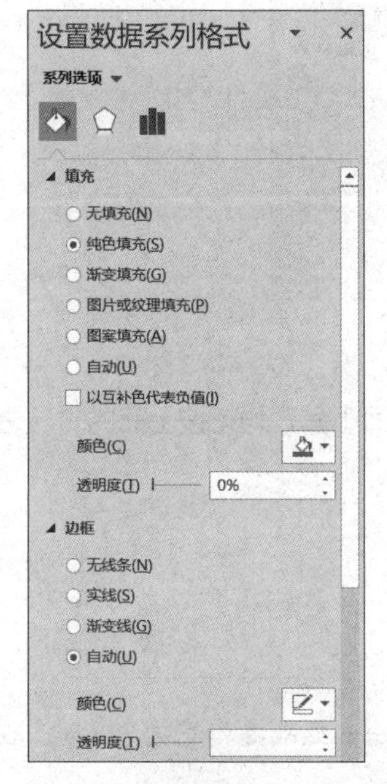

图 4-53　【设置数据系列格式】窗格

图 4-54　折线图的【填充与线条】

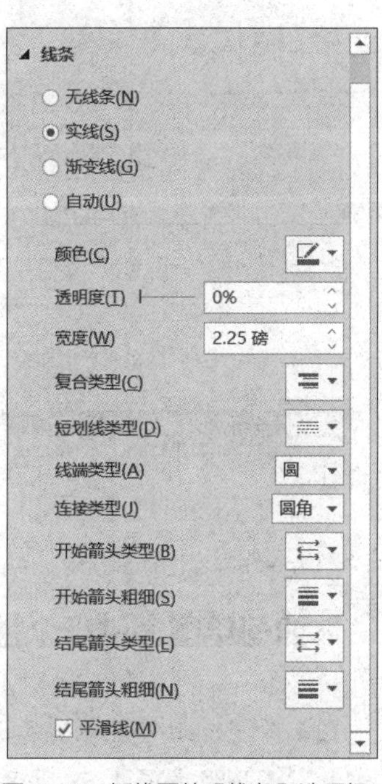

图 4-55　折线图的【线条】选项组

在【线条】选项组下有个很实用的选项——【平滑线】，选中该复选框后整个线条可以变成一条更平滑的线条。图 4-56 中 B 地区的直线段已经变成了平滑线。

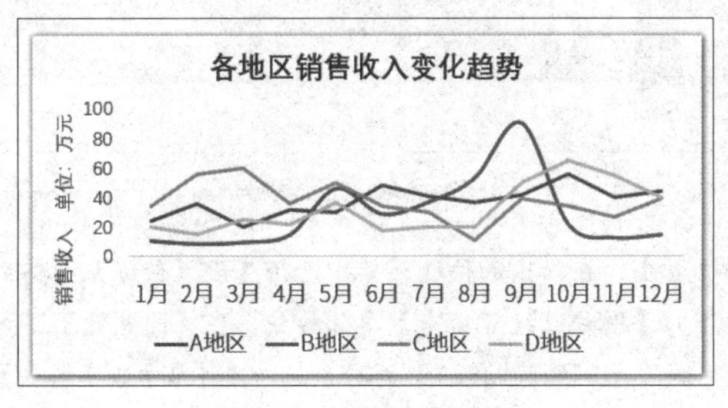

图 4-56　折线图平滑线案例

【标记】是指线条上的每个数据点。在【标记】选项下，可以对标记的形状、大小、颜色、边框等进行设置，如图 4-57 所示。

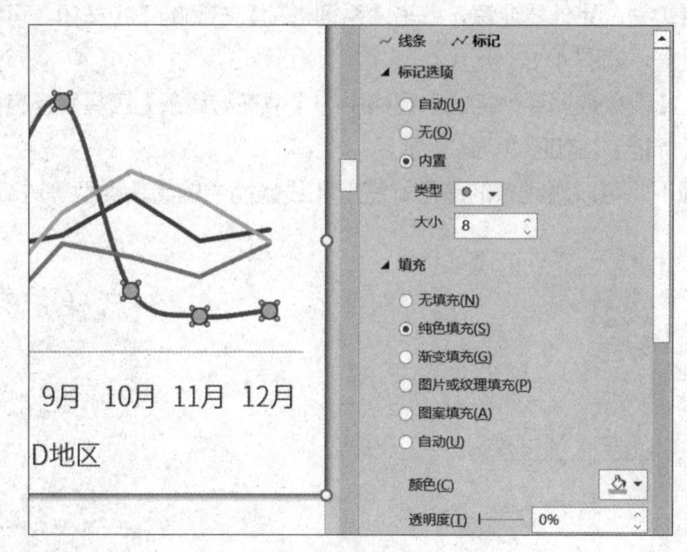

图 4-57　折线图的标记设置

无论是柱形图、折线图或者其他类型的图表，格式设置参数都大同小异，均可按上面的方法进行操作。

专家提示

如何给图表进行个性化设置?

图表除了以上常规的格式设置之外，还可以做个性化的设置，使图表效果更加美观。例如，我们想把柱形图做成图 4-58 所示的效果，怎么实现呢?

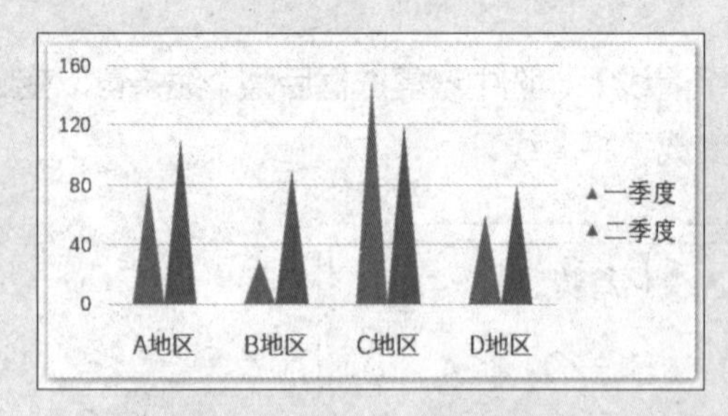

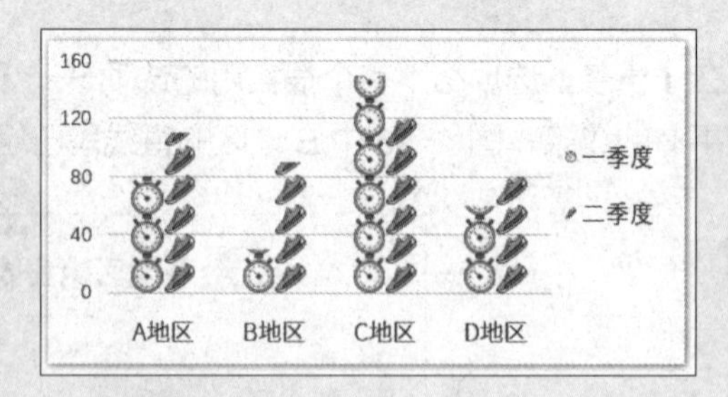

图 4-58　图表个性化设置案例

选中一个数据系列并右击，在弹出的快捷菜单中选择【设置数据系列格式】命令，在右侧弹出的窗格中选中【填充】下的【图片或纹理填充】单选按钮，在【图片源】下方选择直接插入图片或来自剪贴板（需先将待用图片复制到剪贴板），再分别选中【伸展】或【层叠】单选按钮，如图 4-59 所示。

图 4-58 左图使用的是【伸展】选项效果，即将图片根据数据大小进行拉伸；图 4-58 右图使用了【层叠】选项效果，即保持图片大小不变，将多个图片层叠来填充。

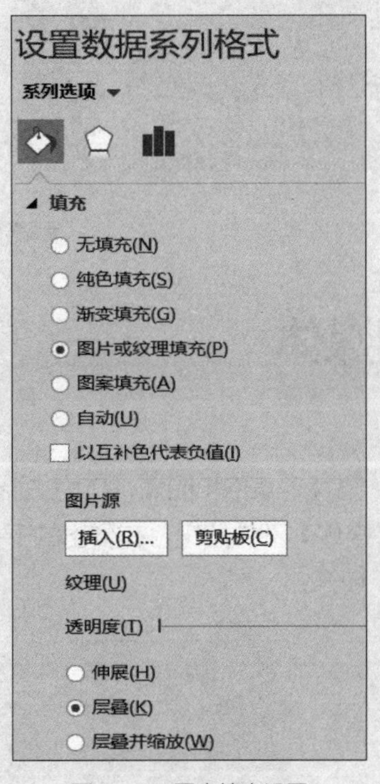

图 4-59　图表填充设置

第5章

媒体和对象

5.1 PPT 里的媒体

在 PPT 中，不但可以有文字、图片、表格和图表，作为主流展示软件，当然不能少了媒体。

在【插入】选项卡里，单击【媒体】下拉按钮，在弹出的下拉列表中可以看到三种媒体形式：视频、音频、屏幕录制，如图 5-1 所示。

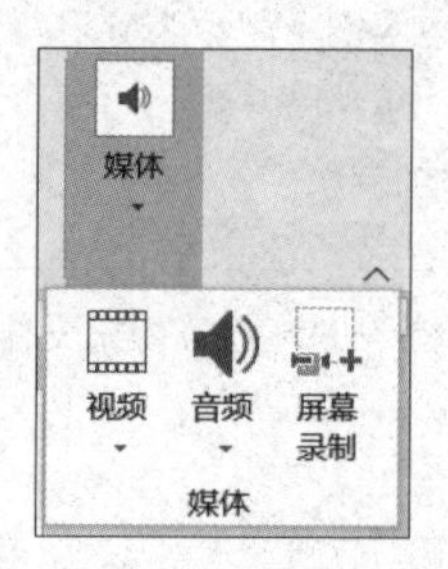

图 5-1　媒体菜单

对于音频和视频，可以在这里直接单击对应的按钮，然后选择路径就可以插入；当然也可以将音频或视频文件直接拖入 PPT 编辑页面，如图 5-2 所示。

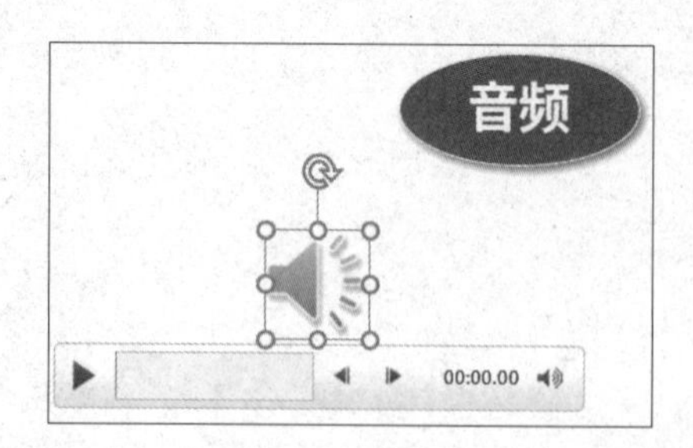

图 5-2　音频和视频文件界面

【屏幕录制】也是一个很方便的小工具，可以将我们在电脑屏幕上的操作过程录制成视频。单击该按钮后即可弹出快捷操作工具栏，单击【选择区域】按钮可以用鼠标来选择录制屏幕的范围，确定录制范围后才可以开始进行录制。如果单击【音频】按钮，可以录制旁白；单击【录制指针】

按钮，就可以录制鼠标的运动轨迹。设置好之后单击【录制】按钮即开始对选中区域的屏幕进行录制并计时，如图 5-3 所示。

图 5-3　音频录制工具栏

5.2 让 PPT 有声音

如果 PPT 添加了声音，会让 PPT 内容变得更加生动，那添加完音频如何进行播放和其他处理呢？

5.2.1 音频的播放

在 PPT 中选中音频图标，选择【播放】选项卡，在【音频选项】工具组里有几个常用的播放设置，如图 5-4 所示。

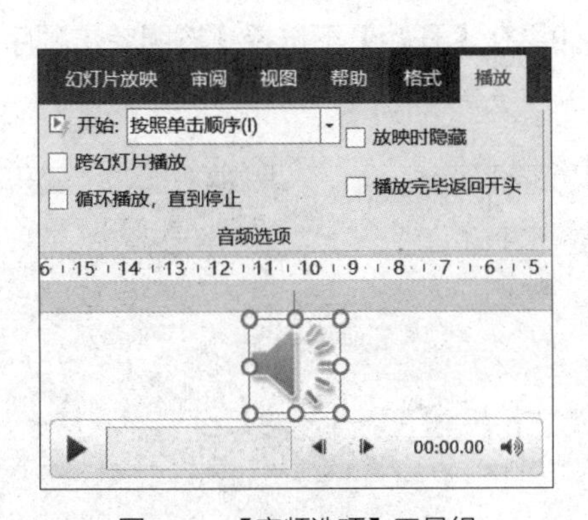

图 5-4　【音频选项】工具组

1　跨幻灯片播放

选中【跨幻灯片播放】复选框后，音频会从当前放映页开始连续播放，而不会受 PPT 翻页影响；如果不选中【跨幻灯片播放】复选框，随着 PPT 放映页面的切换，音频就会停止播放。

2 循环播放设置

选中【循环播放，直到停止】复选框，音频会从当前放映页开始循环播放，直到单击【停止播放】按钮、切换页面或退出幻灯片放映状态。如果同时选中了【跨幻灯片播放】复选框，音频则会在整个幻灯片放映停止前循环播放。

我们在给 PPT 添加整体背景音乐的时候，常常会在【播放】选项卡中同时选中【跨幻灯片播放】和【循环播放，直到停止】复选框。

3 开始方式设置

音频播放的开始方式有三种：按照单击顺序、自动、单击时，如图 5-5 所示。

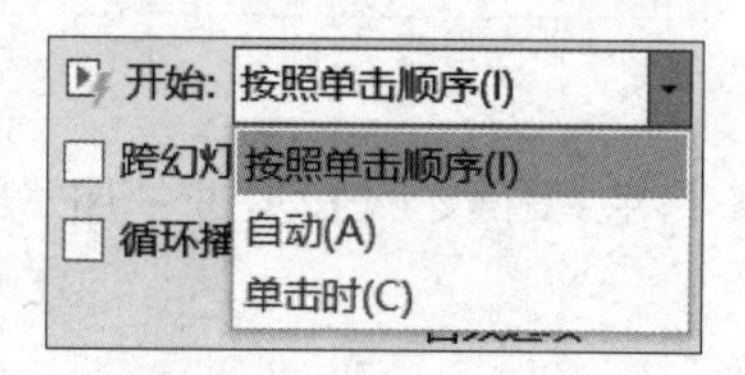

图 5-5　音频开始设置菜单栏

按照单击顺序：这里说的顺序是指当前页面的动画顺序。在【动画】选项卡下单击【动画窗格】按钮，在右侧打开【动画窗格】窗格。这里可以看到当前页面的动画顺序，音频在这里也被当作动画了，如图 5-6 所示。如果某个动画前有个鼠标形状的小图标，是指该动画需要单击鼠标才会播放（鼠标不一定要在元素上单击，在页面任意位置单击都可以，也可以按键盘上的向下方向键，效果是一样的）。在图 5-6 中，如果在【开始】下选择【按照单击顺序】选项，音频“李健 - 绒花”将在第二次单击时开始播放。

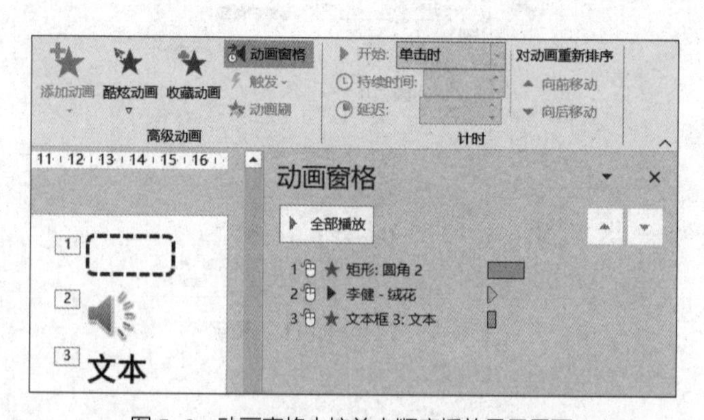

图 5-6　动画窗格中按单击顺序播放显示界面

自动：若在【开始】下选择【自动】选项，音频会在上一项动画播放完成后自动播放，【动画窗格】窗格中音频前的小鼠标图标会变成钟表图标，音频后的时间进度条开始时间也是位于文本框动画的绿色进度条后，如图 5-7 所示。

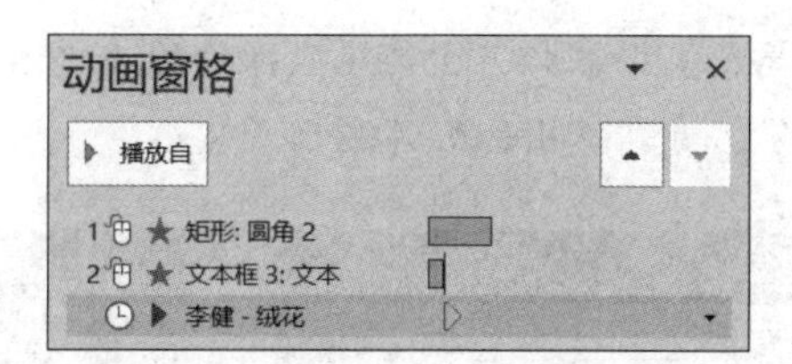

图 5-7　动画窗格中自动播放显示界面

单击时：若在【开始】下选择【单击时】选项，则音频只有在单击播放按钮时才会播放。【动画窗格】窗格会把音频放到触发器下的列表里，如图 5-8 所示。

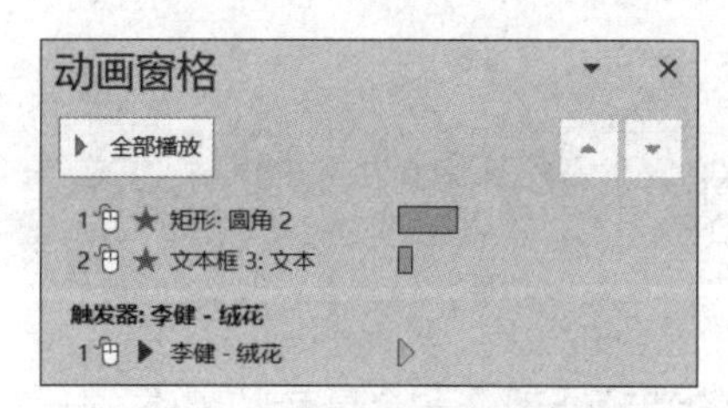

图 5-8　动画窗格中单击显示界面

4　给音频加书签

音频加书签有什么作用呢？在 PPT 演示时，通过单击音频书签可以跳转到指定位置开始播放。

添加书签的操作步骤为：在 PPT 编辑页面中选中音频的小喇叭图标，这时音频进度条会显示出来，将进度条移动到希望添加书签的位置，再在【播放】选项卡下单击【添加书签】按钮。图 5-9 中的进度条中的小圆点就是书签，在幻灯片放映状态下，单击书签即可从该位置开始播放。当然，一段音频可以添加多个书签，便于演示时按照指定的位置播放音频。

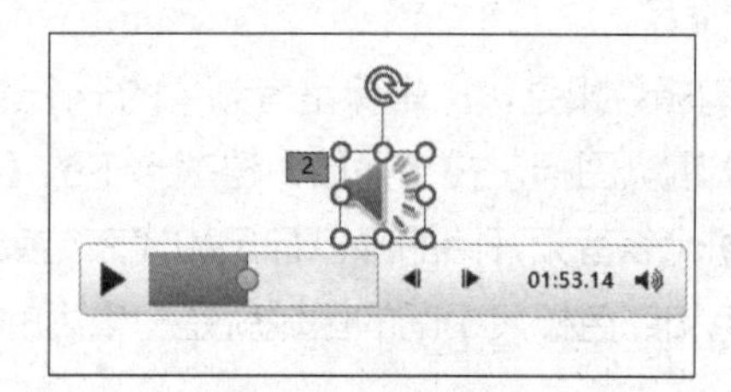

图 5-9　音频添加书签界面

专家提示

如何快速设置 PPT 背景音乐？

在【播放】选项卡下单击【在后台播放】按钮，此时【开始】方式会切换成【自动】，同时【跨幻灯片播放】、【循环播放，直到停止】和【放映时隐藏】也都会被自动选中，如图 5-10 所示。此外，

【音频样式】组中的【在后台播放】按钮相当于这几项操作的快捷方式。设置后，幻灯片演示到当前页面时，音频就会循环播放了，直到退出幻灯片演示。

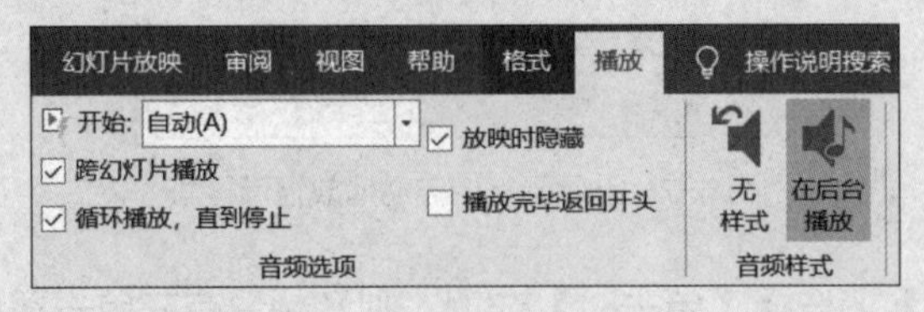

图 5-10　背景音乐快速设置界面

5.2.2 音频的处理

在 PPT 中还可以进行简单的音频处理，一个是音频剪辑，一个是给音频增加淡入淡出效果，如图 5-11 所示。

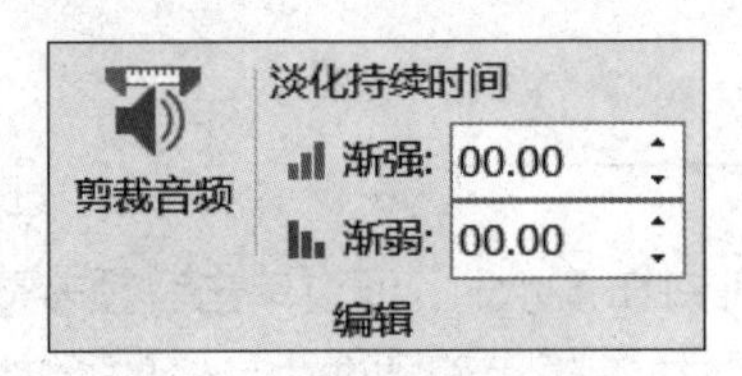

图 5-11　音频编辑工具界面

1 音频剪辑

在 PPT 中可以实现的音频剪辑效果是，剪辑保留音频中的一个连续片段。

操作步骤为：选中音频的小喇叭图标，在【播放】选项卡下的【编辑】组中单击【剪裁音频】按钮，在弹出的对话框中，拖动代表音频开始的绿色标尺和代表结束的红色标尺即可，或者直接输入开始时间和结束时间。在绿色和红色标尺中间的区域就是剪辑后的音频，如图 5-12 所示。

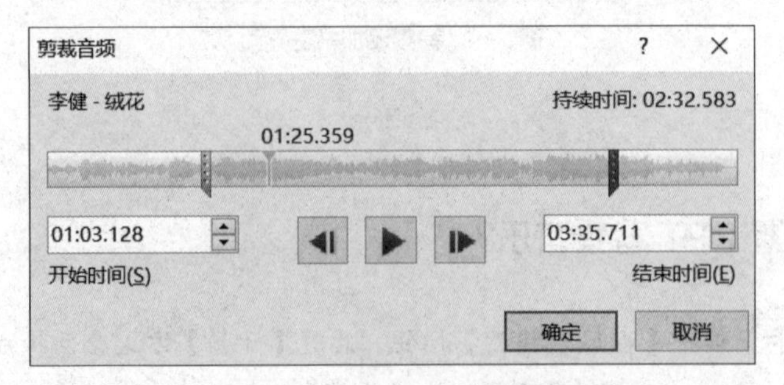

图 5-12　【剪裁音频】对话框

用鼠标在音轨的任意位置单击，会出现蓝色细线标记，并显示时间，单击【播放】按钮即可从蓝色标记线开始进行音频播放。对于被剪辑掉的灰色音轨部分，也可以进行播放试听。

2　加入淡入淡出效果

淡入淡出是什么效果呢，就是在音频开始后几秒或结束前几秒添加渐强或渐弱效果，让人感觉到声音渐渐进入或渐渐消失。

操作方法很简单：先选中音频，然后在【播放】选项卡中输入渐强或渐弱时间就可以了。

5.2.3　音频图标设置

我们可以把音频图标看成图片，因此在这里可以对图片进行修改及设置格式。

1　修改音频图标

音频图标默认是一个小喇叭形状，我们可以把小喇叭形状更改为其他图形，进行个性化设置。

操作步骤为：选中音频图标，在【格式】选项卡下单击【更改图片】按钮，然后在下拉列表中选择图片来源。如果剪贴板里有图片，则【自剪贴板】选项被激活，如图 5-13 所示。

图 5-13　音频图标【更改图片】菜单

如图 5-14 所示就是将音频的小喇叭图标改成了小汽车和锁头图标。

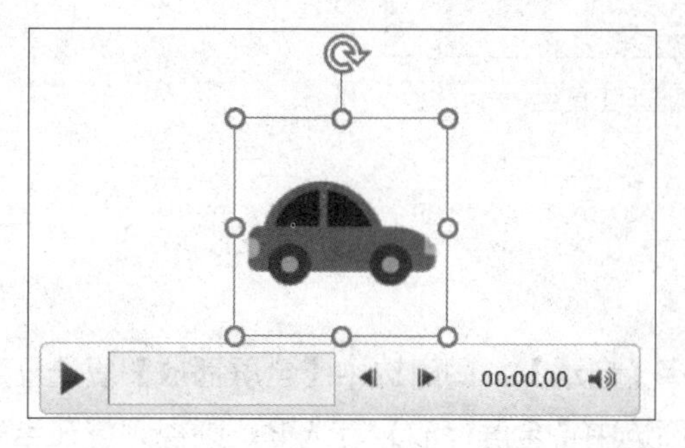

图 5-14　音频图标个性化设置案例

2 音频图标格式设置

设置音频图标格式的方法和设置图片格式的方法相同，可以调整音频图标的图片亮度、添加艺术效果、删除背景、添加边框等。

选中音频图标，单击【格式】选项卡（如图 5-15 所示），选择对应工具即可，具体操作方法参见图片章节的相关内容。

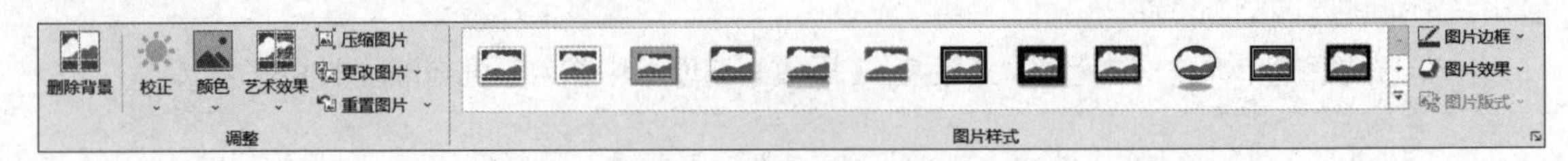

图 5-15　音频【格式】选项卡

5.3 视频的相关操作

在 PPT 中，常会遇到需要播放视频的需求，本节讲解视频的相关设置。插入视频与插入音频的方法类似，可以直接复制粘贴，也可以在【插入】选项卡下选择【媒体】→【视频】命令。

5.3.1 视频的播放

选中视频，在【播放】选项卡下的【视频选项】工具组里有图 5-16 所示的播放设置。

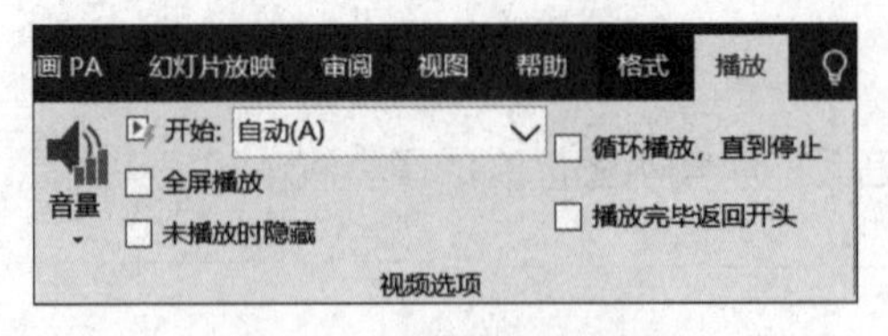

图 5-16　视频选项工具组

1 全屏播放设置

在 PPT 中播放视频时，可以在【开始】下选择【自动】，同时选中【全屏播放】复选框后，这样该视频就会在 PPT 页面中自动全屏播放。若不选中【全屏播放】复选框，则视频将在当前页面里播放，不会全屏。当然，【开始】方式也可以不选择【自动】，具体方法与音频设置方法相同。

2　循环播放设置

在【播放】选项卡下的【视频选项】组中选中【循环播放，直到停止】复选框，视频就会循环播放，直到单击【停止播放】按钮或跳出当前幻灯片页面，视频才回停止循环播放。

3　播放结束时的画面设置

若不选中【播放完毕返回开头】复选框，则视频播放结束时，画面会停留在视频的最后一帧；若选中【播放完毕返回开头】复选框，则视频播放结束时，会自动回到视频开始的画面。若设置了视频封面，则视频播放结束时，会自动回到封面。

4　给视频加书签

同样，也可以给视频添加书签，演示时可以直接单击书签位置，以跳转到指定位置开始播放。

在 PPT 编辑页面中单击选中视频，视频下方会显示进度条，将进度条移动到希望添加书签的位置，在【播放】选项卡中单击【添加书签】按钮即可。图 5-17 中进度条上的小圆点就是书签，幻灯片放映状态下，单击书签即可从该位置开始播放，一个视频可以添加多个书签。

图 5-17　视频添加书签界面

5.3.2　视频的处理

和音频处理一样，PPT 里也可以进行简单的视频剪辑，以及给视频增加淡入淡出效果，如图 5-18 所示。

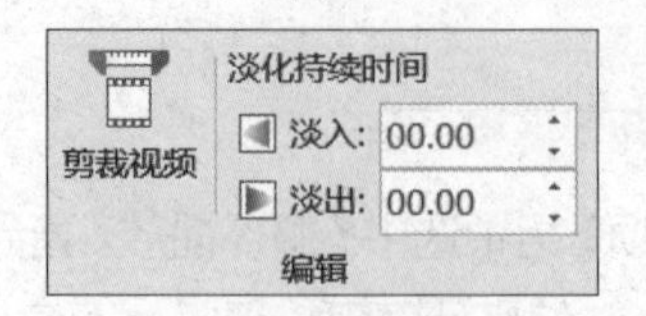

图 5-18　视频编辑工具界面

1　视频剪辑

在 PPT 中，同样可以对视频进行剪辑，保留视频中的一个连续片段。

操作步骤为：选中视频，在【播放】选项卡下【编辑】组中单击【剪裁视频】按钮，在弹出的【剪裁视频】对话框中，拖动代表开始的绿色标尺和代表结束的红色标尺即可，也可以直接输入开始时间和结束时间来设置。在图 5-19 中，两个标尺中间的区域就是剪辑后的视频。

图 5-19　视频剪辑界面

2　淡入淡出

视频的淡入淡出效果，就是在视频开始后几秒或结束前几秒添加由黑色背景到视频的淡入或淡出效果，呈现出的效果就是画面渐渐出现或渐渐消失。

操作方法很简单：选中视频，在【播放】选项卡下输入淡入或淡出的时间就可以了。若设置时间为 0，就是没有淡入淡出效果。

5.3.3 视频窗口设置

对于在 PPT 中插入的视频，可以对视频窗口进行设置。

1 视频封面设置

视频封面就是将视频放入 PPT 后，视频播放前展示的画面。我们可以在 PPT 里将视频封面设置为一张图片或视频里的一个画面。如果不设置封面的话，默认封面就是视频的第一帧画面。

操作步骤为：选中视频，在【格式】选项卡下选择【海报框架】→【文件中的图像】命令，就可以将本地电脑中的图片设置为封面了。如果希望将视频内容作为封面，就先将视频进度拖动到需要的画面中，再选择【海报框架】→【当前帧】命令，就可以把那一帧的画面作为视频封面了。若需要修改，则可以选择【海报框架】→【重置】命令，再重新设置视频封面，如图 5-20 所示。

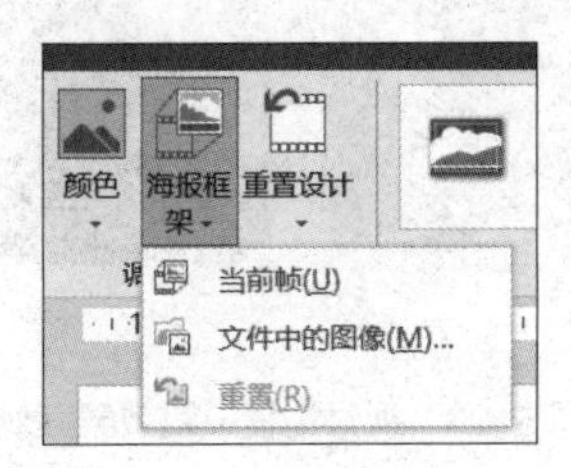

图 5-20 海报框架菜单栏

2 视频窗口形状设置

结合 PPT 的页面设计，可以将视频窗口更改为合适的形状。例如，对于图 5-21 所示的这页 PPT，根据整个页面布局，可以将中间的视频窗口改为平行四边形。

图 5-21 视频窗口设计案例

操作步骤为：选中视频，在【格式】选项卡下单击【视频形状】下拉按钮，然后在下拉列表中选择合适的形状，这样就可以改变视频的外框了，如图 5-22 所示。

图 5-22　视频形状菜单栏

3　视频边框设置

为了美化页面，常常会给视频添加边框或效果，如图 5-23 所示。

图 5-23　视频边框设置效果案例

在【格式】选项卡下的【视频样式】组中可以直接选择内置预设好的边框及效果，也可以单独设置。操作方法为：选中视频，在【格式】选项卡下的【视频样式】组中单击【视频边框】或【视频效果】的下拉按钮，然后通过下拉列表选项进行相应的设置即可，跟图片的处理方式一样，如图 5-24 所示。

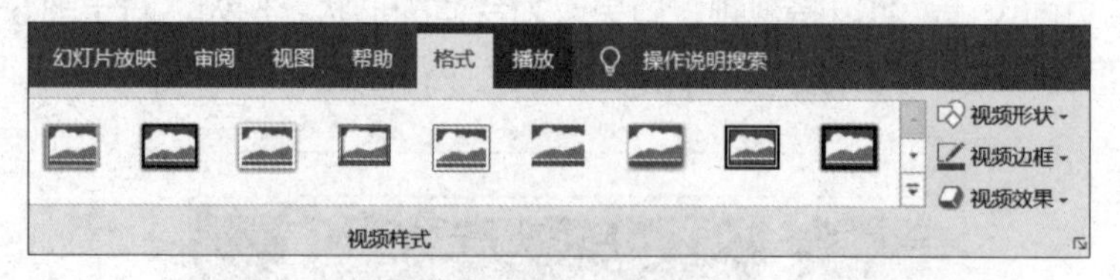

图 5-24　视频样式工具组

5.4 对象是什么

对象是 PPT 中用得相对少的元素，简单来说，在 PPT 中嵌入的独立文档就是对象，它可以是

PPT、Word、Excel 或其他格式的文档，如图 5-25 所示。

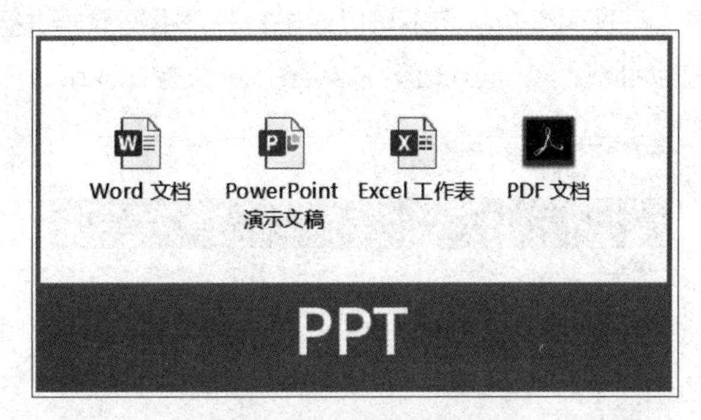

图 5-25　对象格式示意图

要想在 PPT 中插入对象，在【插入】选项卡下单击【对象】按钮，在弹出的【插入对象】对话框中有两种插入方式，如图 5-26 所示。

（1）新建。文件类型有限，且电脑上必须已安装对应的软件。

（2）由文件创建。选择本地已有文件，常用的软件和 Office 文档都可以。

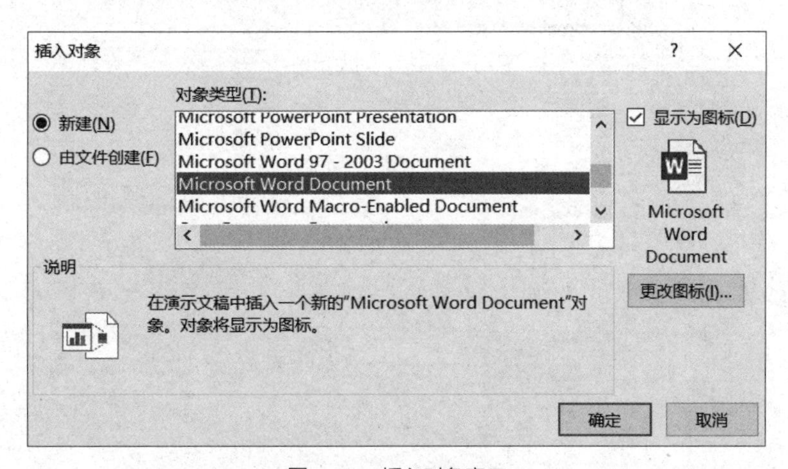

图 5-26　插入对象窗口

在【插入对象】对话框中，如果不选中【显示为图标】复选框，则通常会在 PPT 页面上直接显示文档内容，可以拖动调整大小及位置。这样就可以在 PPT 中原样显示对象中的内容，而不必再用复制粘贴重新调整格式的方式。这也是使用对象的第一个好处。

使用对象的第二个好处是可以作为附件、补充材料。因为我们在 PPT 中展示的内容相对有限，例如有个几千行的表格，我们不可能都放到页面中，这时候就可以把整个表格文档作为对象插入进去，需要时再打开查看详细信息。

此外，对象还有一种用法。如果我们插入的对象是另一份 PPT 文档，那么在放映时，将鼠标移到这个对象上，光标会变成小手的形状，单击即可打开对象文档并放映，放映结束再回到原文档。这样的话，我们可以制作 1 份 PPT 主文档 + *N* 份子文档，并将子文档作为对象插入主文档的相应页面中，根据情况选择放映哪些内容，也能起到很好的放映效果。

对于插入进来的对象，在页面编辑状态下可以双击打开，根据需要进行进一步编辑。图 5-27 就是双击嵌入的 Word 文档后出现的界面，既像 PowerPoint 又像 Word。

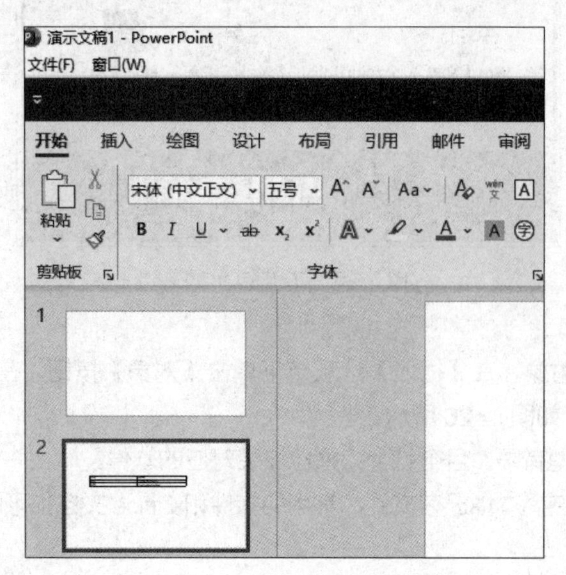

图 5-27　插入对象示例

第二部分

页面设计——
教你从无到有做一页 PPT

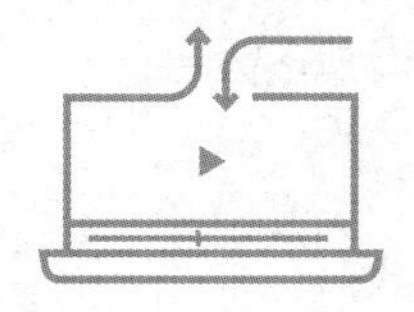

通过第一部分的学习，我们掌握了文字、图片、形状等元素的使用技巧，而一张完整的幻灯片页面正是由这些元素构成的。有优质的素材，没有好的页面设计，也是难尽其才。PPT 页面设计并非是专业设计师才能掌握的技能，只要掌握一些原则和方法，普通用户也能做出不错的效果。

万事开头难，这部分我们将结合具体案例，带大家从无到有地制作一页 PPT！

开始之前我们先来做个测试，看看自己做的 PPT 有没有存在下面的问题：

- 文字挤得满满的，恨不能溢出来。
- 页面五颜六色，看上去眼花缭乱。
- 图片大小不一，怎么放都显得乱。
- 怎么看都不上档次，更谈不上美感。

改了好几遍领导还是不满意，怎么办？如果你有这样的困惑，就需要掌握一些 PPT 的排版技巧了。

PPT 所有问题里最常见的就是排版问题。简单来说，排版就是对插入页面中的那些元素进行摆放，即我们打算把它们放在哪个位置，设置多大合适，怎么排列、布局……这一章我们主要从排版角度讲解 PPT 单一页面的设计方法。

6.1 页面布局，万变不离其宗

页面中的元素要讲究布局，同样一张图片，摆在这里跟摆在那里，呈现出来的效果差别可能是很大的。一页空白的幻灯片就像一张白纸，那么这个版面怎么规划，即如何划分整个页面区域呢？

其实，PPT 设计也是有讲究的，并不是把文字、图片、形状、表格、图表之类的元素随意变换下位置。在 PPT 中，常见的页面布局主要有以下几类。

1 上下 / 上中下型布局

上下 / 上中下型布局是一种最为常见的布局形式，就是将页面上下划分为两到三部分，如图 6-1 所示。设计时可以通过色块或者线条将区域进行划分，多用作封面设计，比如图 6-2 中的两个案例，就是很大众化的工作型 PPT。

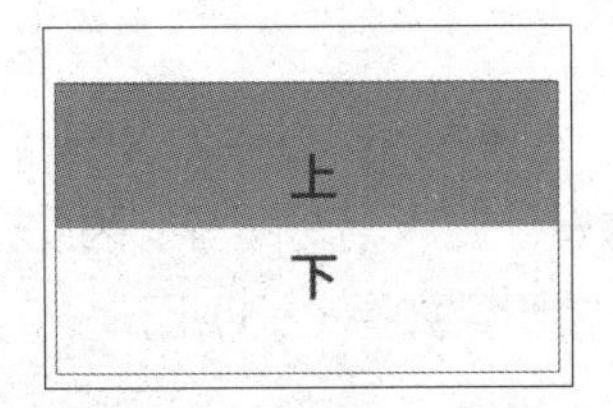

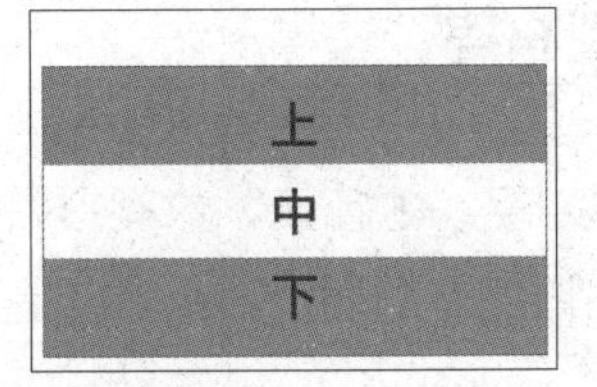

图 6-1　上下 / 上中下型布局示意图

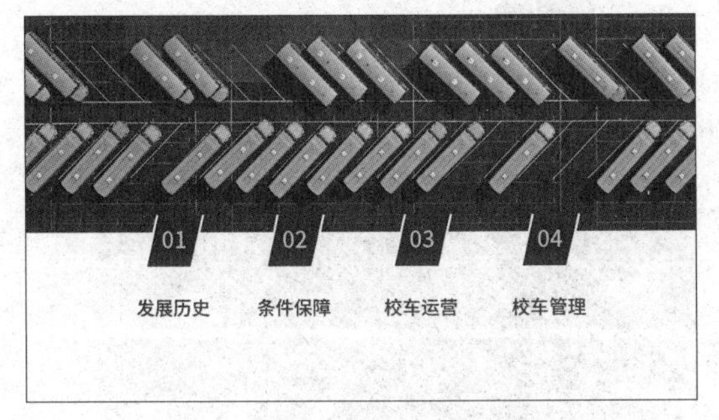

图 6-2　上下 / 上中下型布局案例

2　左右 / 左中右型布局

左右 / 左中右型布局形式就是将页面进行左右划分，如图 6-3 所示。对于页面的左右布局形式，可以左右均分，如图 6-4（a）所示，也可以按黄金比例分割，如图 6-4（b）所示。这种布局较多用作目录，也可以用于正文页面设计。

图 6-3　左右 / 左中右型布局示意图

（a）左右均分

（b）左右按黄金比例分割

图 6-4　左右型布局案例

3 对角 / 斜线型布局

对角 / 斜线型布局如图 6-5 所示。这类布局对设计要求相对高些，因此使用得相对较少，但设计好了也容易出彩，可以用作封面页，也可以是正文页，如图 6-6 所示。

图 6-5 对角 / 斜线型布局示意图

（a）对角型布局

（b）斜线型布局

图 6-6 对角 / 斜线型布局案例

4 中心 / 全屏型布局

中心 / 全屏型布局如图 6-7 所示，这种布局可发挥的空间比较大，比如图 6-8 中的两个案例。

图 6-7 中心 / 全屏型布局示意图

（a）中心型布局

（b）全屏型布局

图 6-8 中心 / 全屏型布局案例

对于正文页，通常使用最多的布局方式就是上方标题、下方内容的布局了。下方可按照元素的多少选择横排、竖排、四象限、九宫格等布局方式。下面是一个页面布局示意图汇总，可以直接使用，或借鉴思路进行拓展，如图 6-9 所示。

偏左结构		偏上结构		单斜向	
偏右结构		偏下结构		双斜向	
曲线左右		曲线上下		左对角	
左右中分		上下中分		右对角	
上中下		左右三分		四象限	
左中右		中心聚焦		九宫格	
上下三分		四周扩散		全屏	

图 6-9　页面布局示意图汇总

6.2 排版得先学会对齐

元素对齐是 PPT 排版最基本的原则，在对齐页面上的多个元素时，不必通过目测来调整元素，费时费力还不精准。利用 PPT 里自带的“对齐工具”，可以按我们的需求，方便地将多个元素进行对齐。这里讲的元素，包括文字、图片、形状等。

元素对齐方式分为以下三类。

第一类：水平方向对齐。包括元素左对齐、水平居中、右对齐，如图 6-10 所示。

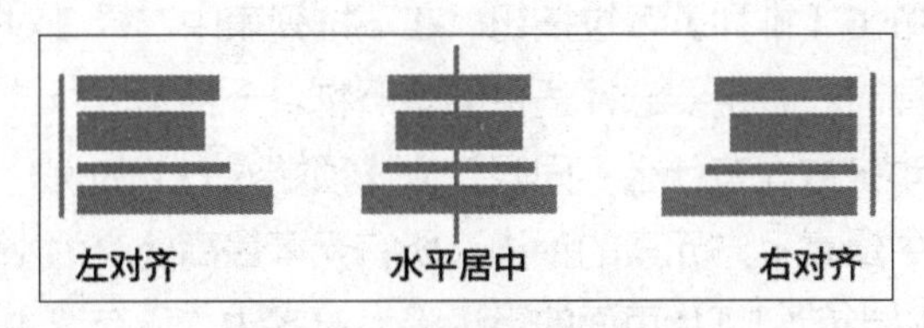

图 6-10　水平方向对齐示意图

第二类：垂直方向对齐。包括元素顶端对齐、垂直居中、底端对齐，如图 6-11 所示。

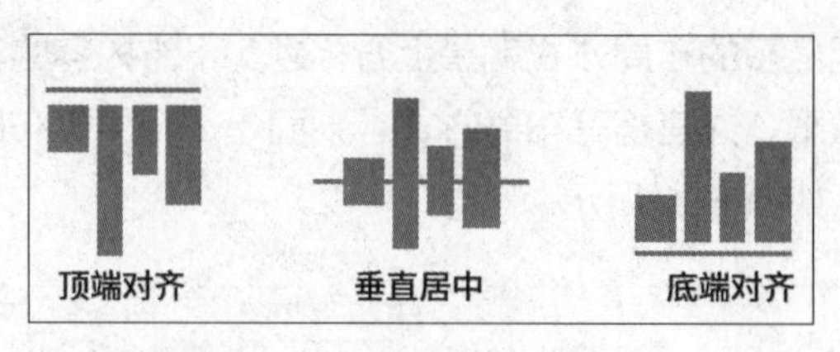

图 6-11　垂直方向对齐示意图

第三类：等距离分布。包括水平和垂直方向上元素的等距离分布，即横向分布和纵向分布，如图 6-12 所示。

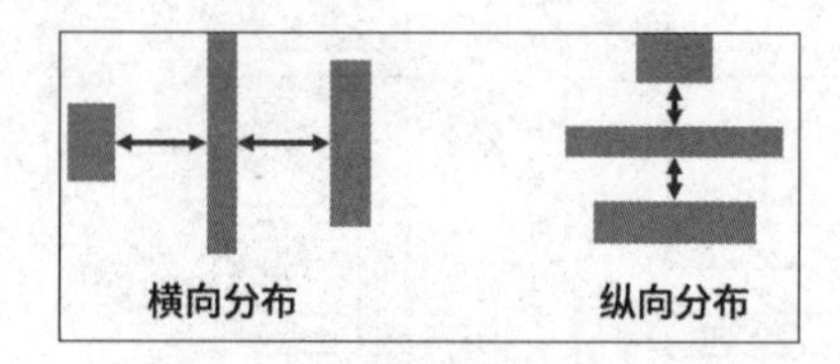

图 6-12　等距离分布示意图

那么如何对齐呢？先选中需要对齐的多个元素，然后在【格式】选项卡下的【排列】工具组中单击【对齐】下拉按钮，在下拉列表中按需求选择相应的对齐方式就可以了，如图 6-13 所示。

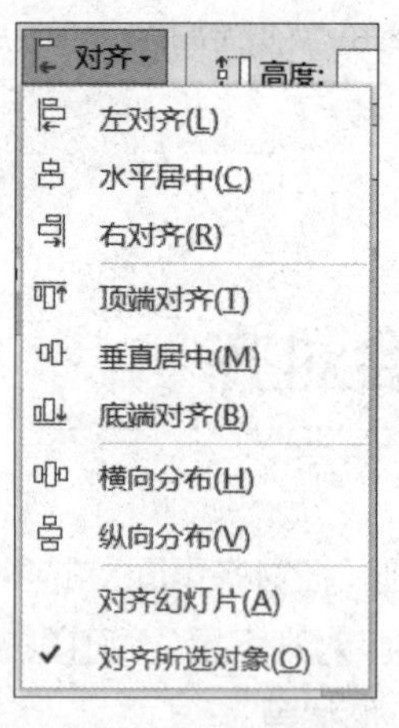

图 6-13　【对齐】菜单

【对齐】工具还可以在【开始】选项卡里找到。仍然是先选中元素，再选择【开始】选项卡，然后在【绘图】工具组中单击【排列】下拉按钮，在下拉列表中选择【对齐】选项。

注意：在使用对齐工具时，一定要选择适合的参照物。一种是以所选对象为参照，另一种是以当前页面为参照。这两种对齐方式有什么不同呢？以【顶端对齐】为例，当选择【对齐所选对象】时，是以选中的所有元素中最靠上方元素的顶边（所有元素最高处）为水平基线进行对齐；当选择【对齐幻灯片】时，则会以当前幻灯片页面的上边沿为对齐边，所有选中元素的上边均向这个上边沿对齐，如图 6-14 所示。

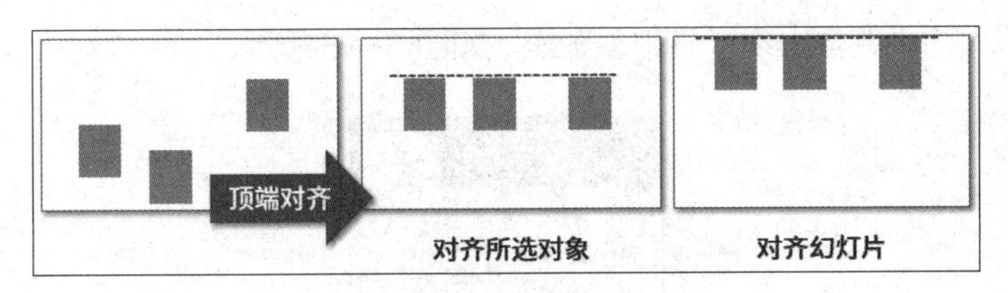

图 6-14　对齐参照物选择示意图

6.3 排版辅助工具：标尺和参考线

为了方便我们操作，PPT 还提供了两个辅助工具：标尺和参考线，如图 6-15 所示。标尺就是位于页面上方的刻度，以 0 刻度为中心，左右刻度值逐渐增大。当鼠标处于文本编辑状态时，标尺中高亮的部分为文本编辑区域尺寸，同时在标尺左侧出现制表符。

参考线主要用于对齐页面上的元素，有纵横两个方向，参考线可以在编辑页中平行移动，并且可以添加多条。标尺和参考线通常是配合使用的。

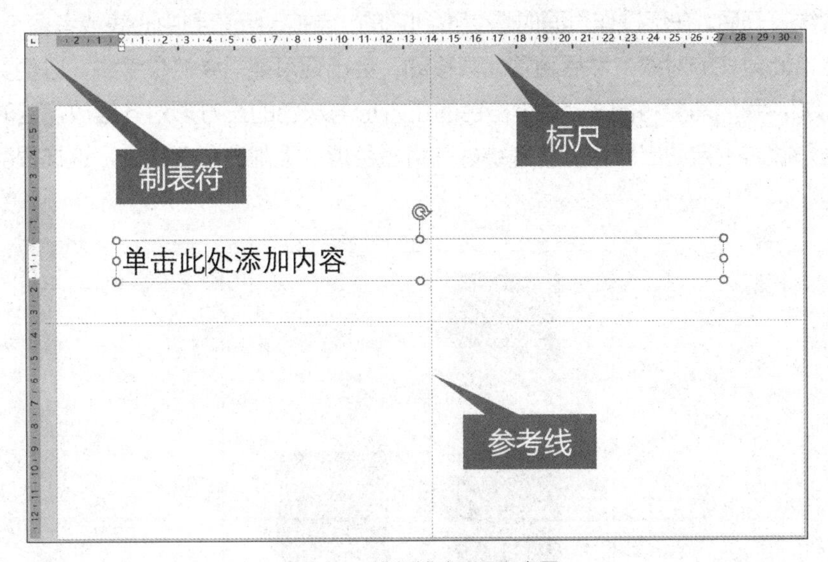

图 6-15　排版辅助工具示意图

1　标尺和参考线打开方式

在 PPT 中，标尺和参考线的打开方式如下。

方法一：通过菜单栏打开。在【视图】选项卡的【显示】工具组中选中【标尺】和【参考线】

复选框，PPT 编辑页面中就会出现标尺和参考线，如图 6-16 所示。

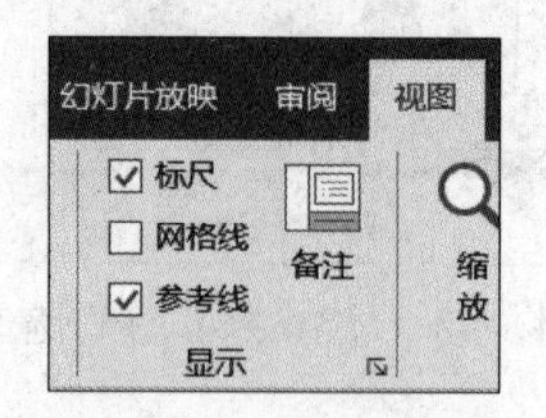

图 6-16 【显示】工具组

方法二：鼠标右键打开。在 PPT 编辑页空白处右击，在弹出的快捷菜单中选择【标尺】命令，或选择【网格和参考线】→【参考线】命令，如图 6-17 所示。

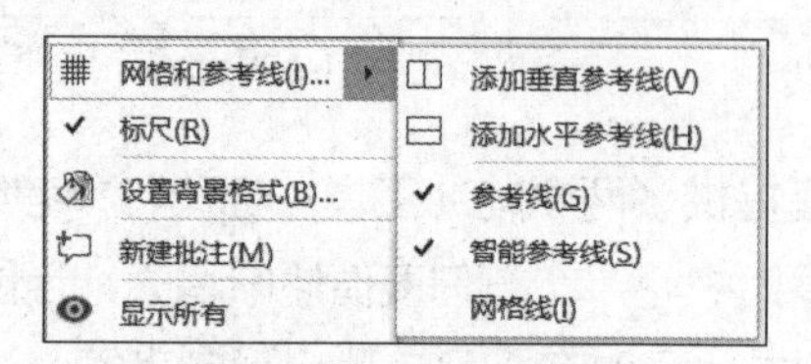

图 6-17 【网格和参考线】菜单

在图 6-17 中可以看到【智能参考线】的选项，那么什么是智能参考线呢？

智能参考线打开后，在不操作页面时是看不到它的，当拖动元素到中心线或者多个元素对齐时，智能参考线会推断对齐的对象，然后随着元素移动，会出现可能需要的参考线，以便更好地对齐到某个位置。比如，我们需要将图 6-18 中橙色的正方形与灰色的正方形对齐摆放，这时拖动橙色形状到接近灰色形状时会自动出现智能参考线，并将橙色形状吸附在参考线上，这样很容易就可以找到合适的位置了。

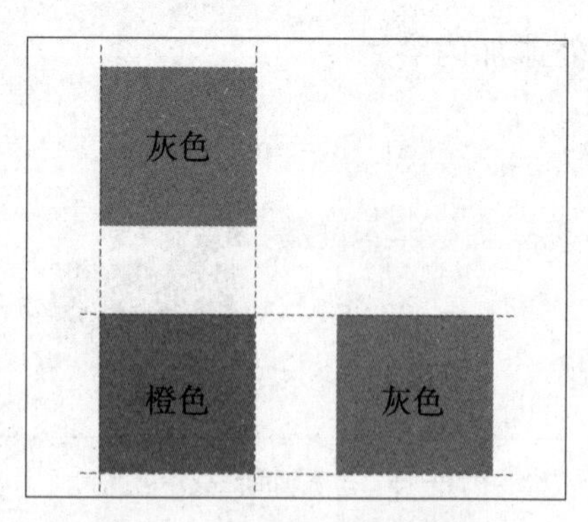

图 6-18 智能参考线显示界面

2 标尺和参考线应用

标尺和参考线可以相互配合，用于页面中元素的对齐、居中、对称等，如图 6-19 所示的案例。

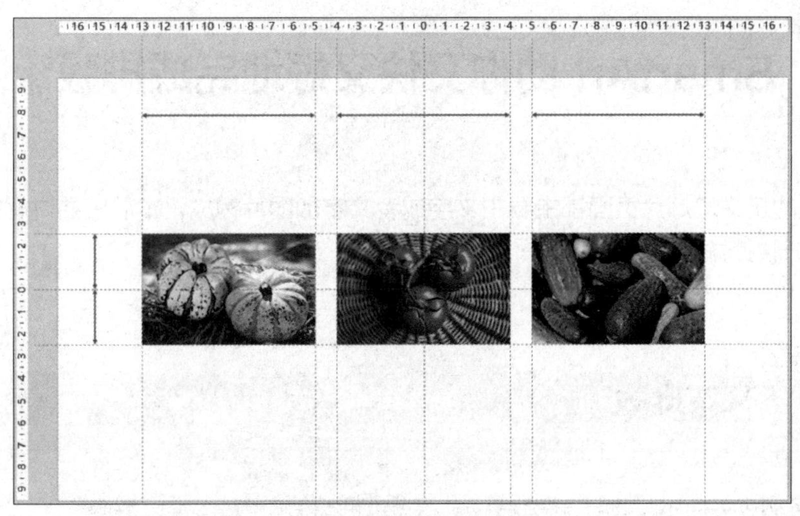

图 6-19 标尺和参考线应用案例

打开参考线后，默认为一纵一横两条线，并且在居中位置。将鼠标移动到任一条参考线上，按住【Ctrl】键的同时按住鼠标左键拖动，可以复制出一条新的参考线，用同样的方法可以复制多条。以标尺为参考，根据需要可以用鼠标左键拖动参考线到需要的位置，再将元素根据参考线位置进行放置，或根据参考线调整元素大小。

另外，参考线的颜色默认为灰色，但颜色也是可以修改的，方法是在参考线上右击，在弹出的快捷菜单中单击【颜色】右侧的小三角按钮，然后在子菜单中选择合适的颜色即可，如图 6-20 所示。

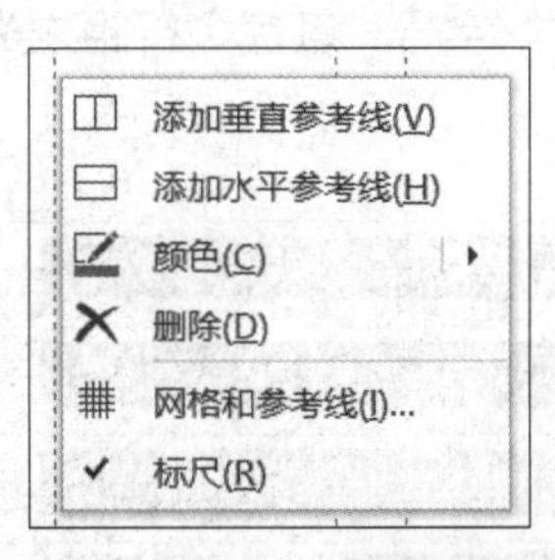

图 6-20 参考线右键快捷菜单

专家提示

如何固定参考线?

在编辑状态下，参考线是随时可移动的，如果想要固定参考线，就得在母版中添加参考线才可以。

操作方法为：在【视图】选项卡下单击【幻灯片母版】按钮，通过菜单栏或在编辑区域用鼠标右键打开参考线。方法和在普通视图中的打开方法相同。

通过母版添加的参考线是橙色的，退出母版视图后，参考线无法通过鼠标移动，是固定的。

6.4 SmartArt 助你又快又好地完成排版

很多 PPT 的正文幻灯片页面都主要由文字或者文字加图片构成，本节主要讲解如何对这两种类型的页面进行快速排版。

6.4.1 文本排版

图 6-21 中的文本框内包含几条文本内容，如果进行排版，你会怎么做呢？

1. 排版得先学会对齐
2. 排版辅助工具：标尺和参考线
3. SmartArt助你又快又好地完成排版
4. 如何使用制表符
5. 页面布局，万变不离其宗
6. 原来占位符这么好用

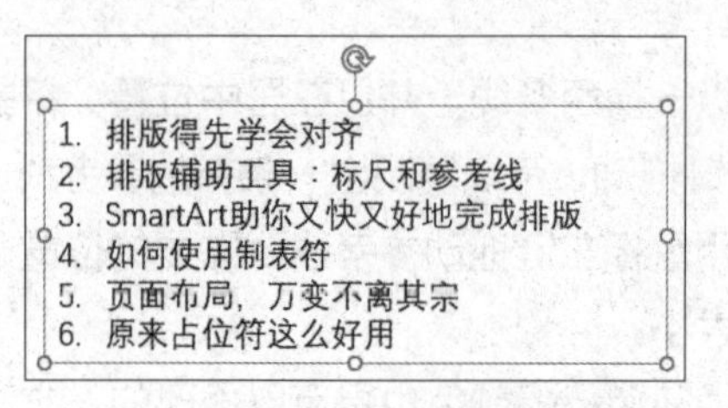

图 6-21　文本排版前效果

常规的排版手段也就是改改字体、字号、颜色、行距之类的；如果我们利用 SmartArt 工具，则可以快速做出图 6-22 所示的效果。

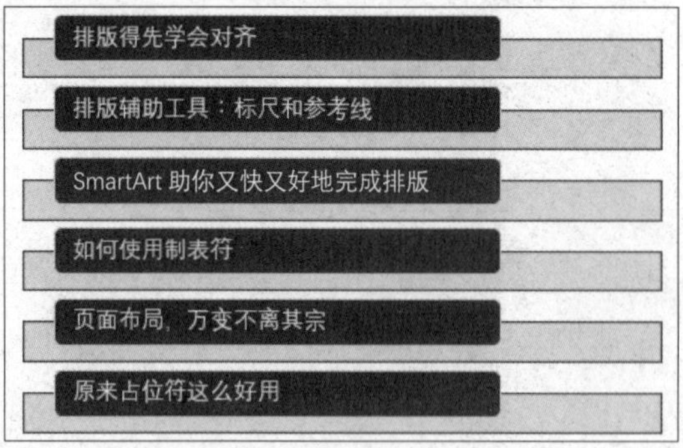

排版得先学会对齐
排版辅助工具：标尺和参考线
SmartArt 助你又快又好地完成排版
如何使用制表符
页面布局，万变不离其宗
原来占位符这么好用

图 6-22　文本排版后效果

具体操作步骤如下。

选中文本框（单击文本框边框），在【开始】选项卡下的【段落】组中单击【转换为 SmartArt】下拉按钮，也可以在文本框内右击，并在弹出的快捷菜单中选择【转换为 SmartArt】选项，可以看到版式预览，选择其中一种后文本会自动按该版式排布，如图 6-23 所示。

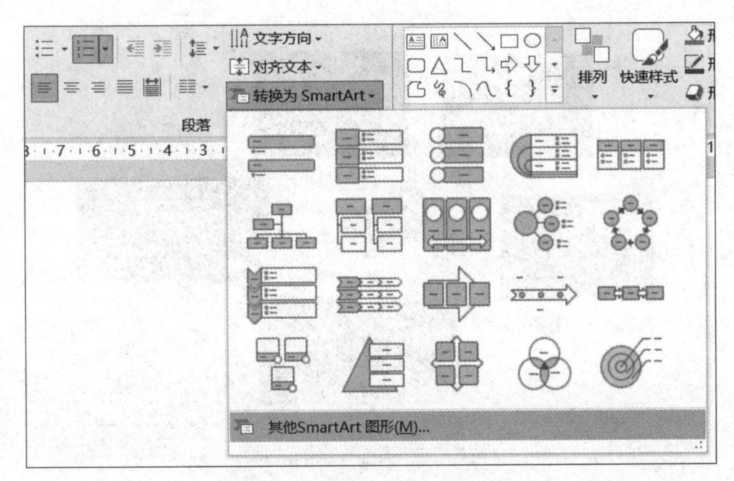

图 6-23 转换为 SmartArt 菜单栏

如果预览中没有合适的版式，可以在右键快捷菜单中选择【其他 SmartArt 图形】，在弹出的【选择 SmartArt 图形】对话框中进行选择，如图 6-24 所示。

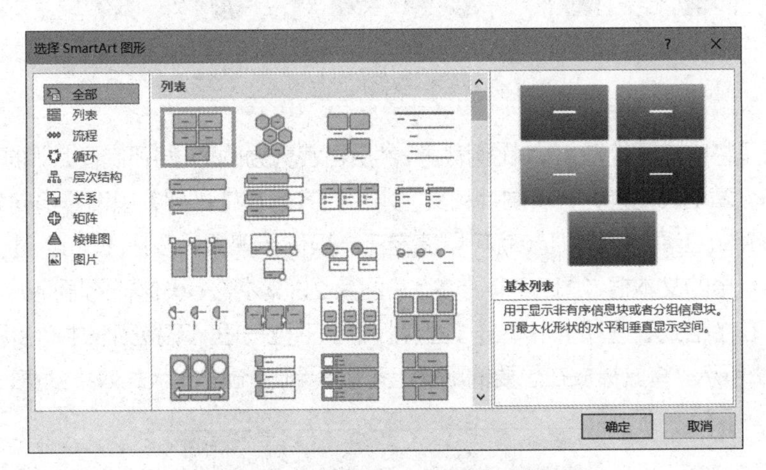

图 6-24 【选择 SmartArt 图形】对话框

注意：不同的 SmartArt 图形对文本的结构和数目有不同的要求，有时转换出来的可能不是我们想要的样子，这时可通过调整文本结构（上下层级）和增减数目来达到其要求，具体操作参见第 3 章中 SmartArt 部分的内容。

6.4.2 多图排版

在 PPT 中，有的页面还需要展示多张图片，比如图 6-25 中的六种水果的图片，但目前图片大小不同、纵横比不同，零散地排布在页面中。

图 6-25　多图排版前效果

对于这种散乱的布局可以进行调整，如图 6-26 所示。那么，图 6-26 的效果是怎么做出来的呢？

图 6-26　多图排版后效果

通常的做法是将所有图片按 1：1 比例裁剪，然后再裁剪为圆形，将所有图片调成一样的大小（操作方法可参见第 2 章相关内容），将图片和文字水平对齐后在【排列】里设置横向分布。

如果用 SmartArt 工具，简单几步就可以搞定了。操作步骤为：按住【Ctrl】键，单击鼠标逐一选中图片和对应水果的文本框（图片 1、文本 1、图片 2、文本 2……这样的顺序），这样选好所有图片和文本后，在【格式】选项卡下单击【图片版式】下拉按钮，下拉列表中有多种图片版式可供选择，如图 6-27 所示。将鼠标放在想要的版式上可以看到 SmartArt 版式效果预览，直接选择即可。

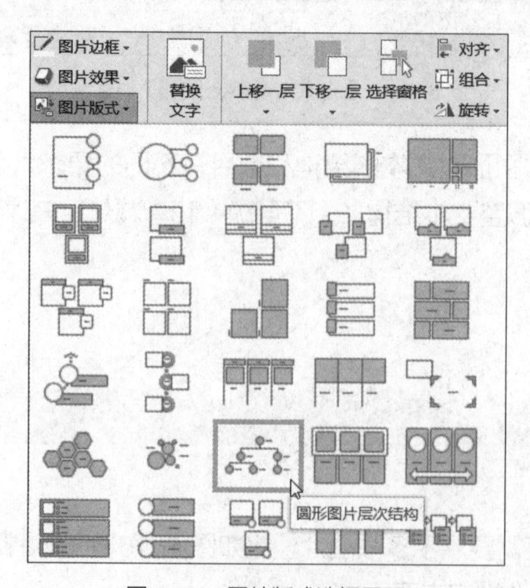

图 6-27　图片版式选择界面

但这时会发现文本和图片并没有一一对应，而是错位的，如图 6-28 所示。这时可以将鼠标光标放到文本窗格中第一张图片右侧的“[文本]”框内，然后按【Delete】键，“蓝莓”两个字就移动到蓝莓图片右侧的文本框里了。用相同的方法删除掉多余的空图片，就设置好所有图片和文本的对应关系了。

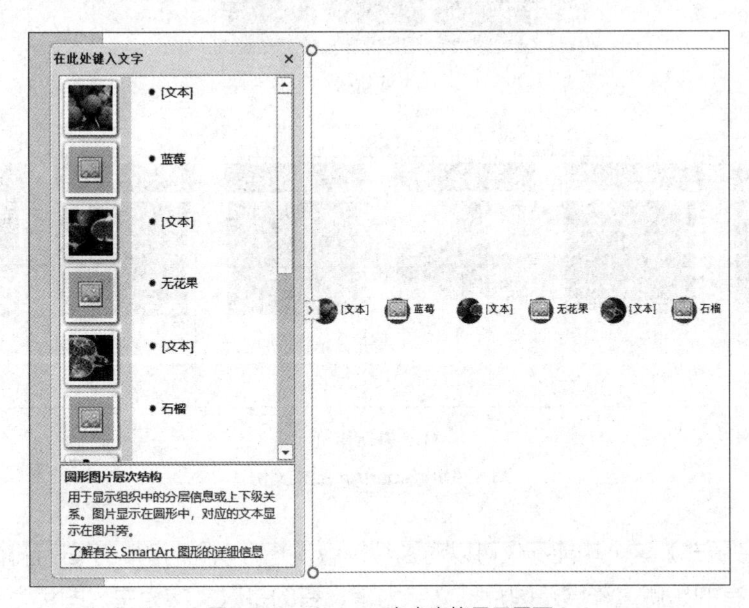

图 6-28　SmartArt 文本窗格显示界面

如果使用 SmartArt 工具，则无须我们手动调整图片大小，也不用裁剪，都是自动完成的，如图 6-29 所示。

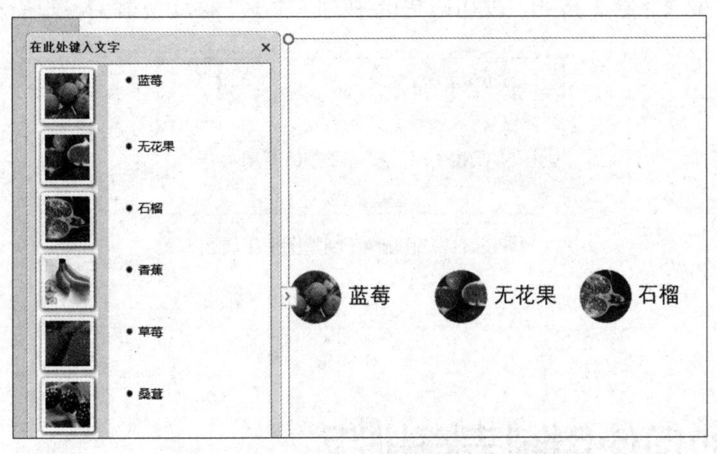

图 6-29　SmartArt 文本窗格调整后的界面

除了这个案例的版式，用 SmartArt 工具还可以快速生成很多版式，比如图 6-30 的两种版式。我们还可以在这些版式的基础上对颜色、形状等进行调整，非常方便。

（a）双排排列

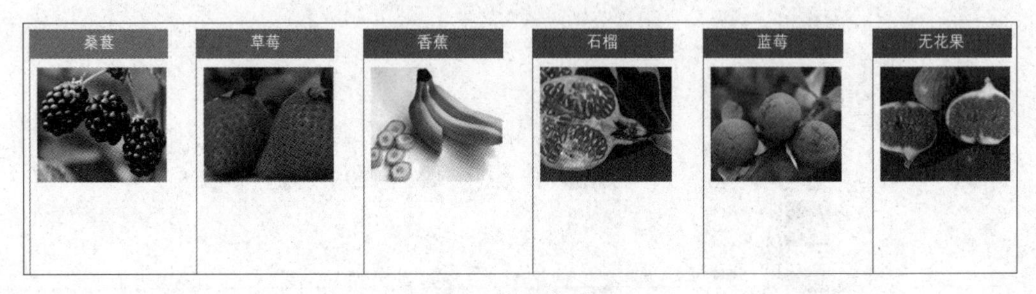

（b）并行排列

图 6-30　SmartArt 版式案例

实际上【图片版式】这个功能不仅可以对图片排版，还可以同时对文字进行排版。SmartArt 近 30 种内置版式，有的是侧重于展示图片、文字为辅，有的是以文字为主、图片为辅，而有的是图文较为均衡，我们要根据侧重展示哪个及文字的多少，选择更适合的版式。

生成好的版式也是可以更改的。选中当前 SmartArt，在【设计】选项卡下的【版式】工具组中选择另一个版式即可。如果想给图片换位置，则选中图片在【设计】选项卡下的【创建图形】工具组中单击【上移】或【下移】按钮，就可以将选中的图片上下移动位置了，如图 6-31 所示。

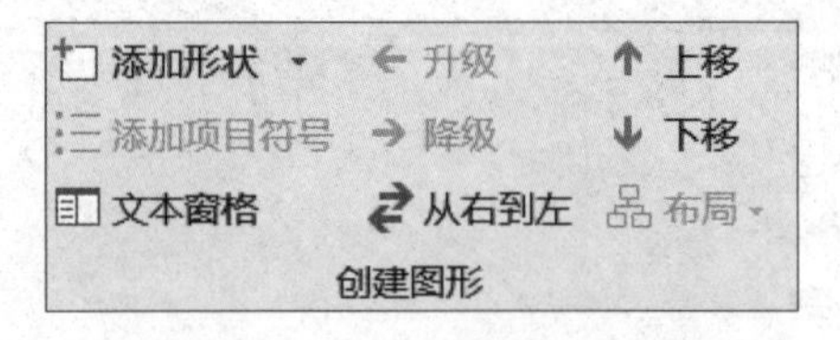

图 6-31　SmartArt 创建图形工具组

6.5 如何使用制表符排版

一个文本框内的文本可以利用 SmartArt 方法快速排版，对于需要排版成多列的文本，还有一种方便的方法，那就是使用制表符。本节内容有一定难度，如果觉得制表符操作起来不好掌握，在实践中也可以通过表格或者将内容拆分到多个文本框的方式来排版对齐。

PPT 中的制表符与 Word 中的制表符的功能和使用方法是一样的。在文本框中编辑文字时，按一次【Tab】键，插入点即会自动向右侧移动，这个新的位置就被称为制表位，制表位所在位置的标记就叫制表符，作用是规范在文档中输入的字符或者文本的位置。

如图 6-32 所示，三个案例标尺上的制表符是不同的，从左自右依次设置的是右对齐、居中对齐和小数点对齐制表符，从而实现了不同的文本对齐效果。那么，制表符具体怎么使用呢？

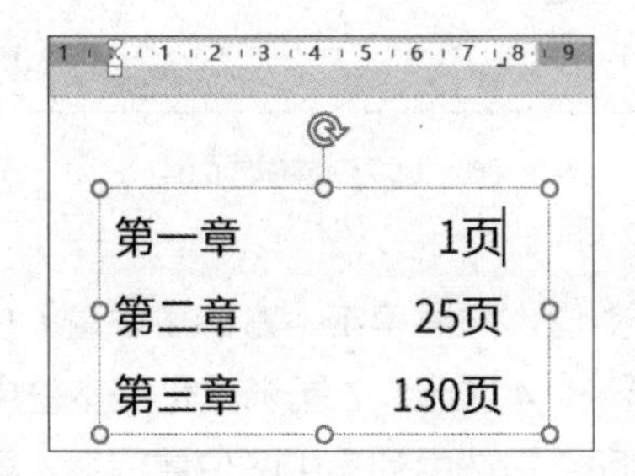

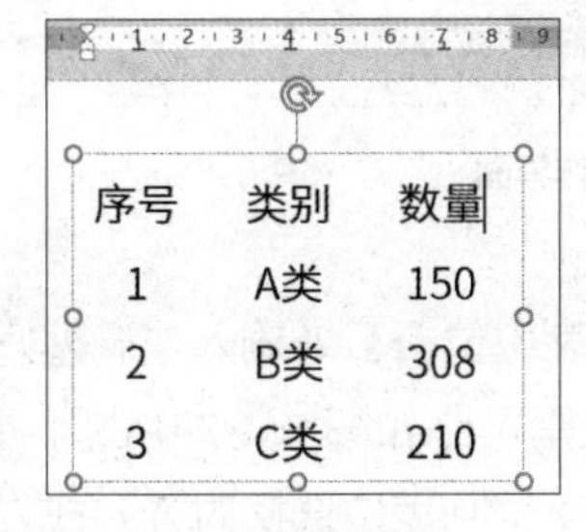

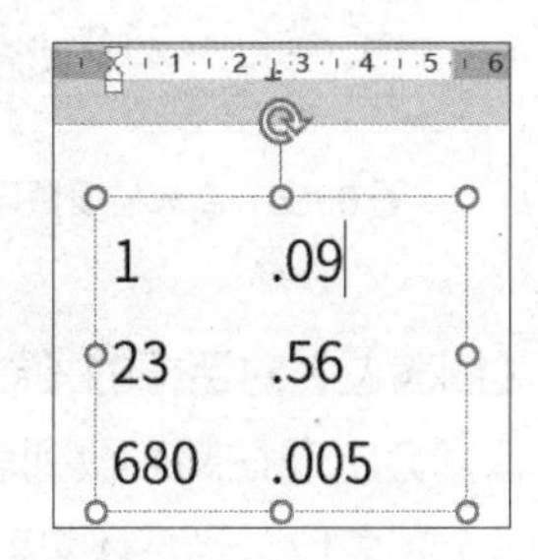

图 6-32　制表符应用案例

在视图中打开标尺，当光标位于文本框内时，就能看见页面左上角的制表符，如图 6-33 所示。用鼠标单击，即可在左对齐式制表符、居中对齐式制表符、右对齐式制表符、小数点对齐式制表符之间切换。

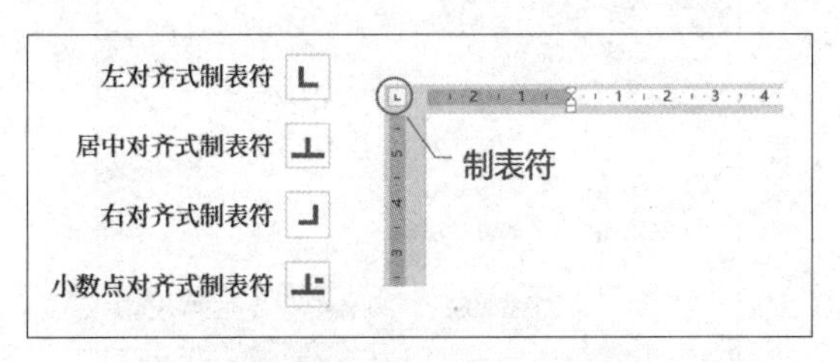

图 6-33　制表符类别示意图

切换到需要的制表符后，在标尺上的高亮区域内单击一下就可以添加制表位，其对齐方式与所选择的制表符类型一致。可以按住鼠标左键拖动制表符来调整位置，拖动制表符至标尺外即可删除该制表符，如图 6-34 所示。

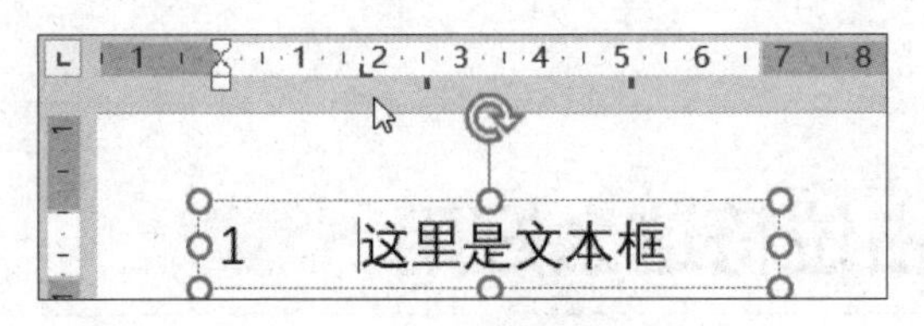

图 6-34　制表符操作界面

对于制表符的设置，还可以通过打开【制表位】对话框的方式进行设置。将光标置于文本框中，右击，在弹出的快捷菜单中选择【段落】命令，如图 6-35 所示。

在弹出的【段落】对话框中单击左下角的【制表位】按钮，如图 6-36 所示。

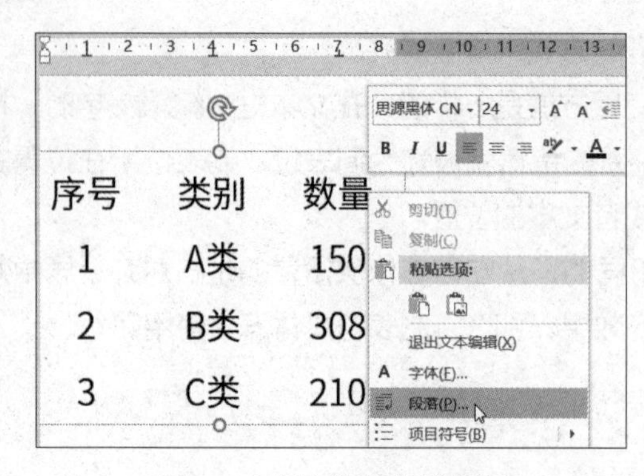

图 6-35　制表位设置操作界面

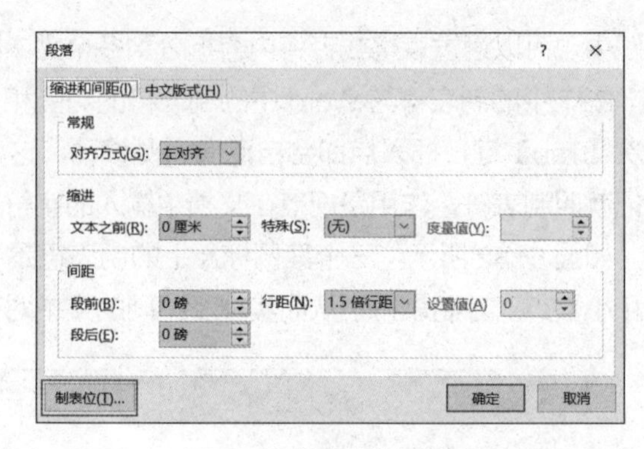

图 6-36　制表位选择界面

在【制表位】对话框的【制表位位置】处输入或调整好数值，然后单击下方的【设置】按钮，位置信息就会出现在制表位列表里，比如图 6-37 中的 1 厘米、4 厘米、7 厘米就是文本框中从左到右的三个制表位。当然还可对每个制表位选择对齐方式，即单击选中列表中的位置信息，再选择对齐方式就可以了，这里我们选择的都是居中对齐。

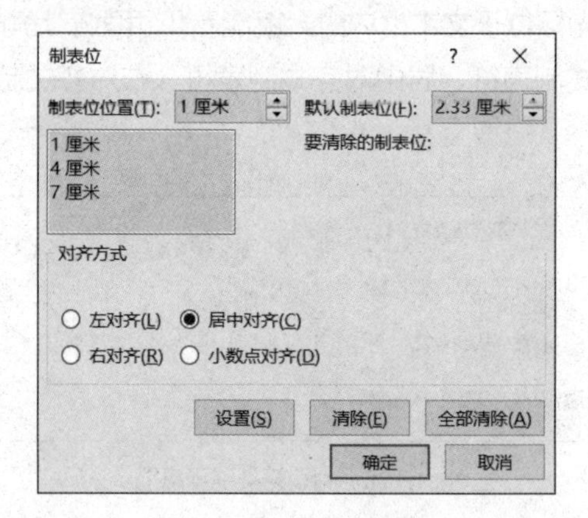

图 6-37　制表位窗口

如果想清除制表位，选中位置信息列表中的某个制表位，单击【清除】按钮即可清除该制表位，也可以单击【全部清除】按钮。

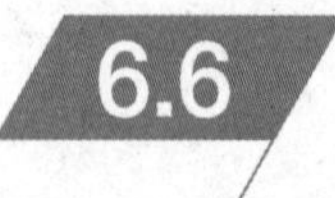

6.6 原来占位符这么好用

如果设计页面时经常要用到某些布局，我们就要学习占位符的使用。新建页面通常会有“单击此处添加……”的虚线框，我们在制作 PPT 时可以方便地在其中添加标题、文本或图片等内容，保证了元素格式及位置的一致性，我们将其称为“占位符”。这个也很好理解，因为它们只是占据了版面中的一块位置，并没有实质内容。图 6-38（a）是封面的占位符，图 6-38（b）是正文页面的占位符。

（a）封面占位符

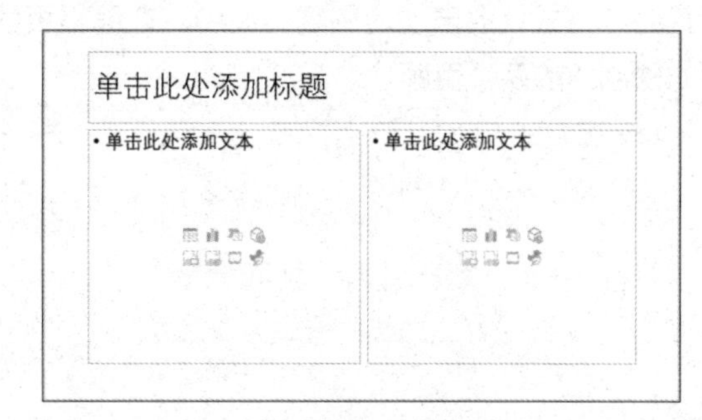

（b）正文页面占位符

图 6-38　占位符案例

6.6.1 占位符的作用

有些人觉得占位符影响操作，很不方便，所以会把已有的虚线框都删掉，再插入文本框或者图片。虽然这样做也可以达到制作的目的，但既然软件提供了占位符这个功能，就一定有它的作用。那么占位符到底有哪些作用呢？

（1）在母版中设置好占位符格式，可以自动应用到编辑页面中，直接输入内容即可。

进入母版视图后，可以进行占位符文本格式设置（标题框文本填充为蓝色，轮廓为黄色，并添加阴影效果），副标题形状由默认的【矩形】改为【剪去对角矩形】，并设置轮廓为蓝色虚线，如图 6-39 所示。

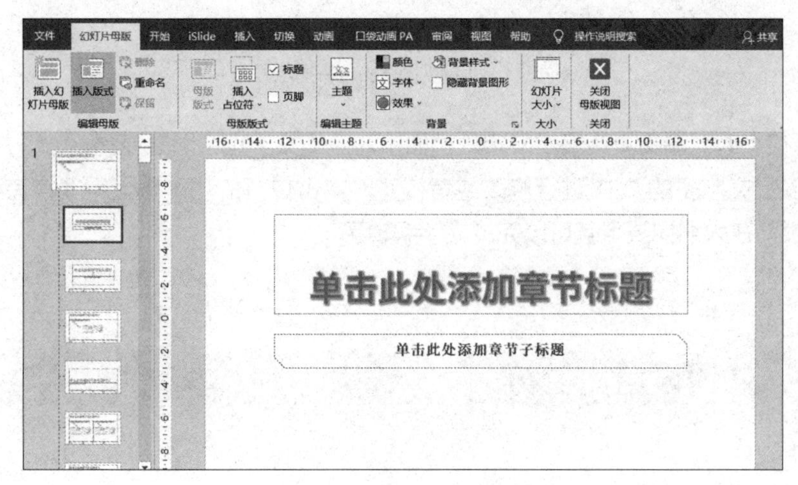

图 6-39　占位符编辑界面

占位符设置好后，在【幻灯片母版】选项卡下单击【关闭母版视图】按钮，即可退出母版编辑状态。新建页面，右击，在弹出的快捷菜单中选择【版式】命令，选择设计好占位符的页面，刚才设置好的格式就会自动应用到页面中，在编辑页面中直接输入文字就可以了。图 6-40 就是使用这个方法制作的两个页面。

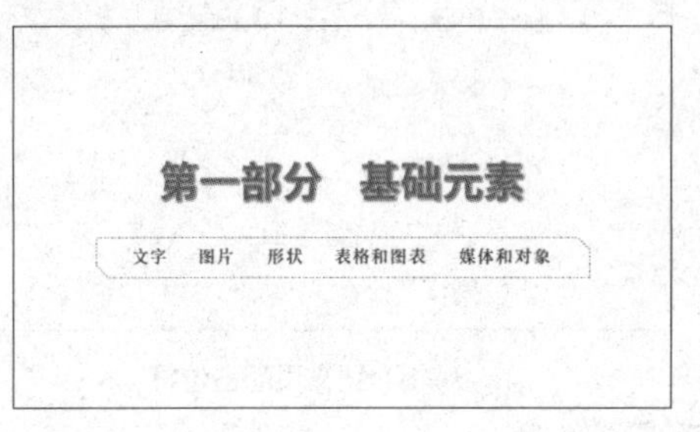

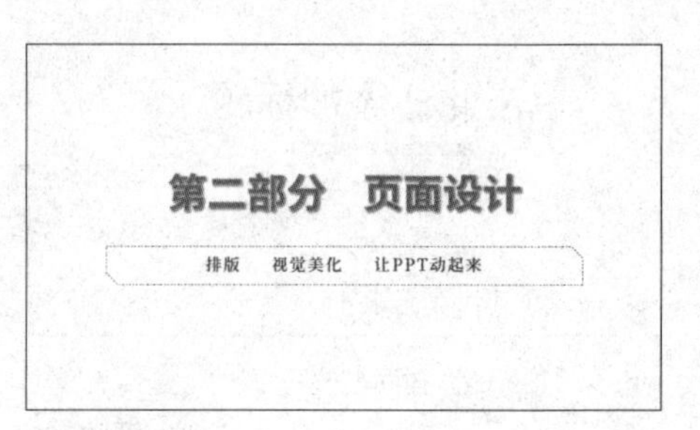

图 6-40　占位符应用示例

（2）切换到大纲视图时，凡是采用了占位符的，大纲视图中均会列出文字标题，如果没有采用占位符则不会列出文字标题。

如图 6-41 所示，PPT 幻灯片的第 4 页使用了占位符输入文本，可以看到在大纲视图下的显示效果。如果不使用占位符，大纲则不显示对应内容，比如幻灯片的第 2 页和第 3 页。

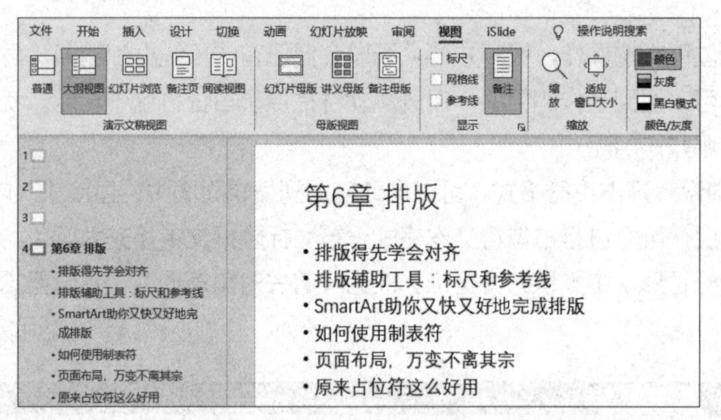

图 6-41　大纲视图下占位符显示界面

（3）可以在大纲视图中直接编辑文字，页面中对应的文字也会随之变动。

当对页数多、文字多的 PPT 进行修改或者校对时，占位符的功能就显得非常有用了，无须对幻灯片来回翻页，在大纲视图下就可以完成文字编辑了。

6.6.2 如何设置占位符

如果觉得默认的占位符不那么好用，还可以自己设置占位符。在【视图】选项卡下单击【幻灯片母版】按钮，这时会出现【幻灯片母版】选项卡，单击其中的【插入占位符】下拉按钮，将会弹出下拉列表，如图 6-42 所示。在下拉列表中选择合适的占位符，然后用鼠标在编辑页面上拖动，可以确定占位符边界大小。

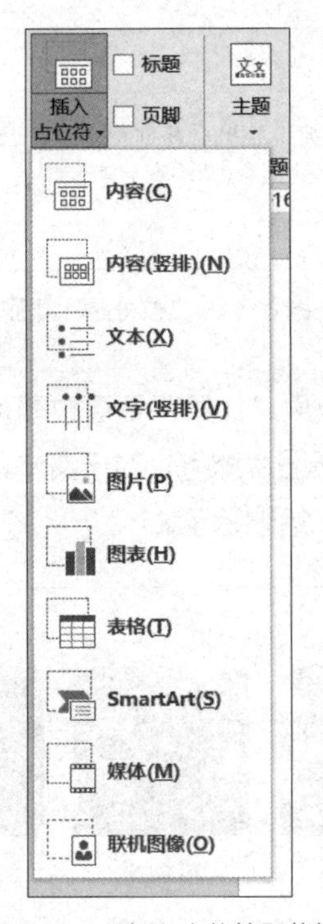

图 6-42　【插入占位符】菜单

如图 6-43 所示，插入的占位符是图片占位符和文本占位符，这里还可以给占位符添加边框或者给文本设置格式等。

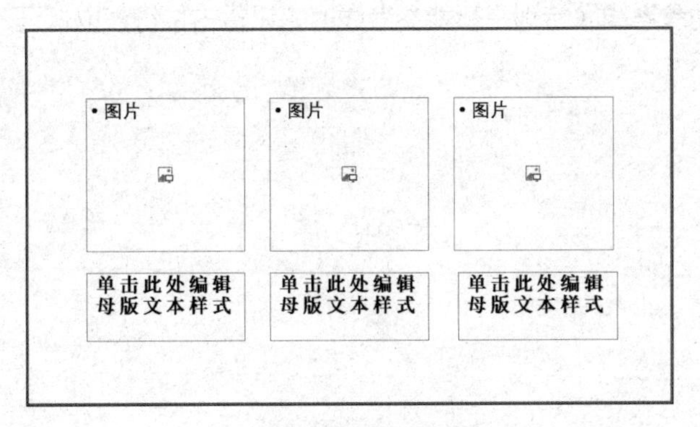

图 6-43　占位符编辑页面

在【幻灯片母版】选项卡下单击【关闭母版视图】按钮，即可退出母版编辑状态。在 PPT 编辑状态下，添加图片只需要单击占位符内的图标就可以了，如图 6-44 所示。添加后的图片会自动裁剪成占位符大小，此外，文本也无须调整格式，直接输入即可。

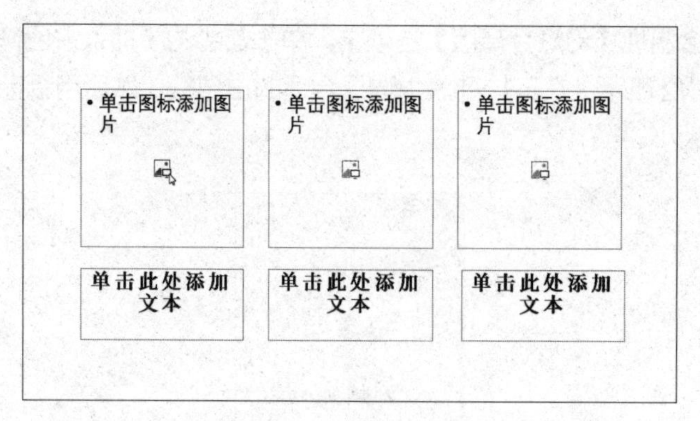

图 6-44　占位符显示页面

图 6-45 是添加图片和文本后的效果。如果需要更改图片，则在图片上右击，在弹出的快捷菜单中选择【更改图片】命令，再选择新图片即可。对于文本，则可以删除文字后重新填写，但注意不要把当前占位符（文本外的虚线框）给删除了。

图 6-45　占位符应用效果页面

通过上面的内容，不难看出占位符设置是排版的基础，如果占位符用得好，是可以节省大量时间的。这里要记得借助参考线（特别是智能参考线）来设置占位符，以保证占位符之间能够对齐、均匀分布。

第7章 视觉美化

PPT 通常用来总结或展示成绩或成果，或者是进行宣传推广，因此，PPT 的页面需要美观大方。

7.1 PPT 美化的原则

一页 PPT 设计得好不好，没有绝对的标准；但是那些优秀的、看上去令人舒服的 PPT，通常会有一些通用的规律。对此，我们总结出 PPT 美化的六大原则：版面简洁、整齐划一、少字多图、重点突出、色彩和谐、动画适当。按照这些原则去设计或改进原来的 PPT，效果可以得到明显的提升。

（1）版面简洁：PPT 页面中的内容不要太多，也不要摆得太满，各元素之间、元素与页面边框之间要留出一定的空白，如图 7-1 所示。

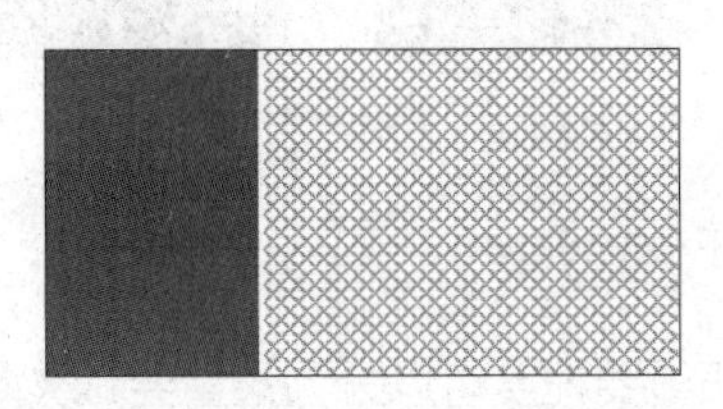

（a）内容太多

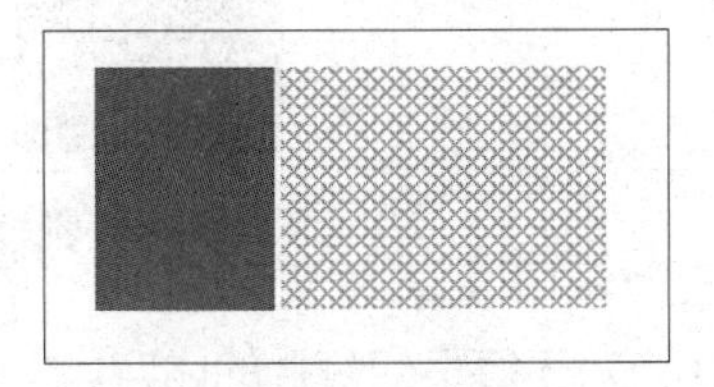

（b）内容适当

图 7-1　版面简洁对比示意图

（2）整齐划一：将页面中具有相同属性的元素设置为相同的大小和格式，并按上下左右的某个方向对齐，或者按一定的规律排列，如图 7-2 所示。

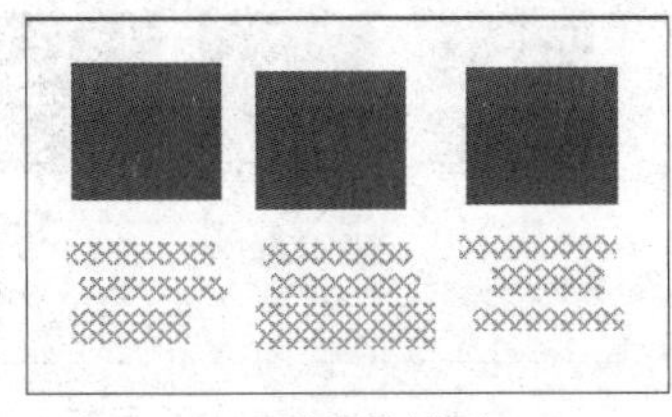

（a）不整齐的排列

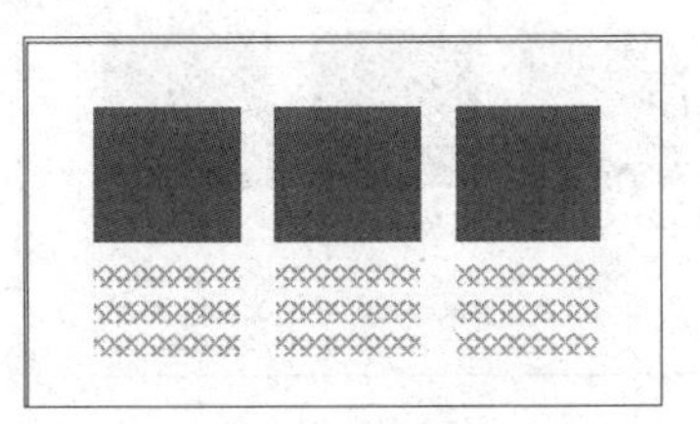

（b）整齐的排列

图 7-2　整齐划一的对比示意图

（3）少字多图：PPT 页面中尽量要文字少，把文字转换成表格、形状、图表、图片的形式，如图 7-3 所示。

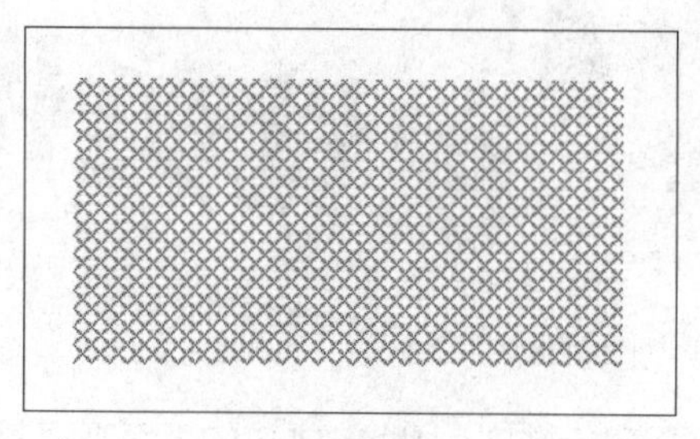

（a）大段文字

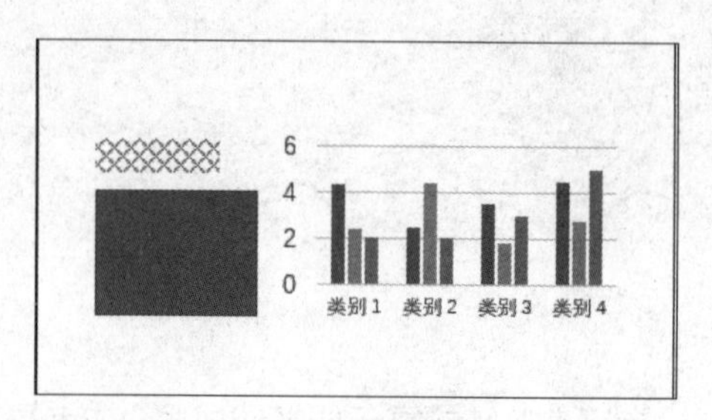

（b）字少图多

图 7-3　少字多图对比示意图

对于大段的文字，其视觉效果是较差的，相对而言，形状、图片等更容易引起观众的注意，视觉效果更佳。笔者总结了一个 PPT 各元素的“视效不等式”，即：文字 < 表格 < 形状 / 图表 < 图片 < 视频。按照这个不等式，能用表格展示的就不用纯文字，能用图表展示的就不用表格，等等，如图 7-4 所示。

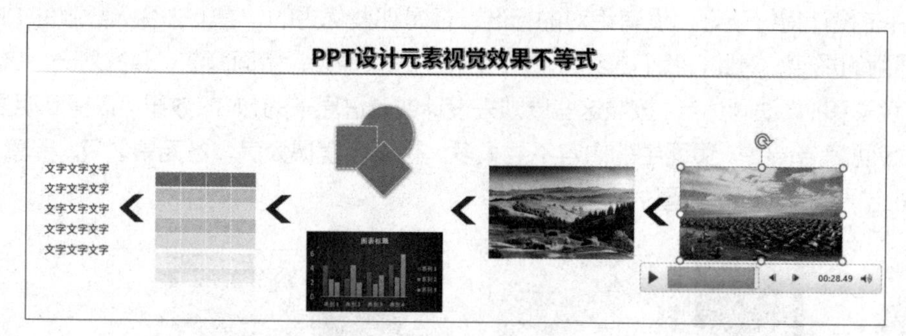

图 7-4　视效不等式示意图

（4）重点突出：对于每页幻灯片的内容，按照重要程度可以分为最重要、次重要、不重要这三类，不要认为每一个都非常重要或者是都不重要（那还要这一页干吗），这样就没有重点了。对于重要的内容，要加以强化、突出显示；次重要的内容要弱化显示；对于不重要的内容，可以放到页面边角的位置，或干脆删掉不要，如图 7-5 所示。

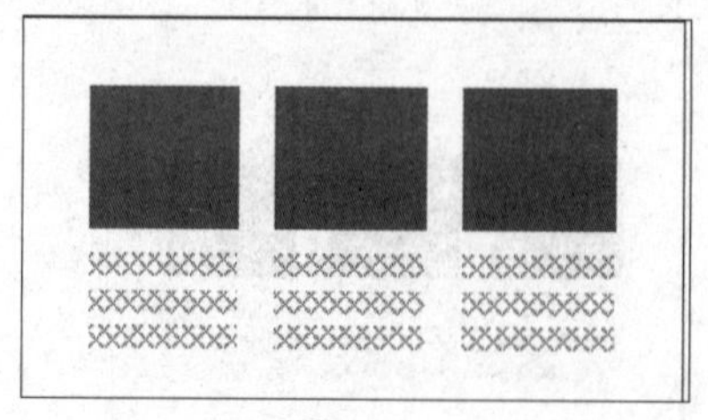

（a）普通显示

（b）重要内容突出显示

图 7-5　重点突出对比示意图

PPT 页面中的文字，通常可以采用加大字号、加粗文本或更改颜色等，来突出重点，如图 7-6 所示。对于图片的处理，除了加大尺寸、添加边框等常规手段外，还可以将局部抠出来进行加亮显示、添加边框等显式处理，其余部分进行虚化和淡化处理；也可以使用形状对次要部位进行遮挡、半透明显示等操作，或对重点部位加框和标注。至于形状和图表，则需要对突出的元素加以格式或效果的改变，让它与众不同。

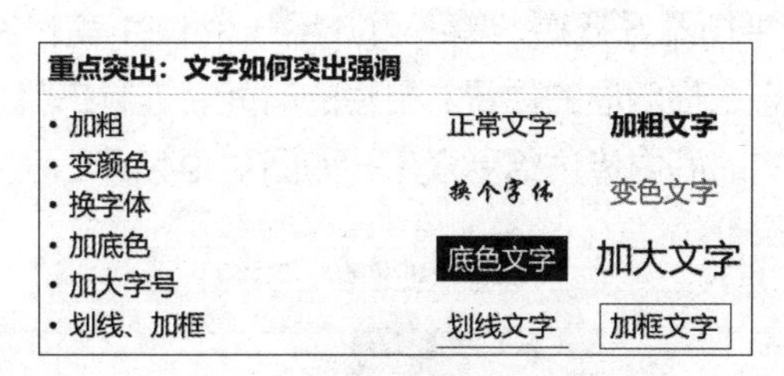

图 7-6　重点突出方法示意图

（5）色彩和谐：一张美观的页面需要配色和谐、不突兀，最好少用标准的红色、绿色、蓝色及黄色，饱和度略显柔和的颜色更容易驾驭，如图 7-7 所示。如果必须使用饱和度高的颜色，也最好不要用在大面积的色块上。此外，每页幻灯片的颜色种类最好不超过三种，一份 PPT 的整体色调风格尽量保持一致。

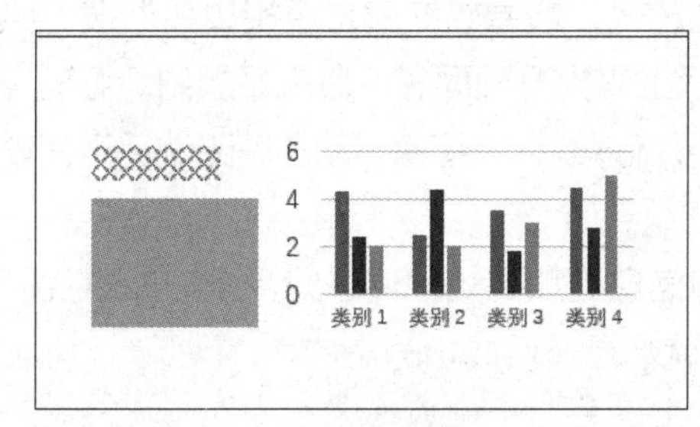

（a）颜色饱和度过高

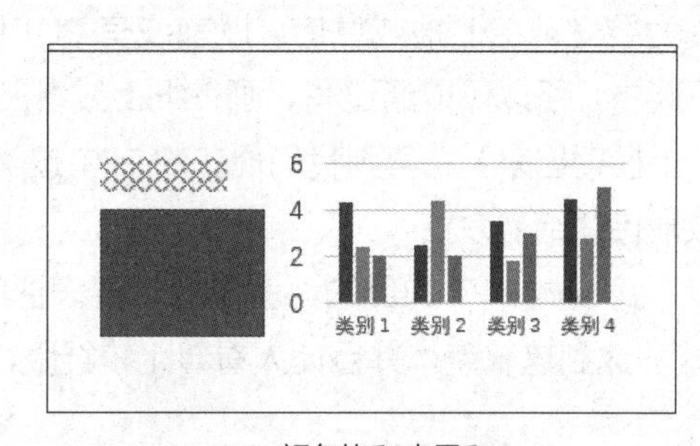

（b）颜色饱和度柔和

图 7-7　色彩和谐对比示意图

（6）动画适当：除了必要的场合使用动画展示效果，其他场合尽量少用动画，以免影响观众的注意力，如图 7-8 所示。

（a）无动画

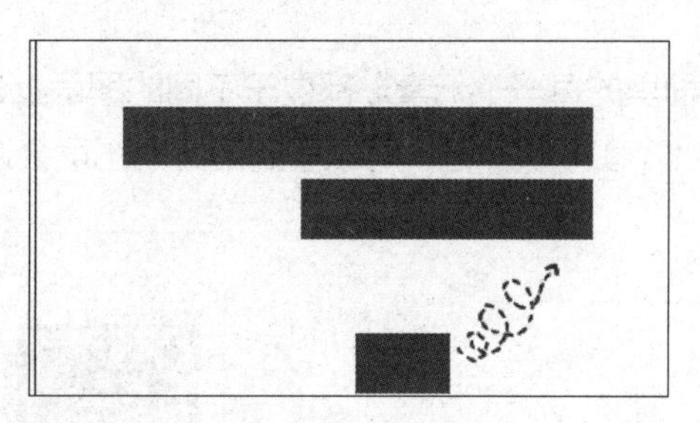

（b）有动画

图 7-8　动画适当对比示意图

以上是我们设计 PPT 的几个基本原则。需要说明的是，这些原则并不是一定要遵守的，我们可以在这个基础上寻求改变甚至突破。对于展示型（如演讲比赛、产品发布会等）的 PPT，通常页面中的字要少、图要多；但是对于汇报型（述职报告、经营分析等）的 PPT 来说，不仅要有相关数据、表格、图表，不可避免地还会有较多说明或分析论证的文字。因此我们要根据具体的应用场景，尽量朝着这些大方向靠近，寻找一个平衡点。

如果觉得这六大原则的平衡不好把握，笔者再介绍一个 PPT 美化终极指导思想，我们把它称为“三个最”：最重要的信息、最明显的位置、最短的时间，连起来就是“要把最重要的信息放在最明显的位置，以便在最短的时间内传达给受众”，如图 7-9 所示。

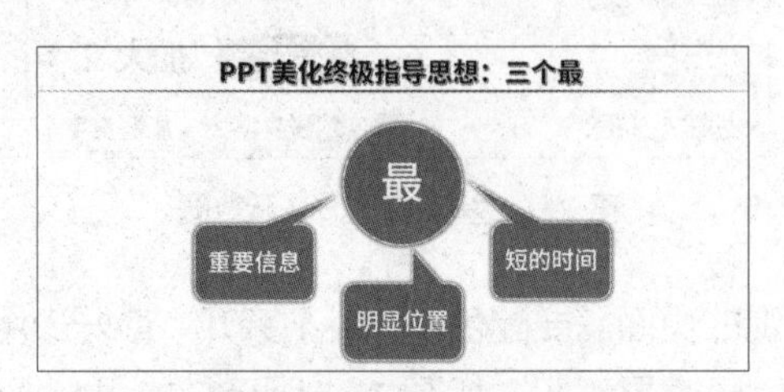

图 7-9　PPT 美化终极指导思想

要想更好地理解这个思想，需要回归 PPT 的本质——辅助沟通的工具。我们为什么要做 PPT？因为要做总结汇报或宣传。以前没有 PPT 的时代，最原始的就是直接口头汇报，但是声音只能听不能看，所以可以通过写、画在纸上或者白板上来提升画面感。后来发展到幻灯机（把图像印在胶片上投射出来），再到我们现在的 PPT 这类展示方式，将图像、动画等无法用声音表达的信息，有效地传达给受众。

所以，我们做 PPT 的目的，就是把想要表达的信息更加高效地传达给受众。如果我们所设计的 PPT 能够达到这一点，并且让人看着比较舒服，就会是一份成功的 PPT！

7.2 图层概念一定要有

页面里的每一个元素，都位于不同的图层上。下面的案例中共有四个图层，从顶层到底层我们用数字 1 ~ 4 依次标记，可以看到上方的图层会遮挡住下方的图层，如图 7-10 所示。

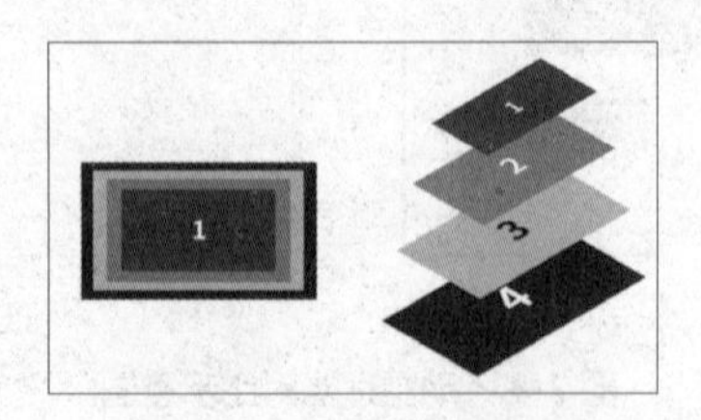

图 7-10　图层概念示意图

对于 PPT 的页面设计，有时需要调整各元素之间的图层顺序。那么，具体怎么做呢？方法有以下两种。

方法一：选中元素，在【格式】选项卡下单击【排列】按钮，在下拉列表中分别选择【置于顶层】【置于底层】【上移一层】【下移一层】命令，也可以在元素上右击，再在弹出的快捷菜单中选择相应的选项，如图 7-11 所示。

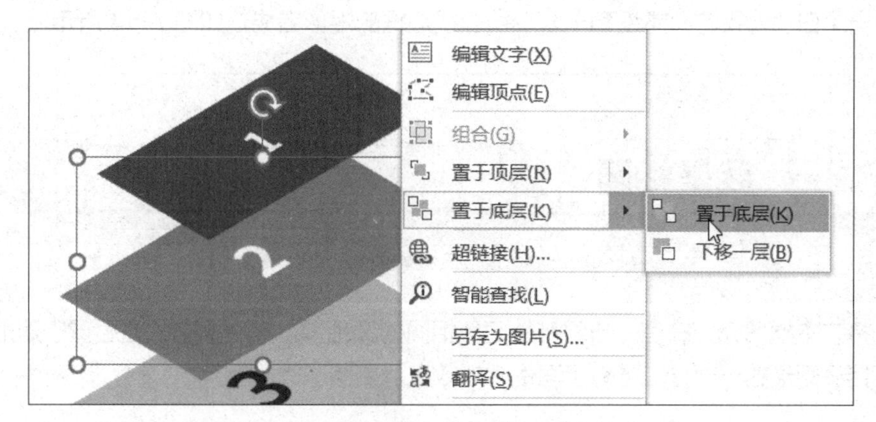

图 7-11　图层置于顶层操作界面

方法二：在【选择】窗格里进行调整，用鼠标上下拖动元素的名称就可以改变图层。窗格里从上到下的顺序就是图层的上下顺序，即在窗格中上方的元素所在图层会位于下方元素所在图层之上，如图 7-12 所示。

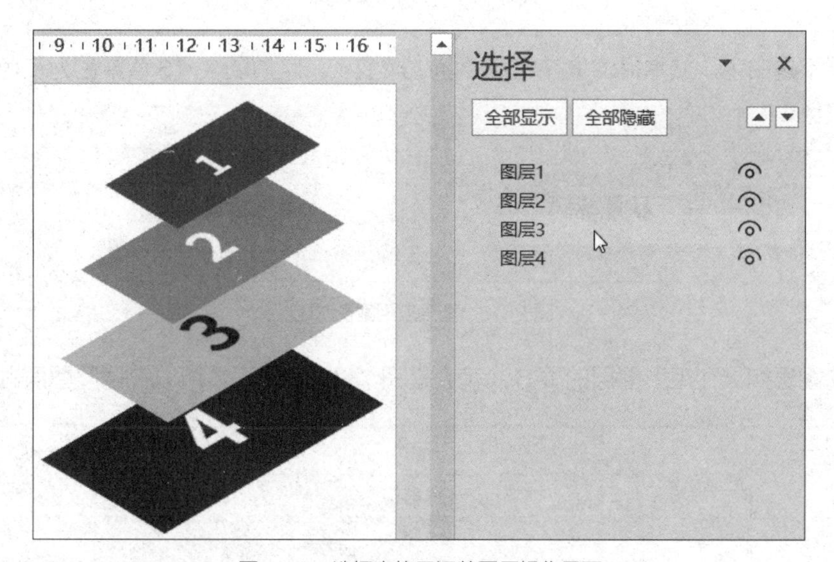

图 7-12　选择窗格里调整图层操作界面

接下来，以图 7-13 为例，简单介绍图层的应用。

图 7-13　图层应用案例

这是由一个白色背景的文本框和一个灰色虚线边框的矩形组成，如图 7-14 所示。

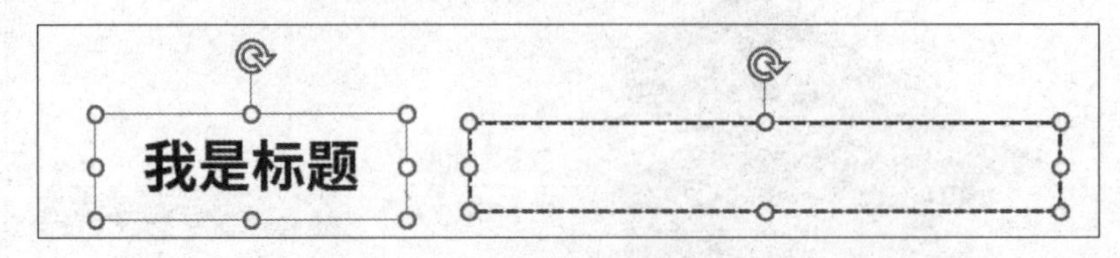

图 7-14　图层应用案例拆分元素

我们先将文本框填充为白色（与幻灯片底色相同的颜色），然后把它的图层置于矩形虚线框之上，刚好遮挡了矩形的一部分，才有了案例中的效果，如图 7-15 所示。

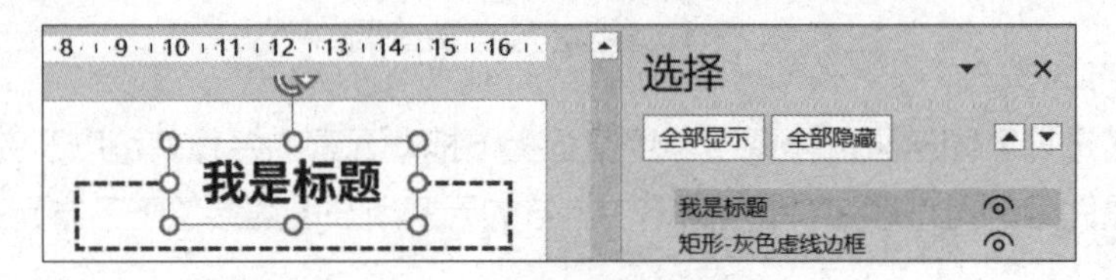

图 7-15　案例操作界面

如果背景不是白色，文本框的填充色就要随之改变了，比如图 7-16 背景色为灰色，文本框也应当填充为灰色。

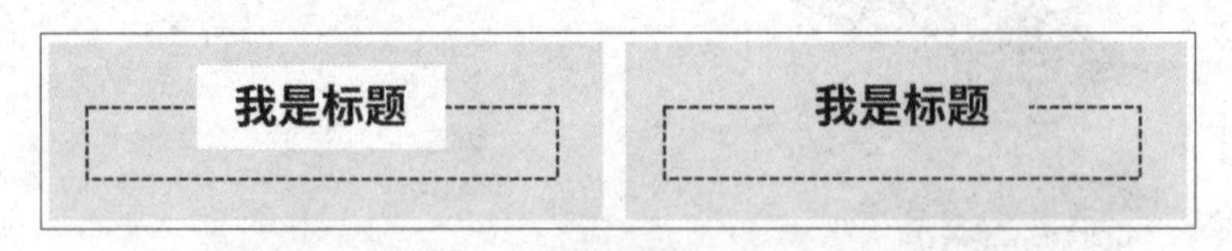

图 7-16　图层应用案例对比

文本框的图层如果在矩形图层的下方，就会是图 7-17 的样子，所以在调整图层顺序时，一定要注意。

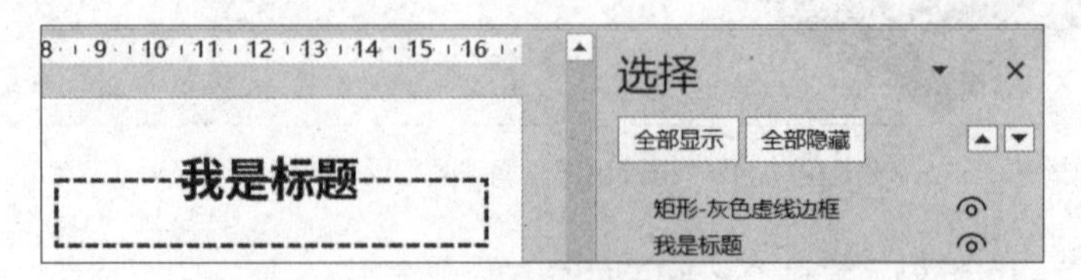

图 7-17　图层应用错误案例

专家提示

【选择窗格】有什么用?

打开【选择窗格】的步骤为：选中元素后，在【格式】选项卡下单击【选择窗格】按钮，也可以在【开始】选项卡下单击【选择】下拉按钮，然后在下拉列表中选择【选择窗格】命令，如图 7-18 所示。右侧将会弹出一个窗格，这就是【选择】窗格。

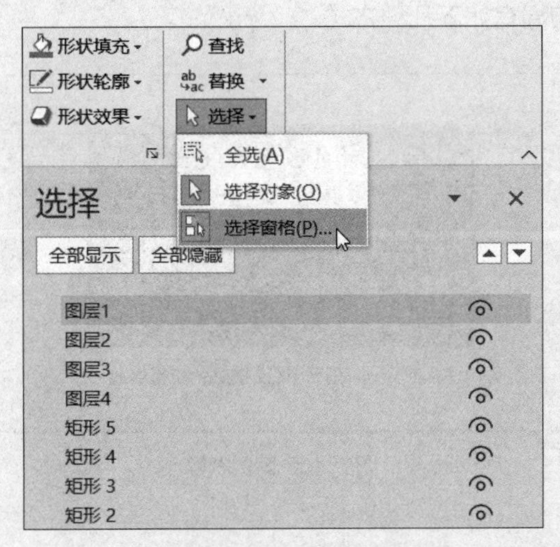

图 7-18 【选择】窗格界面

作用 1：快速选择元素。页面上的每一个元素都会出现在【选择】窗格里，单击其中的元素名称，对应 PPT 页面中的元素就会被选中。当一个页面上元素很多，并且有上下重叠时，用【选择窗格】命令就可以快速选中想要的元素。

作用 2：快速更改元素所在图层。在【选择】窗格里用鼠标拖动代表元素的名称，可以快速调整图层的上下位置（低版本的 PowerPoint 软件没有拖动功能，可单击【上移】或【下移】按钮进行调整）。当元素很多的时候，就可能分不清【选择】窗格里的条目，这时候我们可以选中元素后再单击元素名称对其重命名。如果用关键字命名，就可以很方便地在众多条目中快速找到需要的元素。

作用 3：隐藏或显示元素。窗格里每个元素右侧都有一个小眼睛图标，单击这个图标可以将该元素隐藏或者显示。也可以使用窗格上方的【全部显示】和【全部隐藏】按钮快速设置。

7.3 文字和图片的多种搭配方法

在 PPT 的设计中，文字和图片的搭配方式不同，幻灯片的页面效果就会不同。优秀的 PPT 设计，文字和图片的搭配都会比较和谐。

7.3.1 单张图片和文字的设计

当 PPT 页面上内容很少，只有一张图片和文字时，应该如何设计呢？我们以图 7-19 为例进行讲解，单张图片和文字的布局有如下几种方式。

图 7-19　案例素材

1　给图片设置样式

对于单张图张，可以设置一些样式，比如加边框、设置图片效果等，再对文字进行字体、字号和颜色设置。最后调整图片和文字的相对位置，使整个页面看起来和谐整齐就可以了。

图 7-20 是单张图片和文字搭配的范例，都是采用了左右布局。

图 7-20　单张图片设计案例

对于图 7-20 中的左图，制作步骤如下。

（1）选中图片，在【格式】选项卡下的【图片样式】工具组中选择模板中的样式即可，如图 7-21 所示。

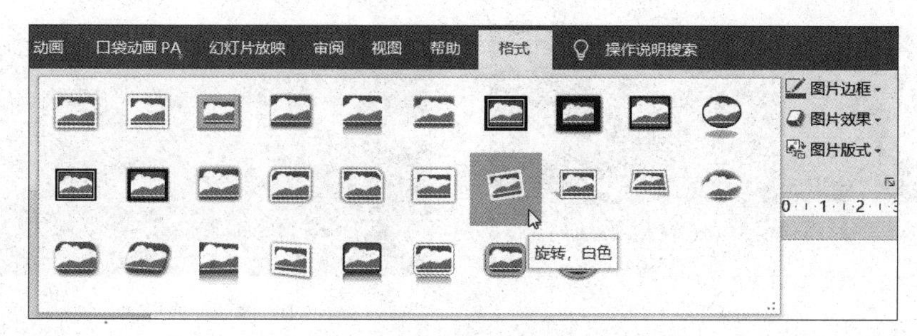

图 7-21　图片样式选择界面

（2）选中文本框，在【开始】选项卡下单击【文字方向】下拉按钮，然后在下拉列表中选择【竖排】命令，页面中的文字就会竖向排列了，如图 7-22（a）所示；然后将页面中的字体颜色填充为和图片一致的颜色，在【开始】选项卡中的【字体】组中单击【字体颜色】下拉按钮，在下拉列表中选择【取色器】命令，如图 7-22（b）所示，用小吸管工具在图片上单击选取颜色；最后再设置一种适合页面风格的字体即可。

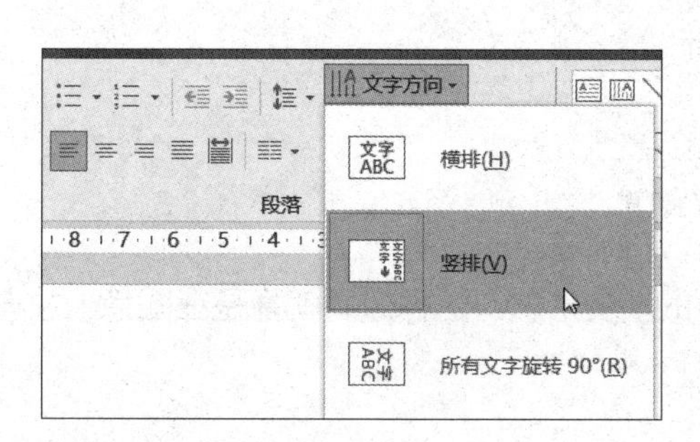

（a）选择【竖排】命令

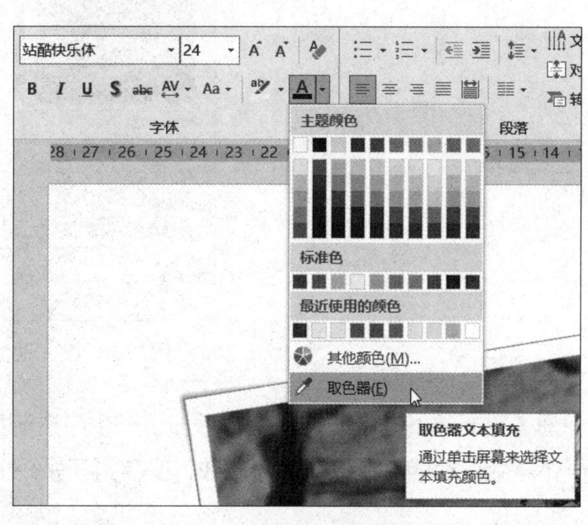

（b）选择【取色器】命令

图 7-22　文字格式设置界面

图 7-20 中的右图的制作方法与左图的制作方法类似，此处不再赘述。

2　将图片布满全屏

在 PPT 中，将图片布满全屏后，在背景色均匀的地方添加文字。注意：图片一定要清晰，否则放大后会模糊；另外，要将图片先裁剪为与 PPT 幻灯片页面大小相同的比例，这样放大后的图片刚好可以布满整页。

如果图片的背景色单一，就将文字设置为与背景色反差大的颜色；如果背景复杂，就在背景上添加蒙版，以淡化背景，突出文字，比如图 7-23 的两个案例。

（a）添加矩形

（b）添加渐变形状

图 7-23　图片全屏的设计案例

图 7-23（a）是在图片上层添加了一个带透明度的矩形，其 RGB 值和透明度参数设置如图 7-24 所示。

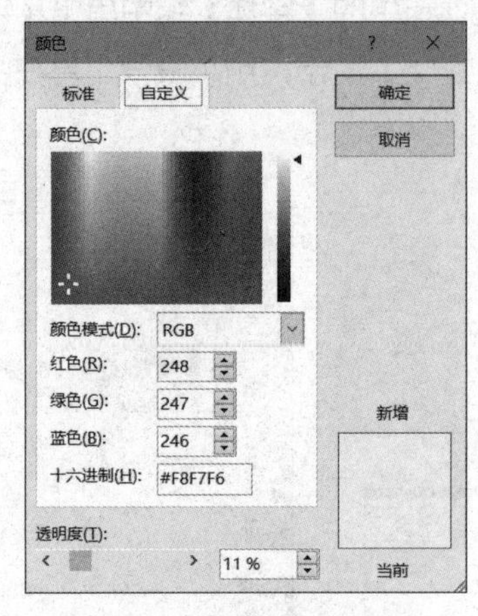

图 7-24　矩形的颜色设置

图 7-23（b）是在图片的左侧添加了一个带透明度的渐变形状，这种效果就像是在图片上放置了一个蒙版，目的就是让背景色一致，文字易于辨识。

3　将图片裁剪为形状

先利用裁剪工具将图片裁剪为不规则的形状，然后在空白处对文字进行排布，设置效果参见图 7-25。

图 7-25　不规则形状设计案例

7.3.2 多图和文字的设计

第 6 章讲了如何用 SmartArt 工具完成排版，这个工具对于多图排版十分高效。当 SmartArt 工具无法满足需求时候，还可以自己设计多图页面。这里我们还以前面的素材为例进行讲解。

多图页面布局最常见的方法是“一字排”，就是整体呈一行排布，图 7-26 展示了不同图片数量的排布效果。图片越多，可发挥的空间也就越小，但一定要遵循 7.1 节中讲的几个原则。

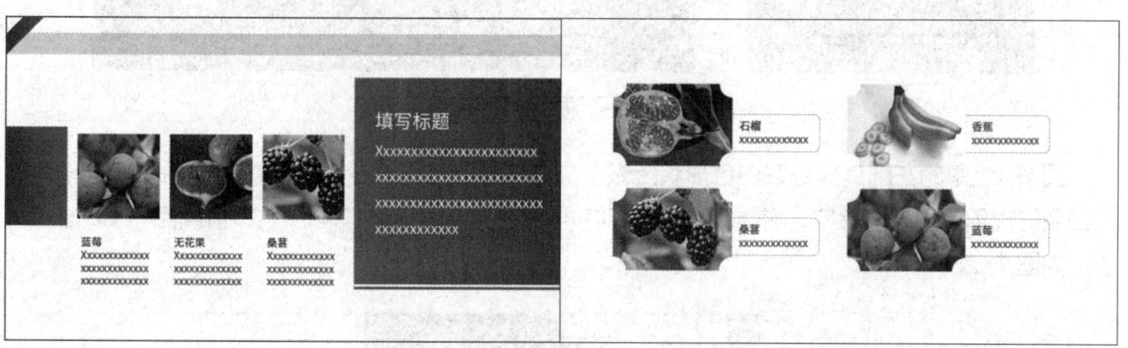

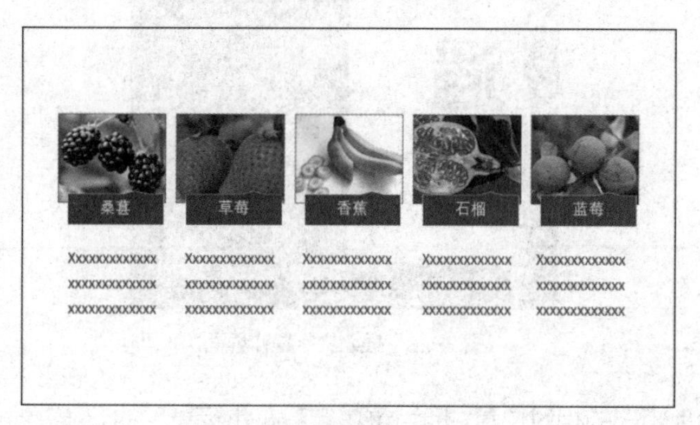

图 7-26　多图加文字设计案例

在 PPT 的幻灯片页面中，对于多图和文字的排布设计，我们首先要对图片进行裁剪，再设置格式（如设置图片边框、效果），然后设置文本的格式（如文本颜色、效果、文本框填充颜色等），这里还可以借助线条、形状元素来丰富页面。多图布局的排布也比较灵活，但无论怎么排布，图文看起来一定要和谐。

7.3.3 图片、形状和文字的布尔运算

我们在第 3 章讲到过形状的布尔运算，但其实文字与形状或图片也可以做布尔运算。如图 7-27 所示的两个案例便是利用文字进行布尔运算美化的页面。

图 7-27　文字布尔运算设计案例

图 7-27 中的左图其实是在白色形状上做了文本的镂空效果。首先在幻灯片页面中插入一个填充白色的矩形，再插入文字，并调整好字体和字号。注意，矩形没有边框，文本的格式可以任意设置，如图 7-28 所示。

图 7-28　插入文字操作界面

调整好文本与白色矩形的相对位置，因为这决定着布尔运算后的效果。然后单击选中白色矩形，再选中文本（注意：选择顺序很重要，布尔运算后的形状，其颜色和边框与先选的那个元素保持一致），在【格式】选项卡下单击【合并形状】下拉按钮，在下拉列表中选择【剪除】命令，就可以做出文字的镂空效果了，如图 7-29 所示。

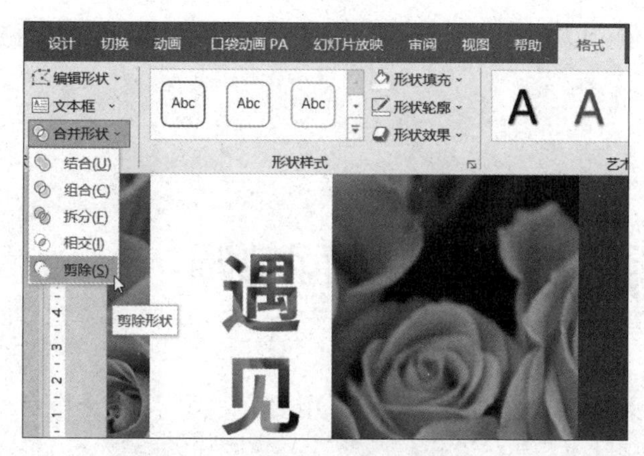

图 7-29　文字和形状剪除操作界面

图 7-27 右图的效果是将文字的笔画拆分成了若干个形状，然后将两个汉字中的两个“竖”笔画换成了两个线框。操作方法为：先插入文本，并将文本的颜色边框等设置成最后需要的样式，再插入任意形状，如图 7-30 所示。

图 7-30　文字样式设置操作界面

先选择文本，再选择形状，在【格式】选项卡下的【形状样式】组中单击【合并形状】下拉按钮，在下拉列表中选择【拆分】命令，这样本来完整的文字就被拆分成单独的笔画了，我们可以对笔画的格式做单独的设置，图 7-31 就是拆分后的效果。

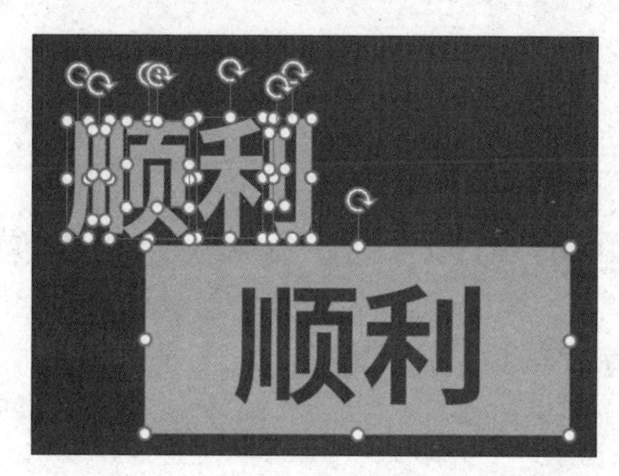

图 7-31　文字和形状拆分操作界面

通过以上方法，我们可以将图片、形状和文字进行各种布尔运算，从而设计出更多有新意的页面来。

7.4 会用形状就不怕页面单调

在 PPT 设计中，形状可谓是万能元素，可以用于美化页面、突出重点、绘制矢量图等。这里我们重点讲解如何使用形状进行美化设计。

本节以矩形为例，讲解形状的设计。

1 用于封面设计

如果制作 PPT 的时间比较紧张，那么形状是快速设计的优秀工具，打开软件后，用规则的矩形就可以完成一页封面设计。当然，矩形也可以换成图片或者图案，还可以用前面学习过的方法给形状增加一些效果，如图 7-32 所示。

图 7-32　用形状设计封面案例

2 用于过渡页设计

过渡页通常是由章节号和章节名称构成，图 7-33 中的 PPT 过渡页就是给文字搭配了矩形形状。图中的矩形也可以换成圆形、菱形等其他形状，再通过给形状填充颜色、加边框等方式，将形状与文字进行搭配，可以获得不同效果。

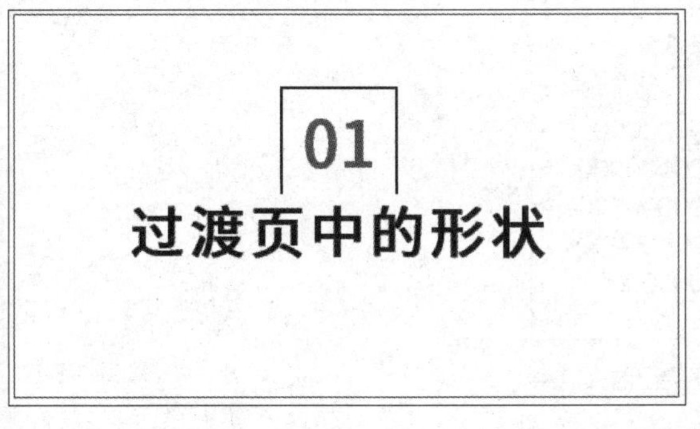

图 7-33　用形状设计过渡页案例

3　用于标题栏设计

标题栏常常可以用简单的色块和线条进行设计，还可以利用主题色中的亮色进行点缀，如图 7-34 所示。

图 7-34　用形状设计标题栏案例

4　用于突出重点

当 PPT 页面中的文字很多时，为了在展示过程中将观众的视线集中到希望突出的重点内容上，可以利用形状来达到这一效果。比如，给各段落的小标题加色块，如图 7-35 所示。

小标题1
xxxxxxxxxxxxxxxx
xxxxxxxxxxxxxxxxxx
xxxxxxxxxxxxxxxxxx
xxxxxxxxxxxxxxxxxx
xxxxxxxxxxxxxxxx。

小标题2
xxxxxxxxxxxxxxxx
xxxxxxxxxxxxxxxxxx
xxxxxxxxxxxxxxxxxx
xxxxxxxxxxxxxxxxxx
xxxxxxxxxxxxxxxx。

小标题3
xxxxxxxxxxxxxxxx
xxxxxxxxxxxxxxxxxx
xxxxxxxxxxxxxxxxxx
xxxxxxxxxxxxxxxxxx
xxxxxxxxxxxxxxxx。

图 7-35　用形状突出标题

此外，如果想对 PPT 页面中的部分正文内容进行突出显示，可以给关键字添加形状，然后对形状填充底色，如图 7-36 所示。

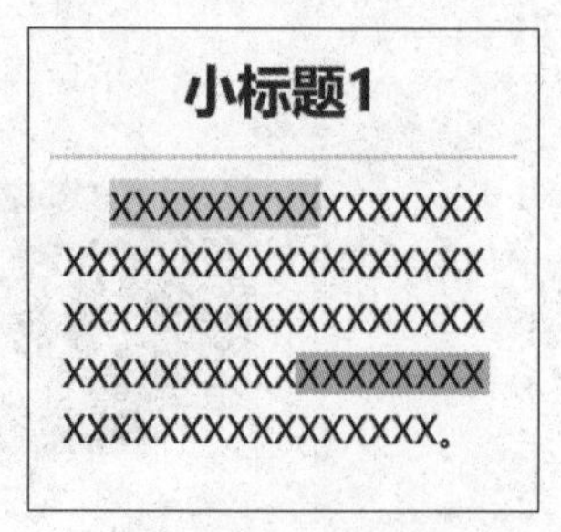

图 7-36　用形状突出内文重点

形状除了可以突出标题的显示和内文的重要部分，还可以用作条目的指引，如图 7-37 所示，用矩形方块作为段落前的设置，在视觉上可以起很好的引导效果。

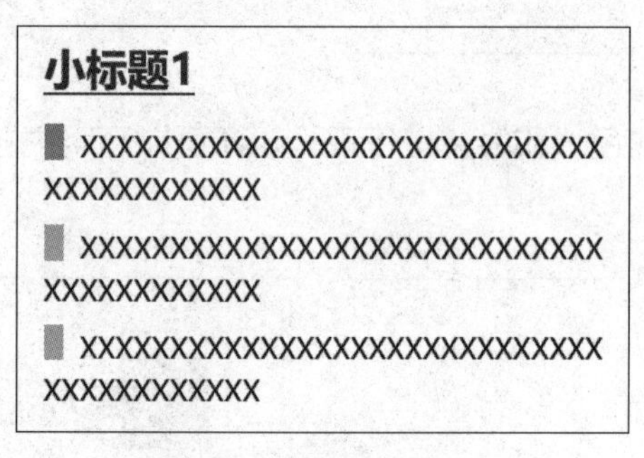

图 7-37　用形状做指引

对于想要重点突出的文本，除了添加形状设置填充色，也可以添加形状线框，如用矩形线框将重点内容圈起来，如图 7-38 所示。

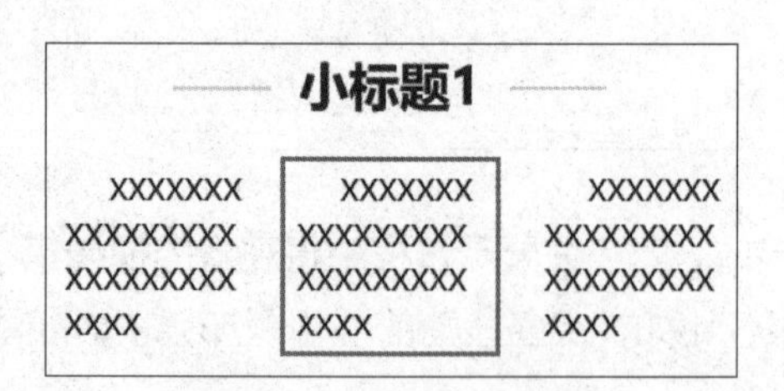

图 7-38　用形状突出重点案例 4

5　用于页面修饰

当一页 PPT 中的内容只有一张图或简单几个字时，页面整体会略显单调，但是如果添加形状，就可以轻而易举地解决页面单调的问题。如图 7-39 所示的案例，素材只有一张图片、两个字的标题及简短的一句话，我们通过对图片裁剪、添加色块就可以做出这四种截然不同的排版。这里要注意的一点是，形状或者线条最好与图片或者整个 PPT 的主色调保持一致。

图 7-39 用形状修饰页面的案例

7.5 让表格也美起来

页面中会有图片、文字、图表、表格等各种元素，前面讲了图片和文字如何排布使页面看起来比较美观，这里讲一下表格的美化。其实，表格设计好也会给 PPT 设计增色不少，那么，PPT 里的表格怎么样才叫美？表格怎么设计才能让页面看起来美观呢？并不是色彩艳丽、修饰丰富就叫美，反倒是只保留主色、适当修饰、重点突出才容易产生视觉美感。下面简单讲解美化 PPT 中表格的操作方法。

图 7-40 是销售部门年度总结的一页内容，PPT 的背景加了图案，表格加了底纹，虽然经过了美化操作，但效果却显得很普通。怎么办？简单几步就可以搞定。

各区域回款完成情况对比　单位：万元

区域/月份	华东区域	华北区域	西北区域	西南区域	东北区域	合计
一季度	410	230	90	150	70	950
二季度	342	245	65	73	170	895
三季度	206	180	50	60	320	816
四季度	292	89	22	127	195	725

图 7-40 美化前表格效果

1 恢复表格原貌

去掉表格复杂的底色、表格底纹，让页面恢复原始的黑白状态，如图 7-41 所示。

各区域回款完成情况对比

单位：万元

区域/月份	华东区域	华北区域	西北区域	西南区域	东北区域	合计
一季度	410	230	90	150	70	950
二季度	342	245	65	73	170	895
三季度	206	180	50	60	320	816
四季度	292	89	22	127	195	725

图 7-41　表格简化后效果

（1）在页面背景上右击，在弹出的快捷菜单中选择【设置背景格式】命令，在右侧弹出的窗格中将【填充】的选项改选为【纯色填充】，如图 7-42 所示。

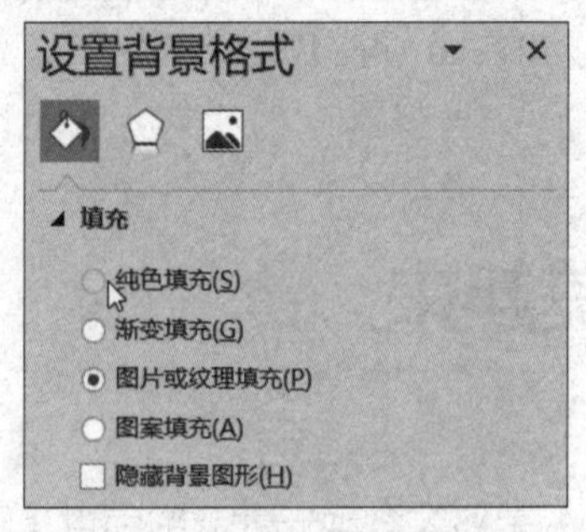

图 7-42　【设置背景格式】窗格

（2）选中表格，在【设计】选项卡的【底纹】中选择【无填充】，即可将表格恢复为没有填充的原始状态。

2 格式调整

对表格进行格式调整后，效果如图 7-43 所示。

各区域回款完成情况对比

单位：万元

季度/区域	华东区域	华北区域	西北区域	西南区域	东北区域	合计
一季度	410	230	90	150	70	950
二季度	342	245	65	73	170	895
三季度	206	180	50	60	320	816
四季度	292	89	22	127	195	725

图 7-43　格式调整后效果

这里可以利用第 4 章介绍的表格样式来快速美化表格，下面讲解自定义设置表格。

（1）单击表格的外轮廓，设置对齐方式为水平居中，周围要有留白。

（2）设置文本的对齐方式为水平居中、垂直居中。选中表格，在【布局】选项卡下的【对齐方式】组中选择对齐方式即可，如图 7-44 所示。

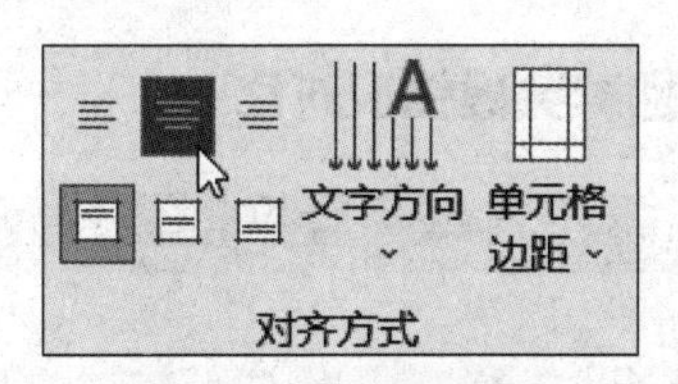

图 7-44　文本对齐方式

（3）统一行高、列宽。选中表格需要调整的区域，在【布局】选项卡里的【单元格大小】中选择分布行或分布列，行或者列就被平均分布了。

（4）调整字号大小，20 号到 28 号都可以，要根据表格内容的多少进行调整，不要让表格看起来太满或者太空。

3　突出重点

对表格的重点项进行突出显示，效果如图 7-45 所示。

各区域回款完成情况对比

单位：万元

季度/区域	华东区域	华北区域	西北区域	西南区域	东北区域	合计
一季度	410	230	90	150	70	**950**
二季度	342	245	65	73	170	**895**
三季度	206	180	50	60	320	**816**
四季度	292	89	22	127	195	**725**

图 7-45　表格突出重点后的效果

（1）对标题行添加颜色。选中标题行，在【设计】选项卡中单击【底纹】按钮，设置合适的颜色即可。通常选择的颜色和整个 PPT 的主色调保持一致，或者和 LOGO 的颜色一致。

（2）为便于阅读，可以隔行加底色，通常选较浅的颜色。

（3）重点内容突出显示。比如“合计”列是重点，可以进行字体加粗、字号增大、变换颜色、增加底色或者添加符号等设置。

4 整体修饰

对表格和 PPT 页面进行整体修饰，效果如图 7-46 所示。

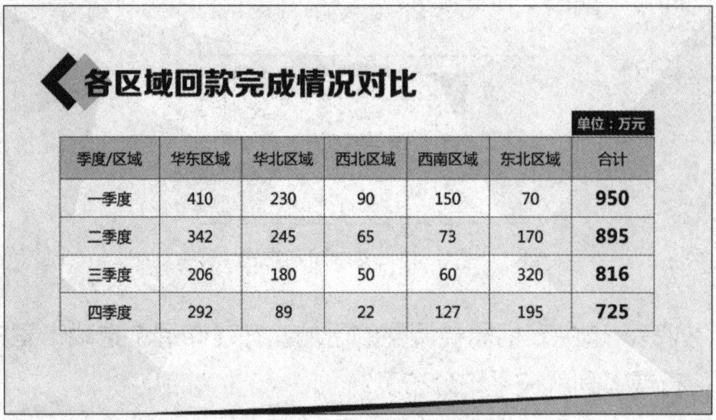

各区域回款完成情况对比

单位：万元

季度/区域	华东区域	华北区域	西北区域	西南区域	东北区域	合计
一季度	410	230	90	150	70	**950**
二季度	342	245	65	73	170	**895**
三季度	206	180	50	60	320	**816**
四季度	292	89	22	127	195	**725**

图 7-46　表格整体修饰后效果

（1）标题修饰。对标题部分增加修饰性的色块，也可以换一种字体或者改变字体颜色。

（2）背景修饰。把 PPT 的页面背景换成与内容相关的图片或者换成图案，但不要选择特别复杂的背景。

（3）留白处修饰。对整个 PPT 页面的边边角角可以适当添加一些修饰，或者在页码上做些修饰，使页面整体效果更美观。

注意：修饰一定是简单的，不能抢了主角的风头。

根据整个文档的色彩进行修饰，还可以设计成如图 7-47 所示的效果。

各区域回款完成情况对比

单位：万元

季度/区域	华东区域	华北区域	西北区域	西南区域	东北区域	合计
一季度	410	230	90	150	70	950
二季度	342	245	65	73	170	895
三季度	206	180	50	60	320	816
四季度	292	89	22	127	195	725

图 7-47　表格修饰案例

如果从零开始做的话，其实 PPT 表格美化只需要后面的三步：格式调整、突出重点、整体修饰。所有的表格都可以按照这个方法美化，如果有时间可以在整体修饰上下功夫，就能做出更好的 PPT 作品来。

7.6 简单聊聊色彩搭配

色彩有很多种，色彩的搭配也是多种多样，但是好的色彩搭配会让人赏心悦目，不好的色彩搭配则会让人感觉杂乱无章。那么好的色彩搭配是什么样的？有一个很简单的标准，就是看起来比较舒服。但对于大多数没有设计基础的读者来说，能达到这个标准还是有一定难度的，而且颜色越多越难把控，所以建议在做 PPT 时要尽量减少颜色，避免花里胡哨。

一张 PPT 页面中的颜色可以分为四类：背景色、文字色、主体色、辅助色。这里我们来讲一些易掌握的配色原则。

（1）背景色：背景最好不要使用太鲜艳的颜色，如红色、绿色、蓝色、黄色等，否则容易造成视觉疲劳。如果是在投影幕布上放映，背景色最常用的就是白色、浅灰色或者其他淡色系色调，这样可以降低色彩搭配的难度，如图 7-48（a）所示；如果是在 LED 电子大屏上显示，可以用诸如深蓝色或深灰色这样的深色色调，适当采用渐变色，能够避免单一深色过于死板的问题，如图 7-48（b）所示。在这样的原则下，我们还可以选择大片色调均匀的图片作为背景，使页面整体看起来更丰富。

（a）淡色系背景

（b）深色系背景

图 7-48　背景色设计案例

（2）文字色：文本可以作为标题，也可以是正文，颜色选取的标准就是清晰、易读。标题颜色可以与整个页面同色，正文文本的颜色应与文字的底色形成较大反差，比如浅色背景的文本应以深色为主，如深灰色、深蓝色（通常不用纯黑色），深色背景的文本则相反。

（3）主体色：整个页面的主要颜色，就是第一眼看上去可以迅速识别出的颜色，往往由大面积的填充色块来决定。页面的主体色调要跟 PPT 的整体色调统一，同时这个颜色要和当前页面的背景色形成很好的搭配，以便整个页面看起来和谐。

PPT 主体色的选择有以下几种方法。

方法一：如果有 LOGO，就从其中提取颜色，这时候取色器工具就派上用场了，用取色器提取颜色后的设置效果，如图 7-49 所示。

图 7-49　LOGO 提取主体色设计案例

方法二：根据 PPT 行业或主题确定颜色。例如，科技主题常用蓝色，健康医疗常用绿色，党政风的代表色是红色，女性化主题用粉色，等等，如图 7-50 和图 7-51 所示。

图 7-50　觅知网女性主题 PPT 模板页面

图 7-51　觅知网科技主题 PPT 模板页面

方法三：借鉴优秀作品配色。平常我们可以多收集一些优秀的配色案例，比如 PPT 模板、广告海报、设计或配色网站，需要的时候可以进行借鉴和参考。

（4）辅助色：如果页面中只有一种主色，效果会过于单一，所以可以使用辅助色作为主色的补充和强调。辅助色可以是主体色的邻近色或对比色。

7.7 使用设计灵感

一个好的PPT设计，不仅要有好的素材，还要想好怎么排版布局、设计美化，最后还要动手制作，整个过程下来还是要花费不少时间的。那么，有没有什么功能能够简化这个工作呢？下面介绍一个【设计灵感】功能。

在【设计】选项卡下的【设计器】工具组中单击【设计灵感】按钮（低版本的 PowerPoint 暂时没有）。启用这个功能后，我们只需要向页面中插入相应的文字、图片等素材，【设计灵感】功能就会自动“思考”并给出一些设计方案。在【设计理念】窗格下有很多设计方案模板，我们只要从中选择一个较满意的进行单击即可，如图 7-52 所示。

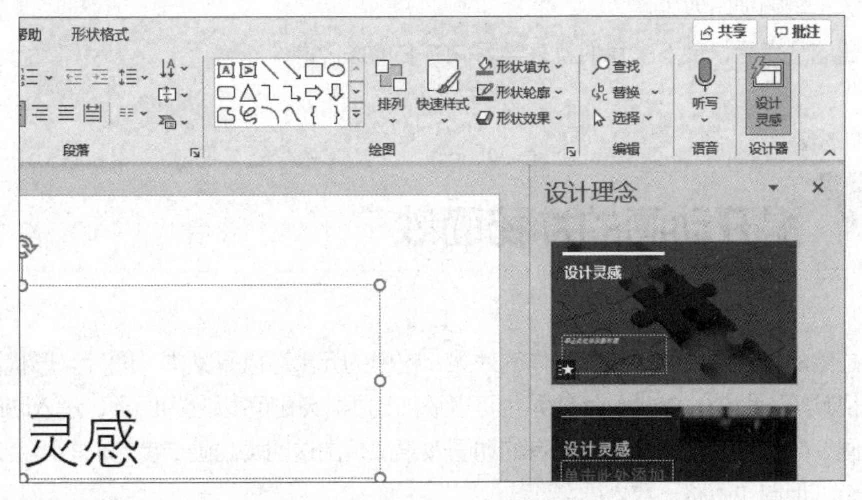

图 7-52　【设计灵感】操作界面

PPT 设计除了文字、图片、图表和表格的设计，还可以添加动画，动画的演示更直观，可以让 PPT 的展示效果一目了然。例如，想突出重点内容或描述清楚一个过程，动画就是很好的手段，一个恰当的动画可以代替一大段的文字描述，这也正符合 PPT 设计的基本原则。但是工作型 PPT 需要把握好使用动画的度，下面是使用动画的几点注意事项。

（1）使用动画要避免走极端。一个极端是完全没有动画，一静到底；另一个极端是动画过多，文字和图片满屏飞来飞去的，影响观众阅读，也少了一些严肃性。

（2）用简单温和的动画效果。用某一种或两种动画组合，能满足我们更清晰的展示需求就可以了，常用的动画效果有出现、淡出、浮入、擦除、缩放等，避免使用过于剧烈的动画效果。

（3）停留时间不要过长。动画间隔过长或动画速度过慢都有可能打乱讲解 PPT 的演示节奏，或是造成冷场，影响视听效果。

了解清楚这几点后，接下来我们就来学习 PPT 的动画功能。

8.1 揭开动画的神秘面纱

动画就是给幻灯片中的元素添加动作的效果，这里的元素可以是文本、图片、形状、表格、图表、音频和视频等。此外，SmartArt 效果也可以添加动画。动画可以分为四类：进入动画、强调动画、退出动画、动作路径动画，其实所有的动画效果都是由这四类动画或者它们的组合来呈现的。动画看似复杂，但制作思路一致。

添加动画的方法很简单，用鼠标选中元素，在【动画】选项卡下的【动画】工具组中单击右下角的【其他】按钮，如图 8-1 所示。打开后可以看到四类动画，如图 8-2 所示，用鼠标单击其中想要的效果就可以添加了。

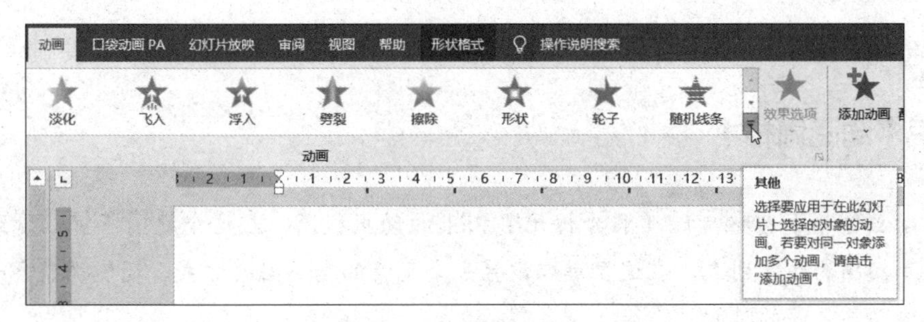

图 8-1　【动画】工具组

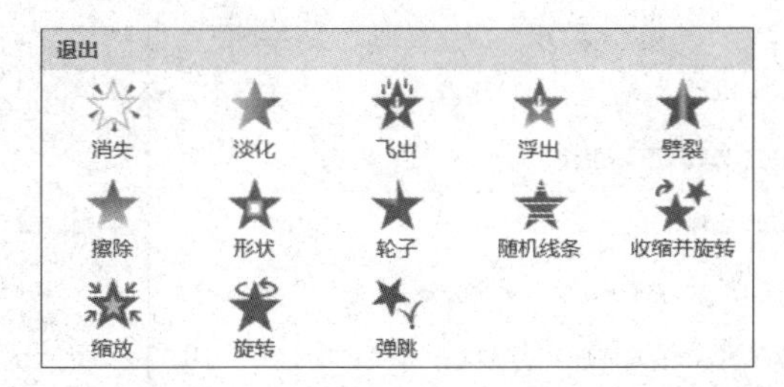

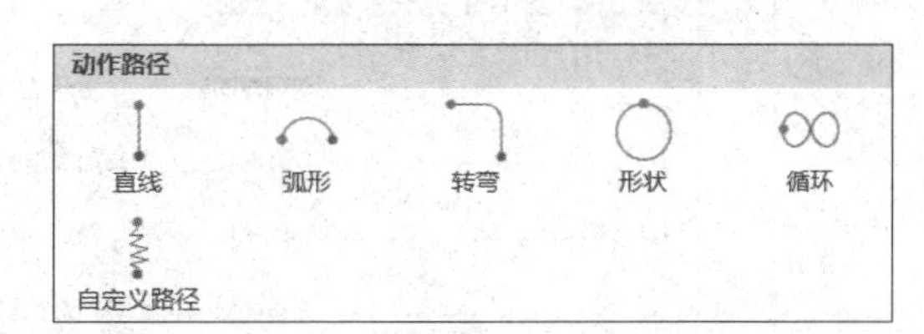

图 8-2　四类动画

在 PPT 页面中，对于同一个元素，可以添加多个动画，但要使用【添加动画】按钮来添加，单击【添加动画】下拉按钮，下拉列表中将展示出各种动画效果，如图 8-3 所示。如果在【动画】组里直接选择动画效果，将会覆盖之前的效果。

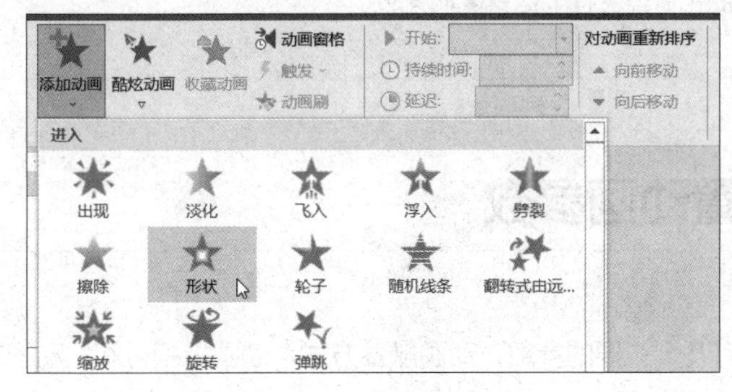

图 8-3　【添加动画】界面

专家提示

认识【动画窗格】

打开【动画窗格】窗格可以理解为打开了 PPT 的动画视图，在这个视图下可以看到当前页面上所有添加了动画的元素列表，在这里可以设置每个元素的动画触发方式，还能调整各个动画发生的顺序及这些动画之间的时间关系等。

如何打开【动画窗格】窗格呢？在【动画】选项卡中单击【动画窗格】按钮，即会打开【动画窗格】窗格，当前页面中所有添加了动画的元素都会以发生的时间顺序呈现在这里。【动画窗格】窗格里的标识含义如图 8-4 所示。在这里，越靠上的动画越早播放，上下拖动元素名称即可改变动画开始的时间，便于单页元素动画的整体设置。此外，还可以选中其中的任意动画，单击右侧的小三角下拉按钮或用右击选择快捷菜单命令，即可快速进行动画设置。

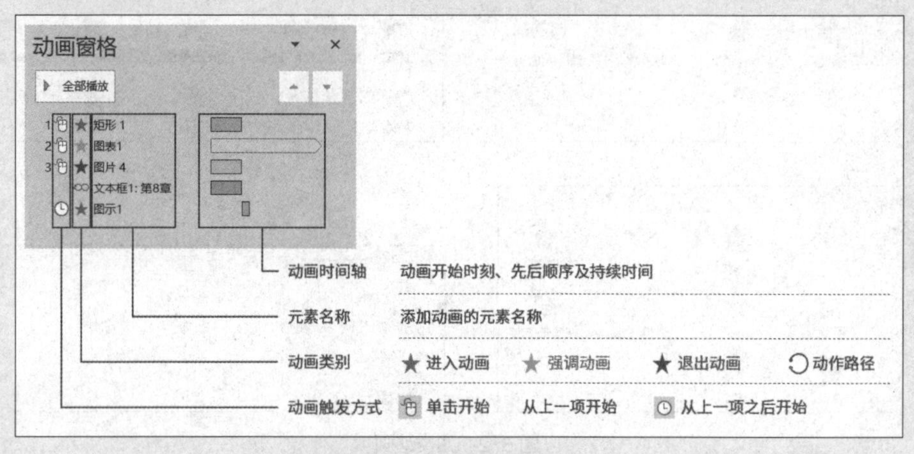

图 8-4 【动画窗格】窗格

如果需要更换动画效果，在【动画窗格】窗格中选中该元素动画，然后在【动画】选项卡下的【动画】工具组中单击想要更换的效果即可。

如果需要删除某一个动画，在【动画窗格】窗格里选中该动画，并右击，在弹出的快捷菜单中选择【删除】命令，或直接按【Delete】键也可以。

8.2 设置动画参数

在动画设置中，有几个主要的参数：动画触发方式、动画持续时间、动画效果等，设置好这几个参数，就可以实现想要的效果。

1 动画触发方式

动画触发方式，就是设置一个让动画开始的条件。在【动画窗格】窗格里选中任意一个动画并右击，在弹出的快捷菜单中上方的三个工具选项（如图 8-5 所示），就是最常用的三种触发方式。

（1）单击开始：如果选中这种方式，幻灯片在放映状态下需要人工操作，如单击鼠标或按键（包括下键和右键、N、向下翻页键 Page Down）动画才会播放。这样的方式不受其他条件限制，演讲者想什么时候让这个动画播放都可以，单击一下鼠标即可播放。

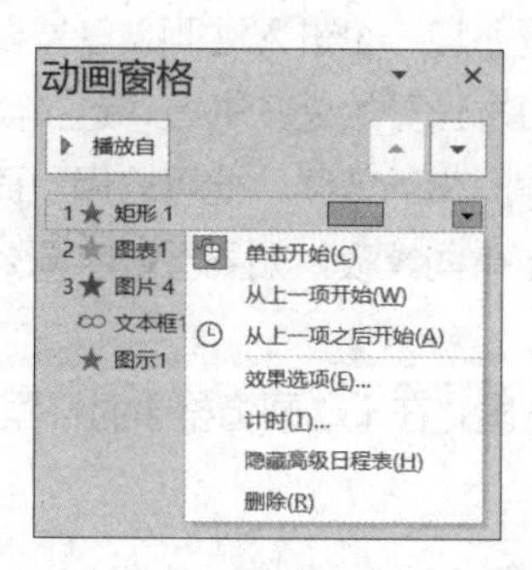

图 8-5 动画触发方式选择界面

（2）从上一项开始：意思就是上一项动画开始的时候，当前设置的这个动画都和上一项动画同时开始。比如前面一项动画是图片消失的动画，当前这个是文本的进入动画，如果当前文本动画设置了【从上一项开始】，那么效果就是图片开始慢慢消失，文本也开始进入页面。

（3）从上一项之后开始：在【从上一项开始】基础上理解，这个选项也很好理解了，就是上一个动画播放完成的同时，当前动画开始播放。还是用上面的例子，如果把【从上一项开始】改成【从上一项之后开始】，最后的动画效果就是图片慢慢消失，在彻底消失的同时，文本开始进入页面。

除了这三种触发，还有一种是采用触发器。在【动画窗格】窗格中的任意动画上右击，在弹出的快捷菜单中选择【计时】命令（也可在任意动画上双击并在弹出的对话框中选择【计时】命令选项卡）。单击【触发器】按钮后，会出现触发器选项，如图 8-6 所示。

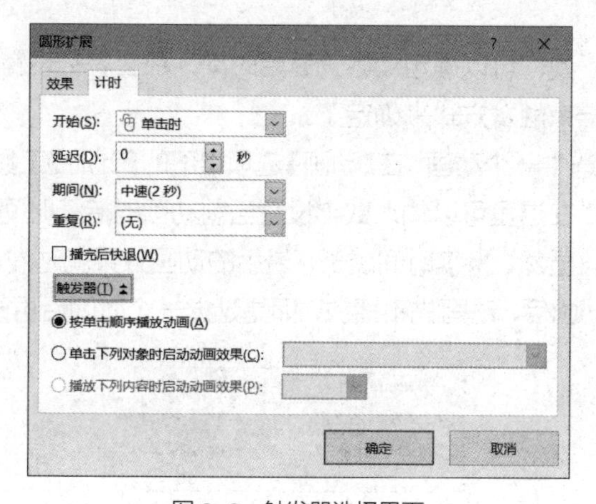

图 8-6 触发器选择界面

触发器默认选择【按单击顺序播放动画】，这时的触发方式就根据上面讲的三种触发方式的选择来决定；如果选择【单击下列对象时启动动画效果】，可以在右侧下拉框中选择页面中的元素，就是将选中的元素作为触发器，当在页面放映状态下单击选中的元素时，动画就会播放，若重复单击，元素动画也会重复播放。

当页面中有视频或者音频，而且添加了书签时，第三种触发器【播放下列内容时启动动画效果】就会被激活。比如我们在页面中插入了视频，想给视频中的一段人物发言添加字幕，就可以用到这个功能。首先在视频的人物发言开始处添加一个书签（方法参见 5.3 节内容），然后插入一个文本框并输入字幕内容。我们先给文本框添加一个进入动画，触发器选择【播放下列内容时启动动画效果】，再在右侧下拉框中选择视频中发言开始处的书签，这样实现的效果就是视频中人物发言时会出现字幕。如果模拟电影字幕出现再消失的效果，便可以用上面这个方法添加字幕，然后再给文本框添加退出动画。不过上面这个操作有些繁琐，如果想做字幕效果，可以使用专门的视频处理软件（如剪映等）添加字幕。

另外，如果某个元素设置了触发器，在【动画窗格】窗格里这个元素就会被单独列到【触发器】组下，如图 8-7 所示。

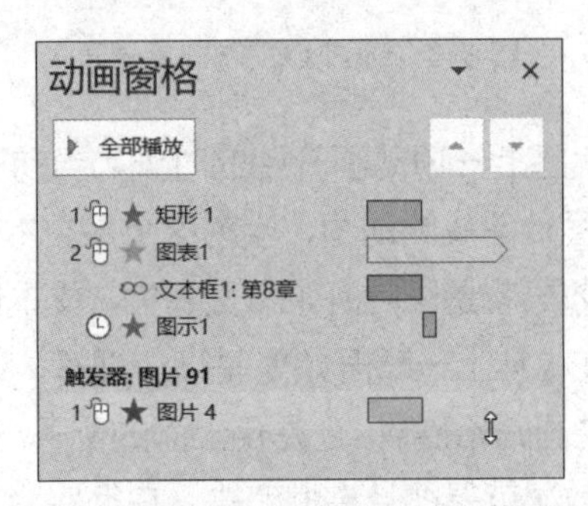

图 8-7 【动画窗格】窗格中的触发器显示界面

2 动画持续时间

通过触发方式的设置，我们可以确定动画的开始时间，那么怎么设置动画什么时候结束呢？这就要通过设置持续时间或结束触发方式来确定了。

在【动画窗格】窗格里选中一个动画，在【动画】选项卡下的【计时】工具组可以看到【持续时间】。持续时间的单位默认是秒，在这里可以输入数字设置当前动画的持续时间，也可以用上下箭头增加或减少时间，步进是 0.25。显然，持续时间越长，最后的动画效果就越慢。这里还可以看到【延迟】的设置，延迟就是在触发动画后，动画先不播放，而是延迟一个时间后再开始播放，如图 8-8 所示。

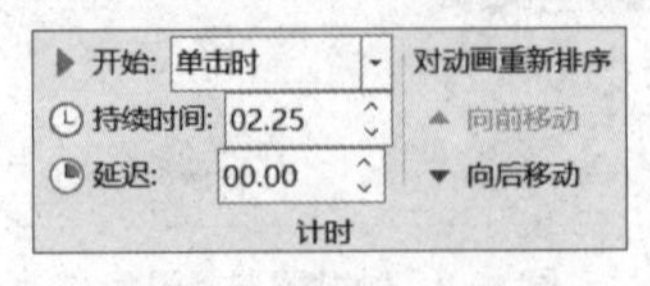

图 8-8 动画计时界面

如果对时间没有特别明确的概念，不知道输入多少秒合适，那么还有另一种设置方式：双击【动画窗格】窗格里任意一个动画，在弹出窗口中单击【计时】工具按钮，此时会弹出一个对话框，如图 8-9 所示。

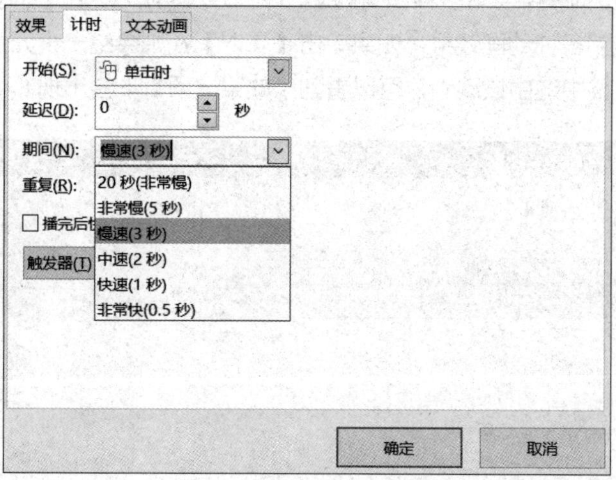

图 8-9　动画持续时间设置

在图 8-9 中，【期间】就是持续时间的设置，这里用定性的速度来表征持续时间相对更简单些。如果这些选项刚好没有需要的，也可以直接输入数字，单击【确定】按钮即可。可以看到，在这个对话框中也可以设置延迟时间，在这里设置的持续时间、延迟时间和在工具栏里设置的效果是一样的。

另外，在【计时】工具窗口下，还有一个可以决定动画结束触发的参数，就是动画重复次数，在对话框里显示为【重复】。如果需要让动画播放完一遍后，继续重复播放，就可以选择这里的数字设置重复次数，也可以选择【直到下一次单击】或【直到幻灯片末尾】选项，设置后动画会反复播放，直到触发选择的结束条件才会停止播放，如图 8-10 所示。

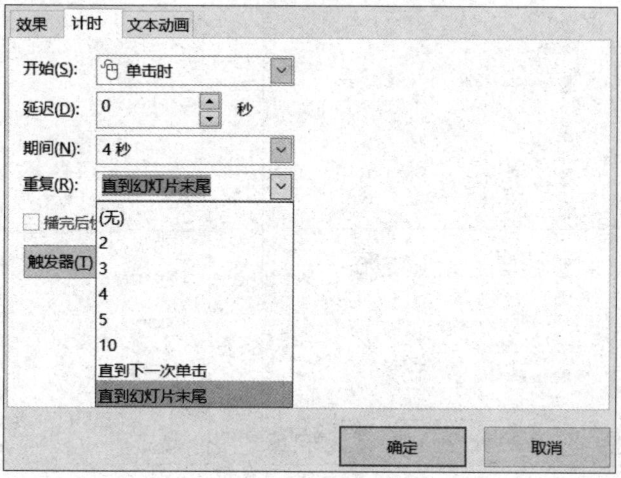

图 8-10　动画重复设置界面

3 动画效果

在【动画窗格】窗格里选中一个动画，在【动画】选项卡下的【动画】工具组可以单击【效果选项】下拉按钮，在下拉列表中会有多种动画选项，如图 8-11 所示。在【动画】选项卡下的【动画】工具组中可以直观地看到多种动画效果，如果单击【飞入】，则会给一个元素添加飞入动画中的效果，在【动画窗格】窗格中选中该动画，可以看到【效果选项】下会出现 8 个方向供选择。

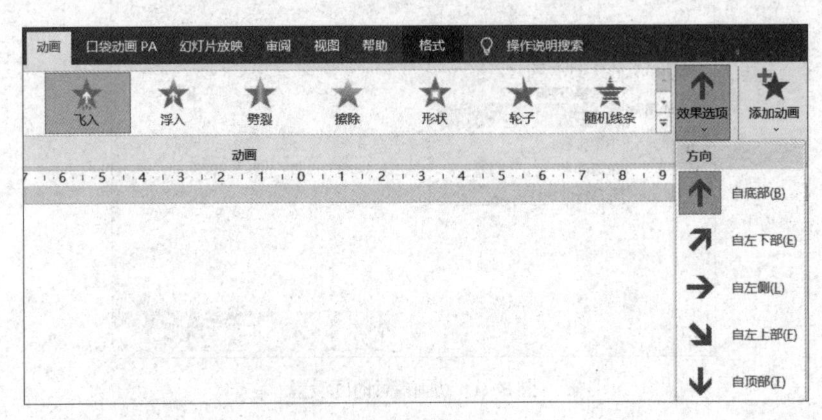

图 8-11　动画【效果选项】菜单

此外，也可以双击【动画窗格】窗格中的该动画，在弹出的【飞入】对话框的【效果】选项卡中设置飞入的方向，如图 8-12（a）所示，和上面设置的效果是一样的。从图 8-12（b）中可以看到很多动画参数，能设置动画【平滑开始】和【平滑结束】的时间、【弹跳结束】的时间，如果设置为 0 秒就是不使用对应的效果。

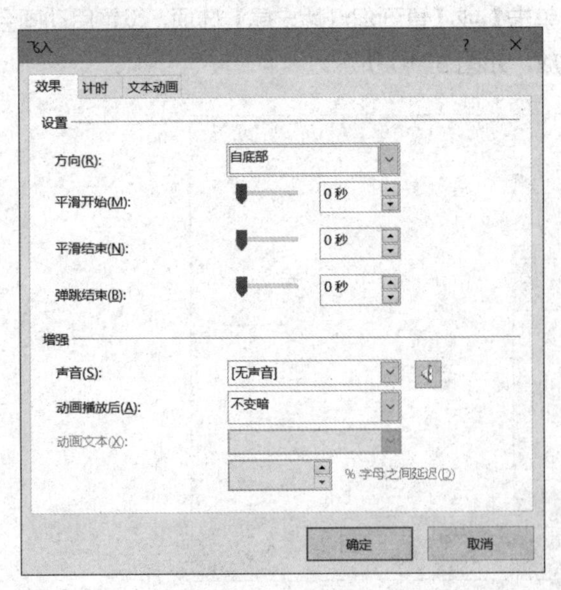

（a）【飞入】对话框

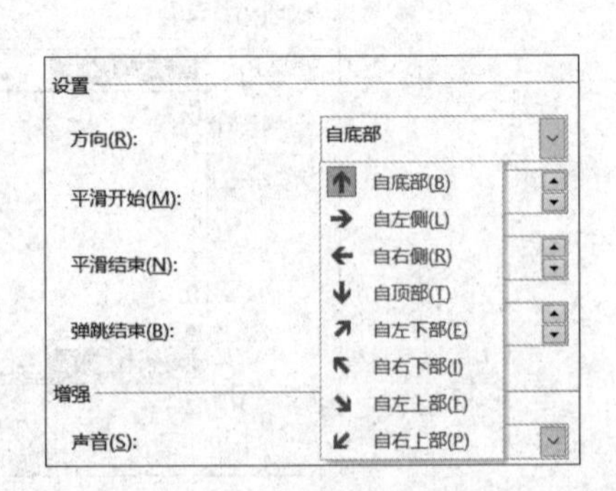

（b）动画参数设置

图 8-12　动画效果设置

对于不同的动画，对话框中的设置参数也是不一样的。例如，添加了强调动画中的【放大/缩小】效果，在【放大/缩小】对话框中可以看到会有【尺寸】设置项，在【尺寸】的下拉列表中可以设置放大/缩小百分比及方向，如图 8-13 所示。

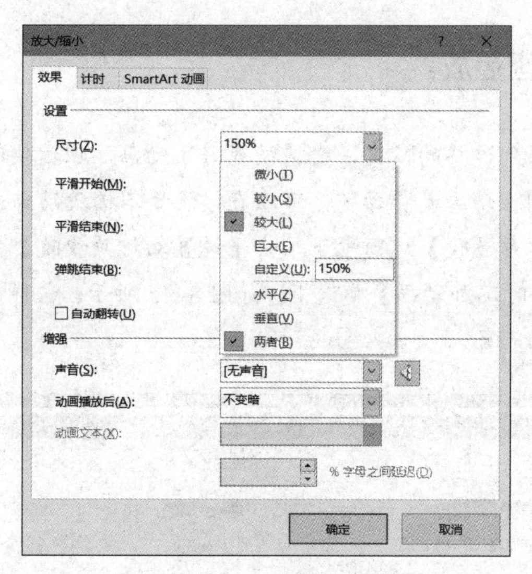

图 8-13　【放大/缩小】对话框

注意，如果在如图 8-13 所示的对话框中选中【自动翻转】复选框，动画会在完成后再进行一次反向操作。

另外，除了设置动画效果，还可以设置配合动画的声音效果，在【动画播放后】中还可以设置元素的隐藏效果，若元素是形状还可以设置动画播放后改变颜色等。这些在工作中很少会用，操作也很简单，此处不再赘述。

4　其他效果

如果是给文本添加了动画，在打开的对话框中还会多一个【文本动画】选项卡，如图 8-14（a）所示。若有分段的文字，希望设置各段文字按一定的时间间隔以动画形式播放，可以在对话框中进行参数设置，如图 8-14（b）所示。

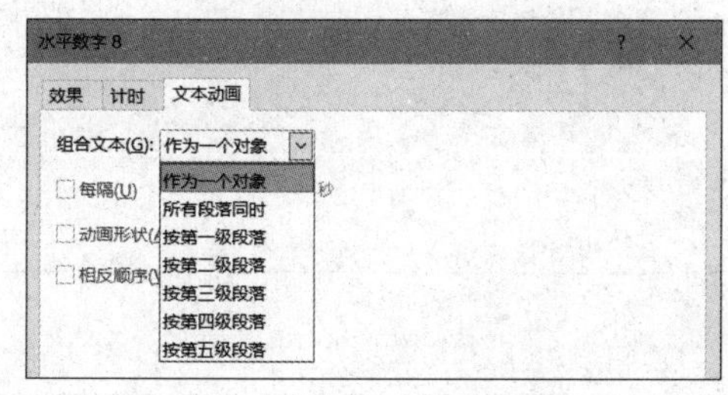

（a）【文本动画】选项卡

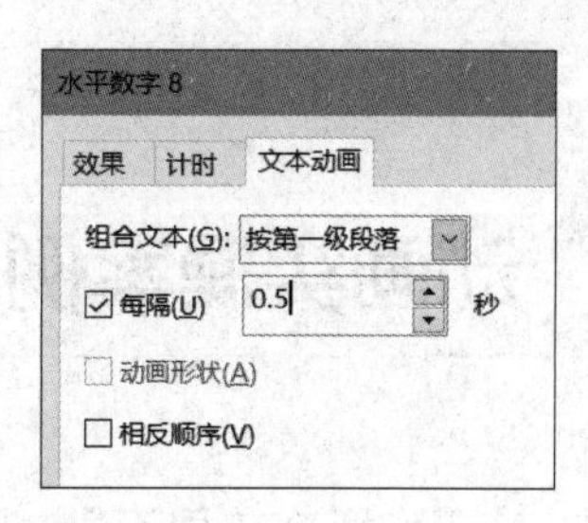

（b）参数设置

图 8-14　文本动画的设置

在 PPT 中，如果给图表、SmartArt 等添加了动画，在打开的对话框中也会出现一个类似的选项卡，大家可以自己试试，掌握动画的应用方法。

专家提示

如何设置取消动画播放?

我们在工作中常常会遇到这样的情况，之前设置好了动画，但放映时又不想要动画了，那该怎么办呢？如果一个一个地删除动画太费劲了，可以直接设置不播放动画就好。

操作步骤为：在【幻灯片放映】选项卡下单击【设置幻灯片放映】按钮，在弹出的【设置放映方式】对话框中选中【放映时不加动画】复选框，如图 8-15 所示。这样设置后原来的动画依然在，只是放映状态下不播放动画而已。

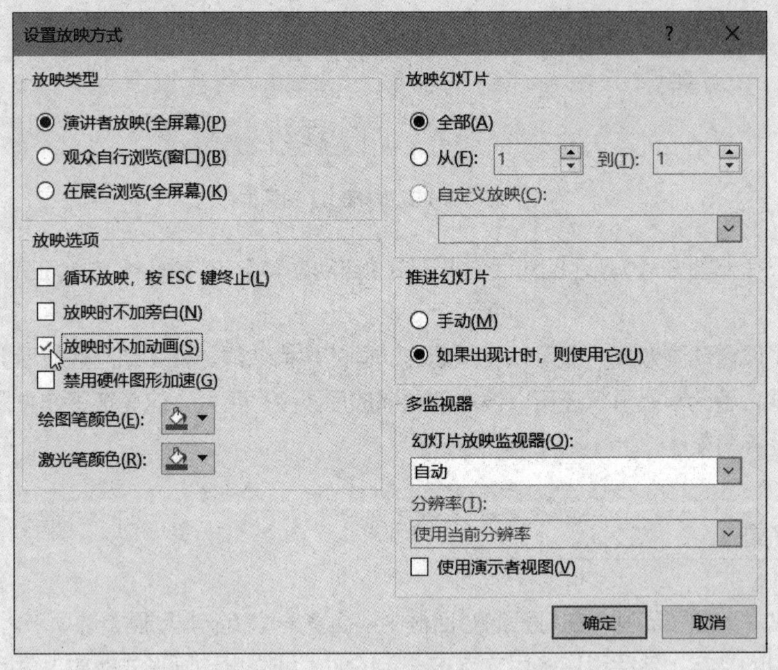

图 8-15 【设置放映方式】对话框

8.3 动画实操案例

前面说过，在工作型 PPT 里不建议用过多的动画，但是如果在特定情况下用对动画却可以起到意想不到的效果。下面就列举几个日常推荐使用动画的场景。

1　用动画突出重点内容

我们经常在看书或者读文章时候，用笔给重点内容添加下划线，或圈起来做标记，便于下次再看的时候快速找到核心内容。这里，我们就来把这个划重点的过程做成动画，如图 8-16 所示。

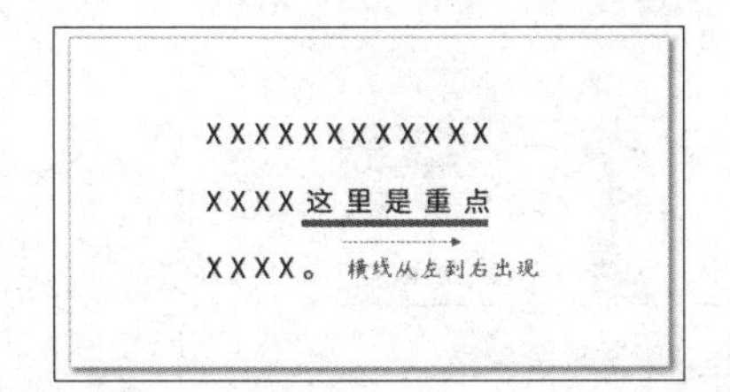

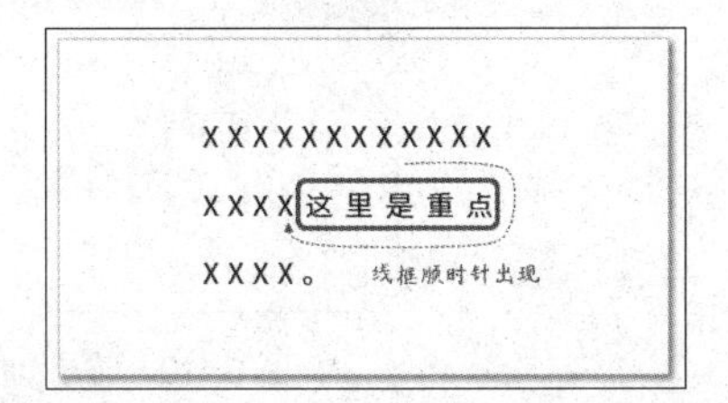

图 8-16　强调动画示意图

以图 8-16 中的左图为例，我们想做的效果是模拟划线过程，红色横线从左到右出现，需要先画好直线再添加动画。首先在【插入】选项卡下的【形状】工具下拉列表中选择直线，用鼠标在重点内容下拖曳划线，然后将直线颜色设置为红色，线宽粗细设置为 4.5 磅。

设置好格式后选中直线在【动画】选项卡中单击【添加动画】下拉按钮，在下拉列表中选择【进入】动画中的【擦除】选项，如图 8-17 所示。

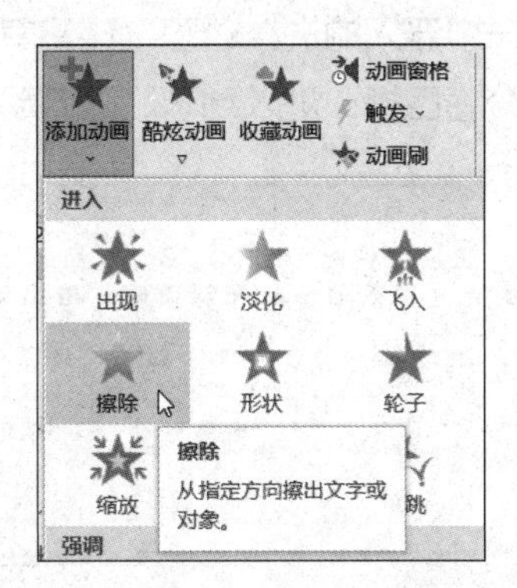

图 8-17　添加擦除动画选择界面

再单击【效果选项】下拉按钮，在下拉列表中选择【自左侧】选项，这样擦除进入的动画是从左侧开始的，再把持续时间设置为 1 秒，如图 8-18 所示。

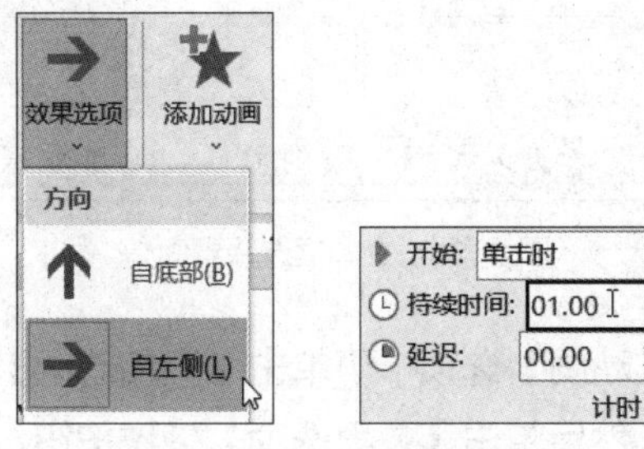

图 8-18　擦除动画的参数设置

图 8-16 中的右图是模拟画圈的动画，操作方法和上面的类似，动画选择【轮子】效果，在【效果选项】下拉列表中选择【1 轮辐图案】，如图 8-19 所示。

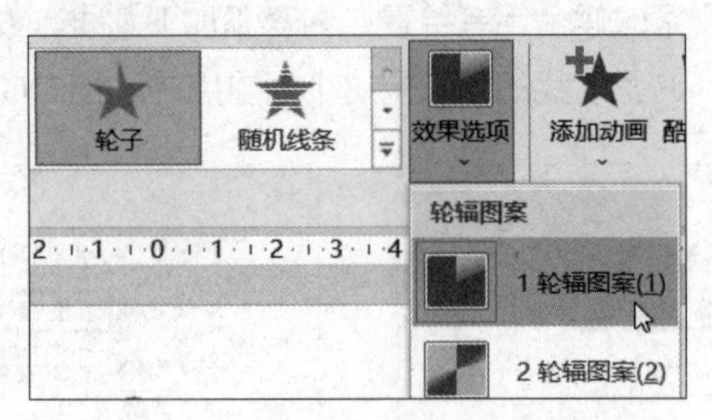

图 8-19　轮子动画效果选项菜单栏

2 用动画与观众互动

演讲者与听众之间的互动，最常用的一种方式就是抛出一个问题由听众来回答。这时候用 PPT 演示时需要先展示出这个问题，然后与观众互动，之后再呈现正确的答案，在这个过程中，动画就可以体现它的作用了。如图 8-20 所示，首先展示“PPT 动画可以分为四类”，那么问题来了，是哪四类呢？与观众互动之后再通过一个浮入的进入动画，让答案从下往上逐渐呈现，最后与问题连成完整的一句话：“PPT 动画可以分为四类：进入动画、强调动画、退出动画、动作路径动画。”

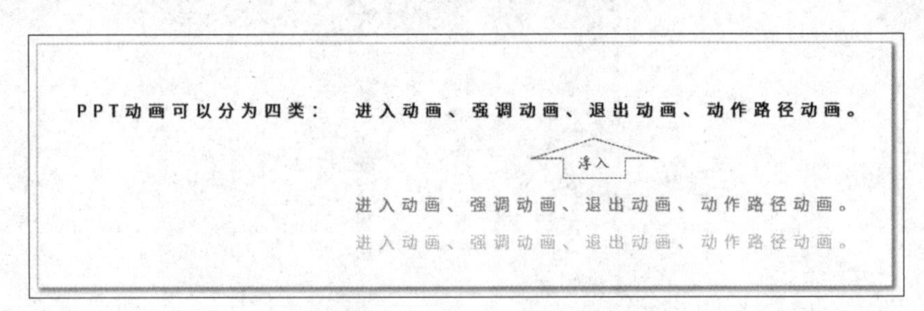

图 8-20　出现动画示意图

在这个动画里，问题和答案需要分为两个独立的文本框，我们先把这两个文本框的位置放好，如图 8-21 所示。

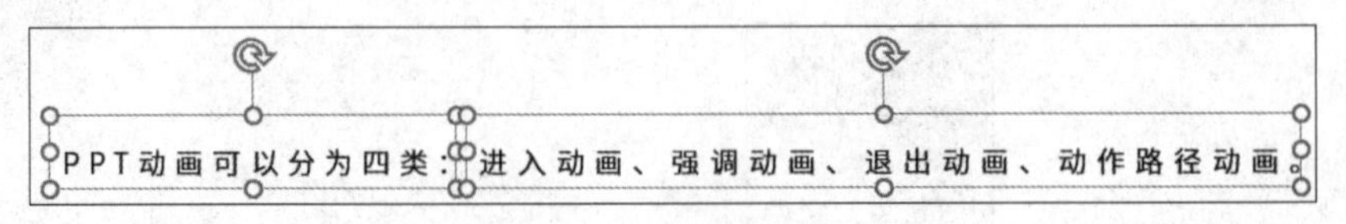

图 8-21　文本框选择界面

选中答案部分的文本框，在【动画】选项卡下单击【添加动画】下拉按钮，在下拉列表中选择【进入】动画中的【浮入】选项，然后单击【效果选项】下拉按钮，在下拉列表中选择【上浮】，并设置持续时间为 1 秒。此外，这里动画效果还可以选择进入动画中的淡化、飞入或者随机线条。

上面这个互动的问题类似于填空题，但如果是判断题，我们应该添加什么样的动画呢？以图8-22为例，题目是要判断A、B、C、D四个选项的对错。如果是答案是错误的，在宣布答案时候希望单击鼠标，叉号的图标会以放大形式出现，然后颜色从红色变为灰红色；如果答案是正确的，我们希望对号图标也是放大出现，但之后会呈现缩小再放大的几次循环，类似于闪烁或者跳动的效果。

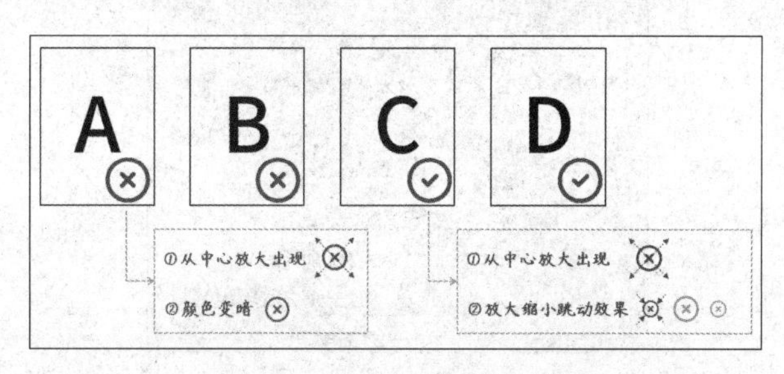

图8-22　出现加强调动画示意图

那么，上面这两种动画具体怎么做呢？首先选中叉号图标，在【动画】选项卡下单击【添加动画】下拉按钮，在下拉列表中选择【进入】动画中的【缩放】选项，或者选中图标后直接在列出的【动画】工具组中单击选择（如图8-23所示），【效果选项】选择【对象中心】。添加好动画后会自动播放一次，可以看到这个动画是将图标从中心逐渐放大。

图8-23　动画工具组

第一步的动画添加好之后，还需要添加第二步的动画，即让图标的颜色变暗。仍然是选中图标，在【动画】选项卡下单击【添加动画】下拉按钮，在下拉列表中选择【强调】动画中的【不饱和】选项。注意第二步动画一定要从【添加动画】下拉按钮中选择，如果从【动画】工具组中选择，就会把前面设置的缩放动画覆盖，而不是新添加一个动画。

在【动画】选项卡中单击【动画窗格】按钮，在打开的【动画窗格】窗格中我们可以看到添加好的两个动画已经在列表里了，如图8-24所示。可以看到这两步动画都有小鼠标的图标，单击鼠标图标可以触发动画。

图8-24　动画窗格列表

接下来我们需要把第二步变暗的动画改为第一步动画之后自动开始。在【动画窗格】中第二步动画的列表上右击，在弹出的快捷菜单中选择【从上一项之后开始】命令，这时小鼠标图标变成了钟表图标，后面的动画进度条后移至第一步动画完成时刻，如图 8-25 所示。这样叉号图标的动画就完成了，播放时单击鼠标后，图标就会自动放大出现然后变暗。

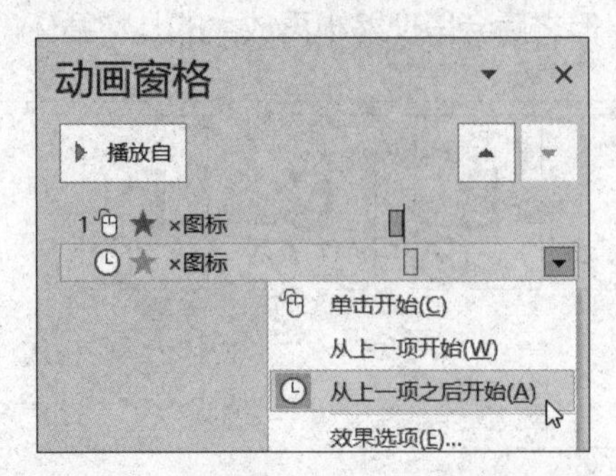

图 8-25　【动画窗格】窗格中更改触发方式

对号图标的动画设置也是分为两步，第一步和上面讲的叉号图标的动画设置方法相同，这里着重讲第二步。这个动画是连续的放大缩小过程，可以模拟闪烁的星星或者一颗跳动的心。在【动画】选项卡下单击【添加动画】下拉按钮，在下拉列表中选择【强调】动画中的【放大 / 缩小】选项。然后在【动画窗格】窗格中选中这个动画，右击，在弹出的快捷菜单中选择【计时】命令。在弹出的对话框中将【重复】次数设置为 3，持续时间【期间】设置为 0.5 秒，【开始】的触发方式选择【与上一动画同时】，如图 8-26 所示。

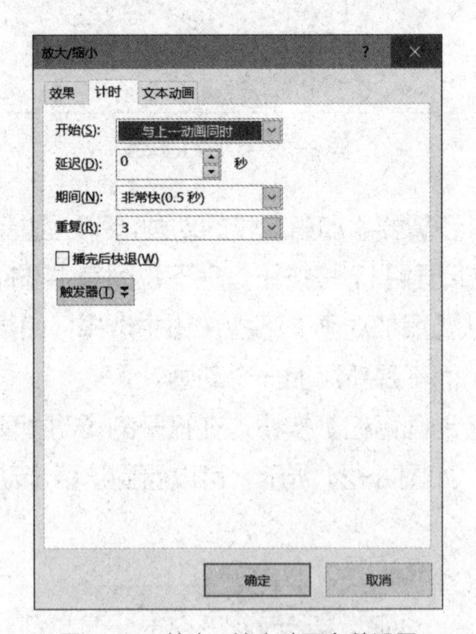

图 8-26　放大 / 缩小动画参数设置

对号图标在【动画窗格】窗格中的两步动画显示如图 8-27 所示。

图 8-27　对号图标在【动画窗格】窗格中的显示

3　用动画展示变化过程

在 PPT 的演示中，有些内容是一个复杂的变化过程，而复杂的变化过程有时用文字很难表达清楚，这时候我们可以考虑是不是可以通过动画来解决。例如，某个组织机构变动，两个部门要合并，图 8-28 是我们常用的图示法。

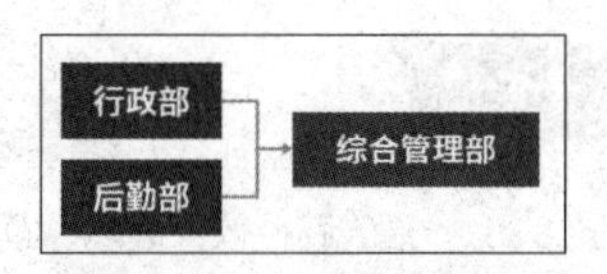

图 8-28　部门合并示意图

如果用动画来表示，则表达会更清晰。如图 8-29 所示，让合并前的“行政部”和“后勤部”两个元素向中间移动，逐渐靠近并消失，而“综合管理部”元素则逐渐出现，视觉上会产生“行政部”和“后勤部”变成了“综合管理部”的效果。

图 8-29　部门合并动画示意图

接下来我们来对这两个部门逐渐合并的动画过程进行分解。蓝色（在图 8-29 中显示浅色）文本框分别包括两个动画：采用【动作路径】动画，将两个蓝色文本框向中间移动，注意它们的路径刚好是相反的；然后使用【退出】动画中的【淡化】效果，使文本框在移动的同时慢慢消失。橙色文本框只有一个【进入】动画，是在蓝色文本框快要消失的时候，使用【淡化】效果，将两个动画融为一体。

具体操作过程如下。

（1）选中“行政部”，在【动画】选项卡下单击【添加动画】下拉按钮，在下拉列表中选择【动作路径】动画中的【直线】选项，如图 8-30 所示。

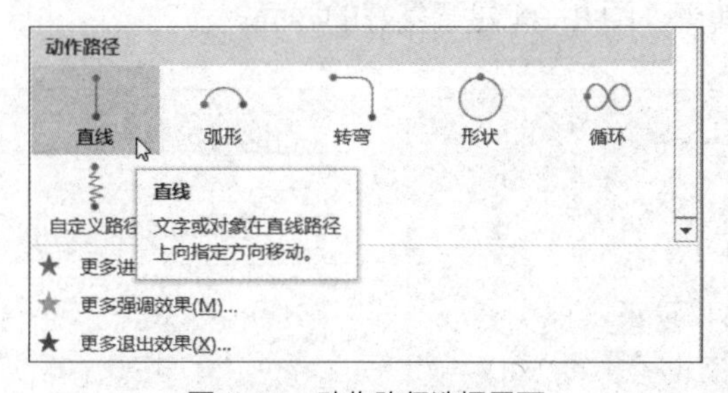

图 8-30　动作路径选择界面

（2）在【动画】选项卡下单击【效果选项】下拉按钮，在下拉列表中选择【右】，这时在文本框上会出现路径标记，绿色箭头是开始位置，红色箭头是停止位置，中间的虚线是移动路径，如

图 8-31 所示。

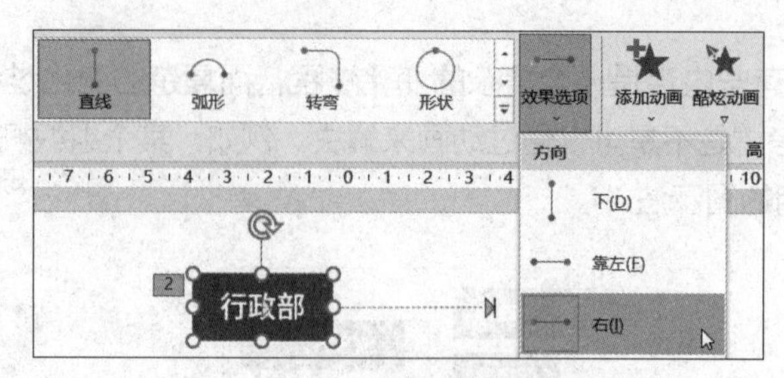

图 8-31　直线路径效果选项界面

（3）用相同的方法给“后勤部”文本框添加动画路径，在【动画】选项卡下单击【效果选项】下拉按钮，在下拉列表中选择【靠左】，再用鼠标将红色停止点移动到两个矩形中间的位置，如图 8-32 所示。这样两个矩形都会移动到中间停止。

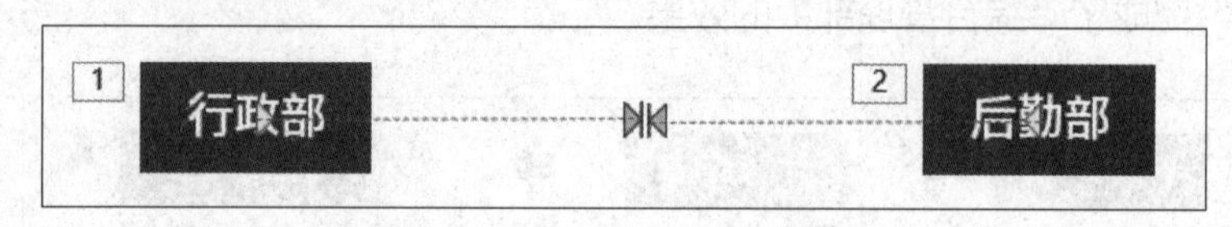

图 8-32　添加直线路径显示界面

（4）下面再对这两个文本框添加【淡化】动画。选中“行政部”文本框，在【动画】选项卡下单击【添加动画】下拉按钮，在下拉列表中选择【退出】动画中的【淡化】。另外一个文本框的设置方法相同，单击【动画窗格】按钮，在弹出的【动画窗格】窗格中可以看到两个文本框的四个动画的列表，如图 8-33 所示。四个小鼠标的图标代表四个动画都是单击鼠标开始，而我们希望所有动画同时开始，因此这里需要把第一个动画以外的其他三个的开始触发方式设置为【从上一项开始】，直接在动画列表上右击并在弹出的快捷菜单中选择即可。另外，淡化的进度条比路径进度条短很多，意味着两个文本框还没移动到中间，就已经消失了，所以我们需要使淡化和路径的持续时间保持一致。如果时间要求不那么精确，最简单的方法就是直接用鼠标拖动淡化进度条的尾部，将其拖到和路径进度条一样的位置就可以了。为了整齐，我们还可以把同一个元素的动画放到一起，用鼠标选中动画上下拖动即可，图 8-34 是调整好的界面。

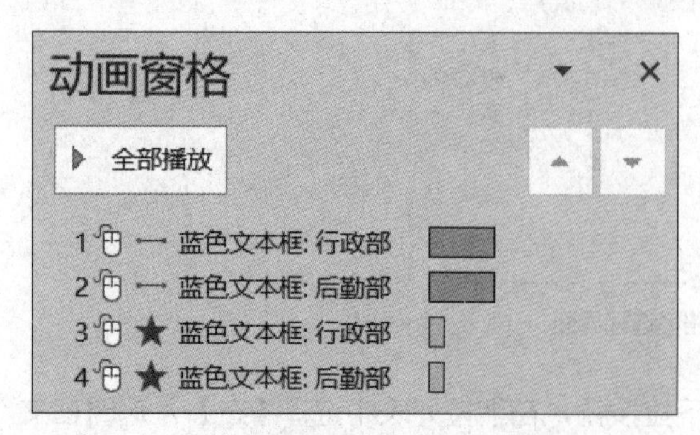

图 8-33　调整前的【动画窗格】显示

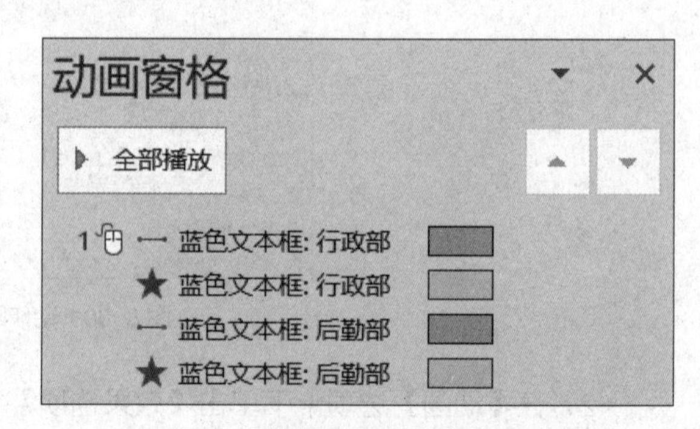

图 8-34　调整后的【动画窗格】显示

（5）最后，将橙色文本框摆放在最后的位置，在【动画】选项卡下单击【添加动画】下拉按钮，在下拉列表中选择【进入】动画中的【淡化】。开始触发方式也改成【从上一项开始】，对进度条进行调整，如图 8-35 所示，让动画在蓝色文本框消失的后半段进行。

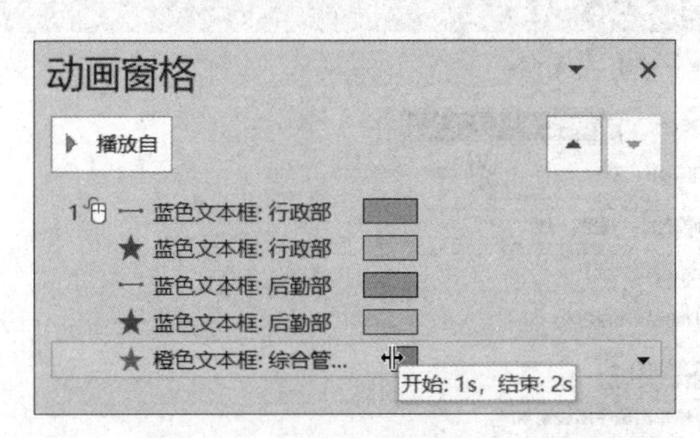

图 8-35　动画窗格调整进度条界面

工作型的 PPT 中还经常会有时间线相关的页面，比如公司的发展历程、事务的时间安排、以时间为线的资质荣誉展示等，若用列表形式进行展示会略显单调，如果加上动画，PPT 的效果就会增色不少。

图 8-36 是一个发展历程的设计案例。我们希望的效果是，单击鼠标时时间线和年份节点从左到右逐一出现，如果单击圆形时间节点，就会出现详细的介绍文本框。

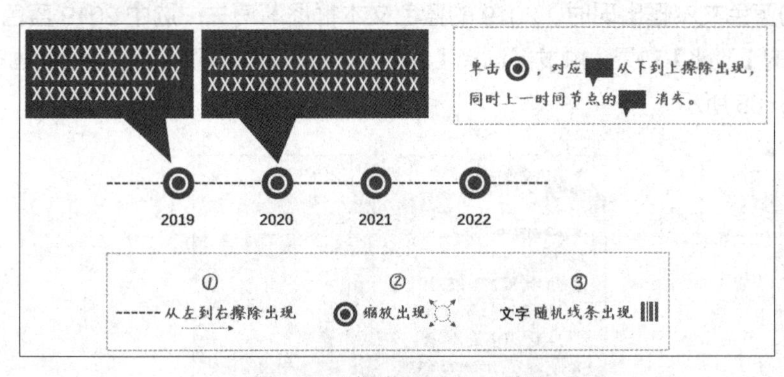

图 8-36　时间线展示动画示意图

整个动画主体分为两部分。第一部分是给时间线加动画，我们可以按四个年份把这条时间线再分成四个小部分，每部分包括三个动画：虚线擦除出现、圆形缩放出现、文字以随机线条出现，然后给其他三个小部分都设置相同的动画。第二部分是给蓝色文本框加动画，将触发器设置为圆形节点，就是只有单击圆形才会出现对应的文本框。如果下一个时间的圆形节点被单击，对应的文本框出现的同时，上一个文本框消失。这样画面上不会同时有多个文本框，可以充分利用页面空间。

时间线动画的设置很简单，这里只详细讲解文本框动画的设置。将文本框摆到对应的位置后选中，单击【添加动画】下拉按钮，在下拉列表中选择【进入】动画中的【擦除】。然后在【动画窗格】窗格中选中该文本框名称后右击，并在弹出的快捷菜单中选择【计时】命令，这时会在弹出的【擦除】对话框中看到【触发器】按钮，选中【单击下列对象时启动动画效果】单选按钮，在右边的下拉框中选择对应的圆形节点，这里我们给节点命名为“2019 圆形节点”，如图 8-37 所示。在【开始】选项卡中单击【选择窗格】按钮，再单击元素名称两次也可对元素进行重命名。

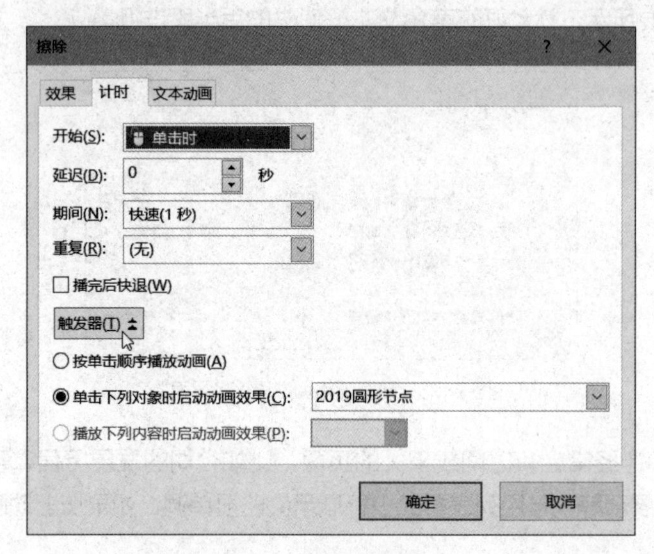

图 8-37　触发器选择界面

用同样的方法，为 2020 年对应的文本框添加进入动画，触发器仍然是 2020 对应的圆形节点。在 2020 对应的蓝色文本框出现时，2019 的蓝色文本框逐渐消失：选中 2019 蓝色文本框，添加【退出】动画中的【淡化】效果，触发器选择【2020 圆形节点】就可以了。整个动画的【动画窗格】中的列表如图 8-38 所示。

图 8-38　【动画窗格】窗格

在 PPT 中，动画还可以用在汇报销售业绩时，例如，在地图上对市场覆盖的省份用鲜艳的颜色标识，通过鼠标控制来改变市场覆盖的省份区域的颜色，可以发现随着鲜艳颜色区域的不断增多，能够动态展示业务拓展区域的扩大；即使复杂的工艺流程，也可以用类似的方法，用动画来展示每一步工序的关键点，再用简单的文字或图、表配合说明。

工作型 PPT 中用到的动画其实不需要很复杂、很炫酷，只要能够更生动地展示内容，能让观众快速获取我们想要传递的信息，就是不错的动画设计。

8.4 页面切换效果的使用

前文讲解的进入、退出、强调和动作路径四类动画，是针对页面中的各元素的。其实 PPT 还有一类动态展示效果，就是切换。它不是针对某个元素的，而是针对页面的，是将上一页切换到当前页面的过渡效果。在【切换】选项卡中，可以看到软件提供了多种切换效果，如图 8-39 所示。

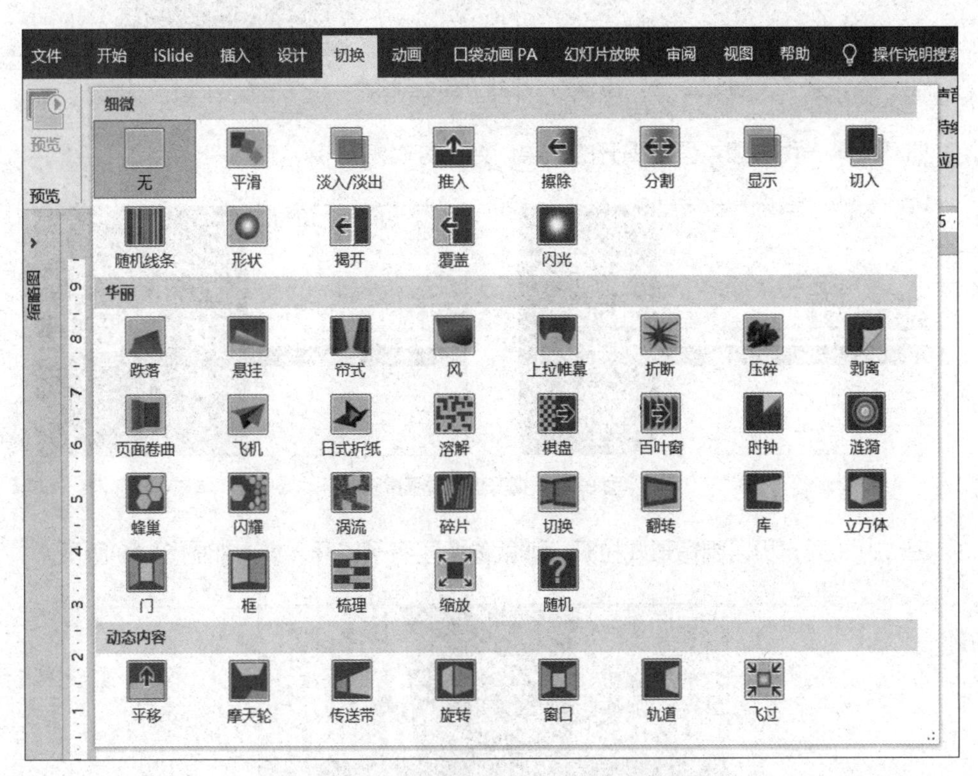

图 8-39　【切换】选项卡内容

下面通过几个简单的例子来演示页面切换的效果。图 8-40 是连续的两页 PPT，我们给第二页设置以下几种切换效果。

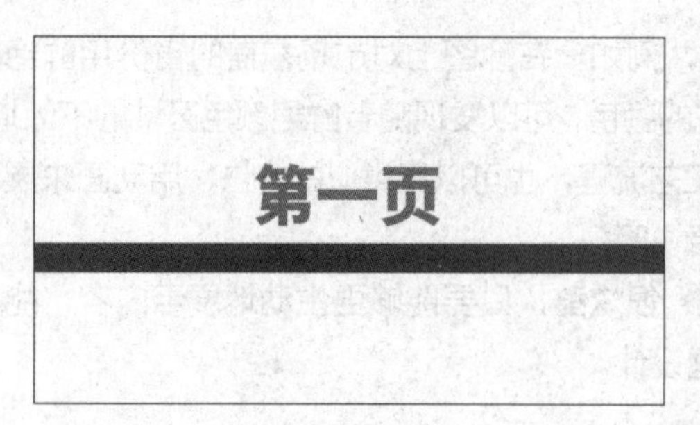

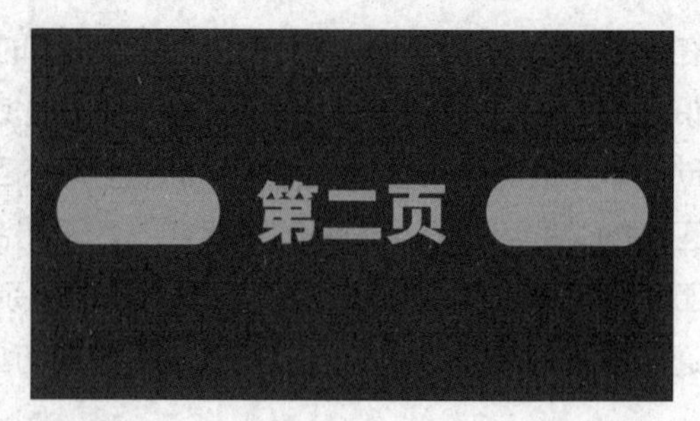

图 8-40　待设置切换页面

（1）形状：上一页以特定的形状消失，这里的形状除了可以设置为圆形，还可以设置为菱形或者加号形状等，如图 8-41 所示。

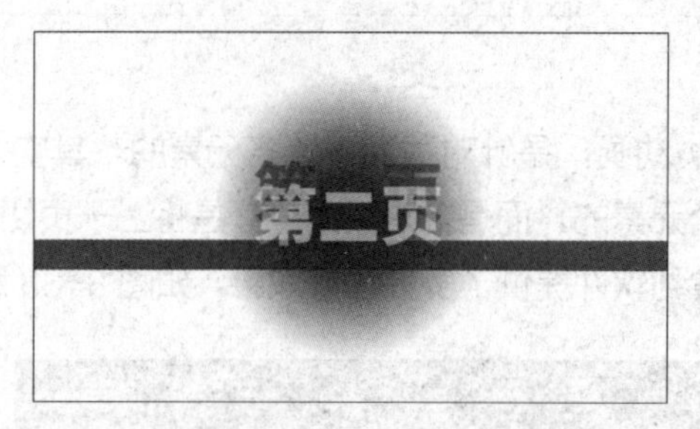

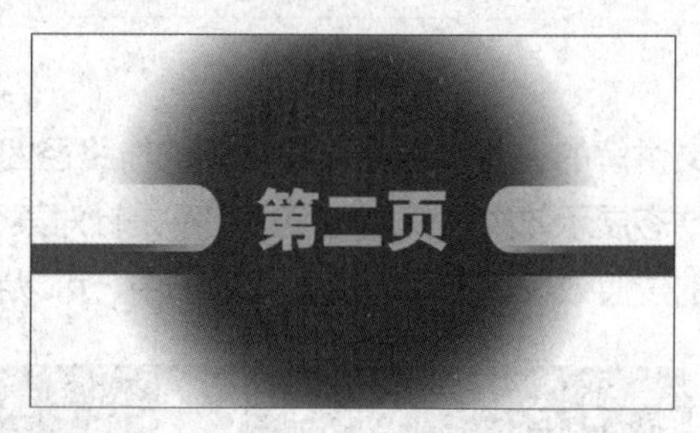

图 8-41　形状切换过程截图

（2）揭开：第一页左移，呈现揭开的效果，如图 8-42 所示。

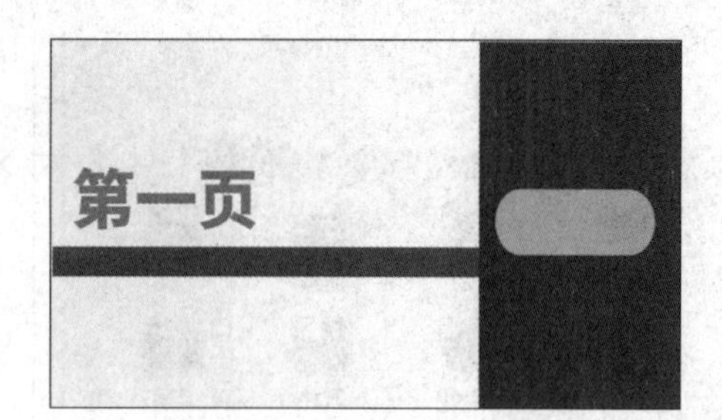

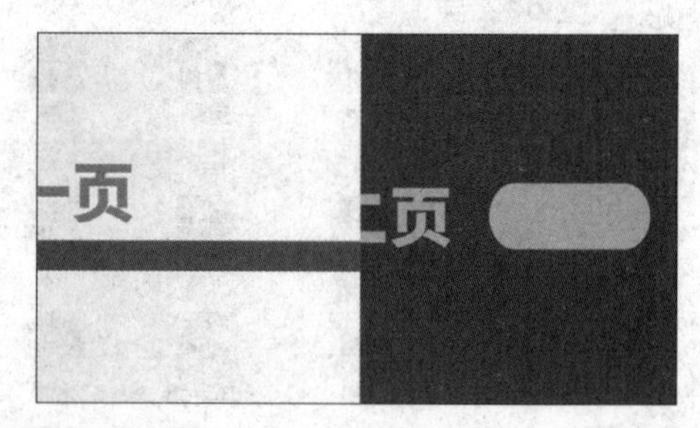

图 8-42　揭开切换过程截图

（3）帘式：将第一页以窗帘形式拉开，即就像两扇帘子拉开一样，如图 8-43 所示。

图 8-43　帘式切换过程截图

（4）页面卷曲：模拟页面从中间对折的翻书效果，将第一页翻过去，从而显示第二页，效果如图 8-44 所示。

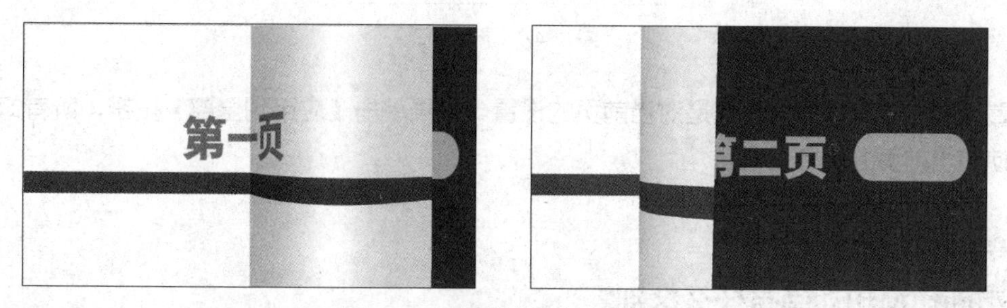

图 8-44 页面卷曲切换过程截图

在工具栏中可以设置页面切换效果的持续时间，时间设置的越长，翻页的过程就会越久。注意，这里的单位是秒。还可以设置页面切换的触发方式，默认为单击换片，也可以设置为自动翻页。自动翻页就是提前设置当前页面放映的时长，时间到了就自动翻到下一页，这就需要选中【设置自动换片时间】复选框。注意，冒号前的数字单位是分钟，如图 8-45 所示。

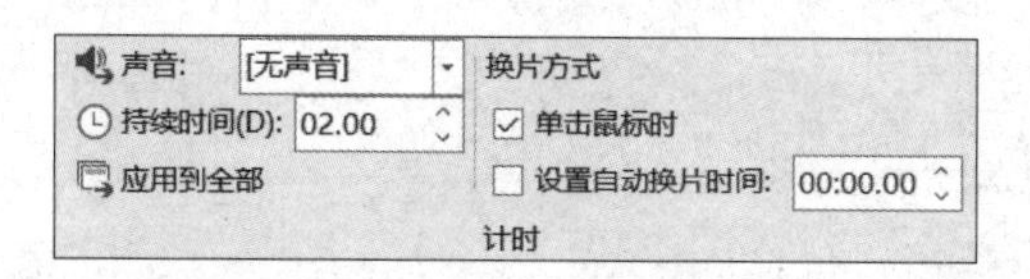

图 8-45 设置页面切换持续时间界面

在设置自动换片的时间时，一定要考虑当前页面中已经配置过的所有动画持续时间的总和，如果有音频或者视频也要考虑它们的播放时间。否则，如果自动换片时间设置的比动画总的持续时间或音视频播放时间短，就会造成换片时动画或者音视频还没有播放完的情况。

有一种方法可以更便捷地设置幻灯片的自动切换时间，并解决上面提到的这个问题，就是使用【排练计时】功能。在【幻灯片放映】选项卡中单击【排练计时】按钮，这时幻灯片就会开始播放，可以使用鼠标进行翻页，如图 8-46 所示。

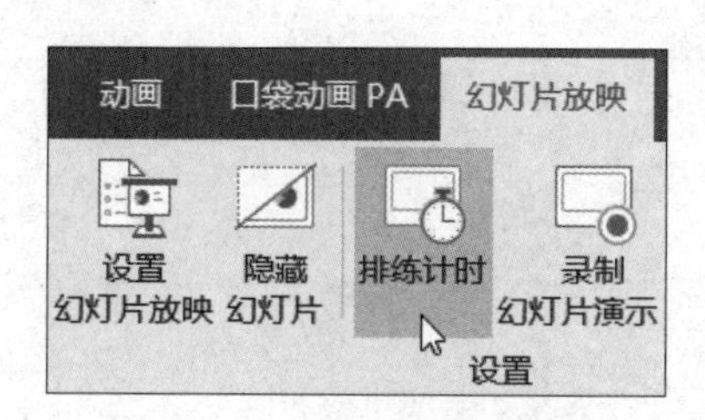

图 8-46 排练计时选择界面

在播放幻灯片时，页面上会出现一个计时窗口，如图 8-47 所示，该窗口会显示每页播放的时间，翻页后计时会自动归零，并重新计时。全部播放完毕后，将会弹出一个对话框询问是否保留幻灯片计时，单击【确定】按钮后，可以发现【切换】选项卡中的持续时间已经更新，就是刚才【排练计时】状态下，手动翻页在本页的停留时间被记录了下来。

图 8-47　录制窗口

设置完成后，默认切换参数是对当前页的设置。如果单击【应用到全部】按钮，所有幻灯片切换都会使用当前页的切换效果。

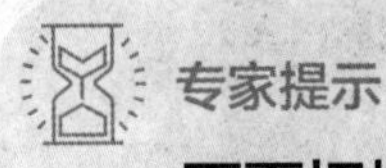

专家提示

页面切换和动画有什么区别？

页面之间切换的效果，也是我们常说的翻页效果，这个和动画功能是完全没关系的。动画是给页面上的元素添加的动画效果，能够实现的效果就是出现或消失、移动路径、强调等，所有的动画效果都不会改变元素本身；页面切换是设置页与页切换时的显示效果，与页面上的元素无关。

第三部分

整体策划——来做一份完整的演示文稿

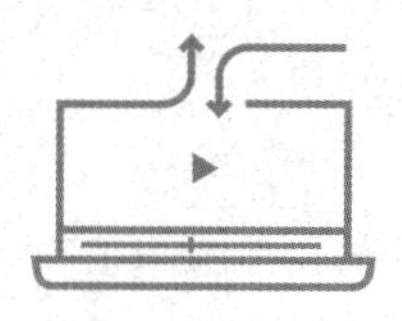

前面讲了 PPT 里的元素及如何将这些元素排版设计成一个页面，这一部分我们来讲如何制作一份完整的 PPT 演示文稿，我们的目标不仅是要做得出、做得好，而且要做得快。

我们还要认识到，一份完整的 PPT 文档不是大拼盘，而是要具有一条完整的逻辑线，这就要求我们在制作之前先做好整个文档的策划。

第9章 动手前的准备工作

一份 PPT 文件会包含很多信息，在做 PPT 之前一定要将所需要展示的信息整理好，这样在设计时才方便把握整体布局，并能提高工作效率。

9.1 一定要先了解这些信息

PPT 是为观众服务的，而不是做给演讲者看的，所以在做 PPT 时千万不要以自我为中心。在动手之前一定要先弄清楚下面这些问题。

- 幻灯片展示想要达到什么样的目的，希望目标受众采取什么行动等。
- 听众是谁，他们的共性是什么，是年轻人居多还是年龄偏大，有什么爱好等。
- 听众对所讲内容的熟悉程度如何，是零基础、熟悉还是什么水平。
- 听众能有多少人？十几人还是上百人。
- 在什么样的场地演讲，设备怎么样。

……

这些信息很重要，因为这些因素对 PPT 的内容、选材、风格、色调等都有着直接的影响，因此我们需要提前掌握以下几个方面的信息。

1 了解听众特点，洞悉听众需求

通常一份 PPT 是针对一类具有共性的人，我们总可以从一个维度找到听众的共性特点，然后分析这些特点，找到他们对 PPT 共性的需求，包括内容和材料的选取、PPT 的风格和色彩搭配等。这是一项容易被忽视但却很重要的工作。

例如，以项目情况汇报为主题的 PPT，要看主要观众是公司领导、同事还是客户？若是对公司熟悉的人，就不需要讲太多关于公司的情况、人员介绍等内容；如果是对公司不了解的客户，就需要对公司、团队等进行相对全面的介绍；如果观众是行业的专家，汇报内容就应当专业严谨，PPT 风格相对正式简约；如果观众是准投资人，内容应侧重于产品应用、项目前景及收益预估等。

另外，还可以按年龄来对观众进行分类，如果是儿童，PPT 可以选取卡通风格或者采用鲜艳的色彩来呈现；如果是老年人，可以多使用图片，以及使用更大字号的文本等。

2　明确演示目的，根据场景施策

一份 PPT 通常只能实现一两个核心目的，如果想要实现的目的太多，就分不清重点，所以不要试图面面俱到。

例如，用于产品推广的 PPT，我们希望能够更好地展示产品、引发观众的购买欲，因此需要更多的图片或者动画展示；用于培训讲座的 PPT，我们希望观众听完能掌握我们传递的知识，因此整个大纲逻辑思路就很重要；用于工作汇报的 PPT，我们希望能全面展示我们的工作成果和业绩，用图表或对比的方式可能效果更好；用于岗位竞聘的 PPT，我们希望留给观众我们能够胜任岗位的印象，常常使用关键词或突出重点的表达方式。

3　熟悉现场情况，做到万无一失

如果有条件的话，最好提前了解演讲场地的情况，以减少突发事件出现的可能性。细节决定成败，有时候这些小事被忽略可能会造成很严重的后果或损失。

场地环境是明亮还是偏暗？通常在较暗的环境下不建议使用深色背景的 PPT，因为对比不够明显，不易吸引观众的视线。而明亮的环境，既可以用深色背景，也可以选择浅色背景，所以浅色背景 PPT 不易受环境明亮度的制约。关于是自带电脑还是使用场地提供的电脑这个问题，如果是自带电脑就需要确认连接投影设备的接头是否匹配，用不用转换接头；如果用场地的电脑，就要确认我们的文件能否在对方的电脑上正常播放。另外，是否需要麦克风，麦克风是立式的还是需要手持的，是否影响操作电脑等，对于这些情况，最好要提前做到心里有数，图 9-1 是不同的演示现场环境。

图 9-1　PPT 演示场地环境

做了这么多方面的准备工作之后，还要确定以下几个特别关键的事项。

（1）幻灯片比例。我们常用的比例有 16∶9、4∶3，如图 9-2 所示。大型的活动还会使用超宽屏演示，了解现场情况时一定要明确屏幕的比例，如果幻灯片与屏幕的比例不一致，效果将会大打折扣或者需要返工。

（2）幻灯片色调。幻灯片色调除了上面讲的和环境明暗有关，还和几个因素有关。行业背景：比如环保行业通常用绿色，科技行业通常用蓝色，党政题材通常用红色。观众特点：妇女节主题常用粉色，儿童类主题常用艳丽的糖果色。还有一种色调选择方式是选用 LOGO 颜色作为主色。

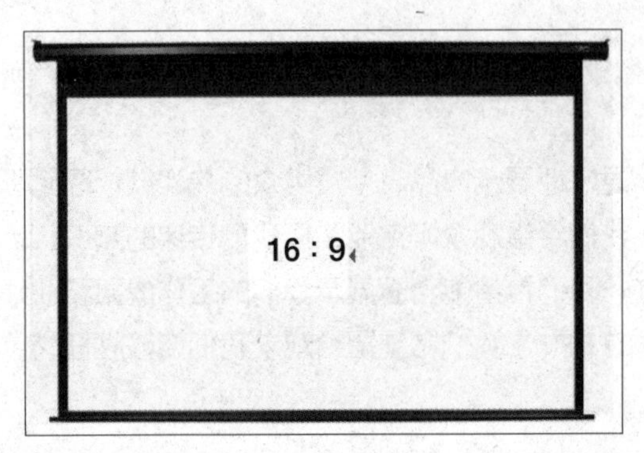

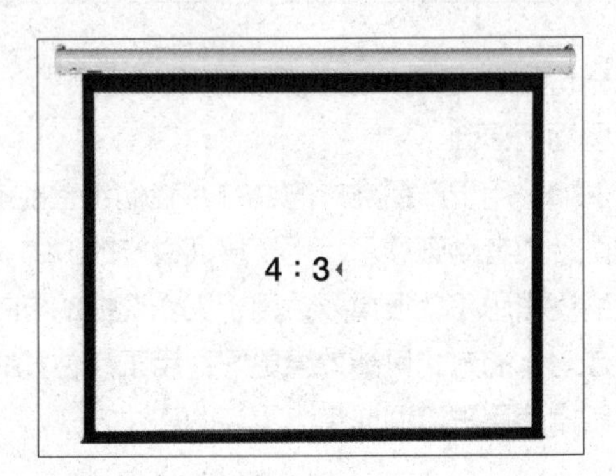

图 9-2　常见幻灯片比例

（3）幻灯片风格。风格可以从很多角度去划分，比如中规中矩的学术风、时尚前沿的欧美风、轻松自然的手绘风、高端炫目的科技风、严肃庄重的商务风、色调清新的小清新风格等。因此，选择合适的幻灯片风格也是一项十分重要的准备工作。

（4）幻灯片结构。这里所说的结构就是框架内容，比如，整个文档包括几部分内容，每一部分比重是多少，各部分之间的逻辑关系是什么，等等。

9.2 PPT 结构搭建

设计一份 PPT 就如同盖房子一样，首先要搭建好结构，再添砖加瓦，这样的房子才会结构稳定，整体美观，PPT 也要搭建好结构，才能继续完善。

9.2.1 结构搭建要点

一份完整的 PPT 演示文稿通常要包含以下这些页面：封面页、目录页、转场页（或过渡页）、正文页、总结页、结束页，如图 9-3 所示。当然，也可以根据情况进行调整，比如整体页数较少也可以不用过渡页，有时候非正式的场合也可以没有总结页或结束页，这个可以灵活掌握。

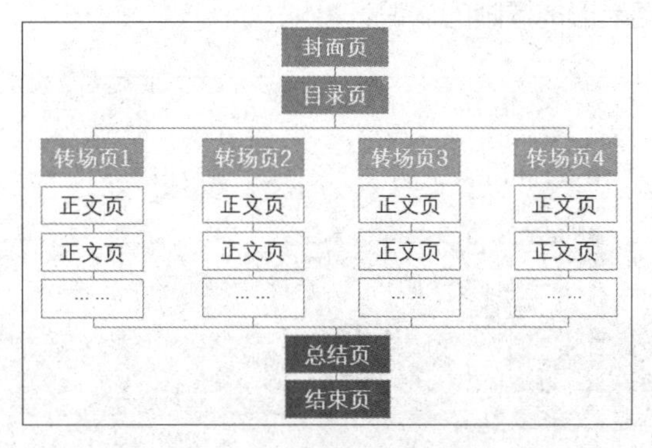

图 9-3　PPT 演示文稿框架

在开始做 PPT 之前，首先要梳理清楚这个 PPT 的整体逻辑结构，主要包括哪些章节，各章节之间及小节之间是什么逻辑关系，是并列还是层层递进，是因果关系还是总分关系，要先想明白整个逻辑关系，后面做起来才能胸有成竹。

我们常常通过不同层次的标题来明确这些关系，例如，各章节之间插入过渡页就是在最高层级上进行的结构划分。

正文部分是整份 PPT 的主要内容，这部分要注意简洁表达、提炼要点、厘清逻辑关系。

1　多用简单完整句

什么是简单完整句呢？先看看下面三句话有什么不一样。

（1）经过与项目经理沟通，得知各项工作正在紧张有序地进行中，并且已经接近尾声，原计划 5 月完成整个项目，目前预计 4 月即可提前结束。

（2）项目进展顺利。

（3）项目进展顺利，预计可提前一个月结项。

我们来分析下，第一句话很明显是一个完整的句子，完全可以理解它的意思，但是比较啰嗦；第二句话也是个句子，但是信息量不够，或者说不够完整；第三句话，简洁明了，直接提炼出了要点，这才是我们想要的简单完整句。

总结一下，什么是简单完整句？就是具有明确观点且语言无冗余的完整句子。

在 PPT 页面有限的空间里，我们要尽可能使用简单完整句，这样可以让观众用最短的时间得到信息要点，这也是我们用 PPT 展示内容的初衷。

2　提炼信息，结论先行

我们最不想看到的一个情形就是，整理了一大堆信息，虽然图文并茂，但观众并不知道想表达的要点，或者在最后才知道这一大堆内容的结论，甚至和想象的结论大相径庭。

所以，一定要对信息进行提炼，并且把结论放在醒目的位置。让观众带着结论去听论述，会加深对该结论的印象，而且容易形成清晰的认识。

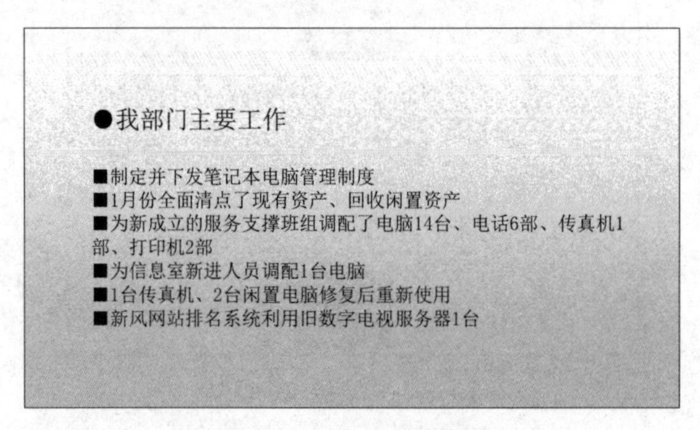

图 9-4　未经整理的信息

如图 9-4 所示的这个例子，整个页面没有一个明确的结论，仅仅将所做的工作列了一个流水账，各工作内容也没有归类展示。将上述内容进行分类归纳，并添加总结性标题，内容经过提炼分为三类展示，较之前更为清晰，如图 9-5 所示。

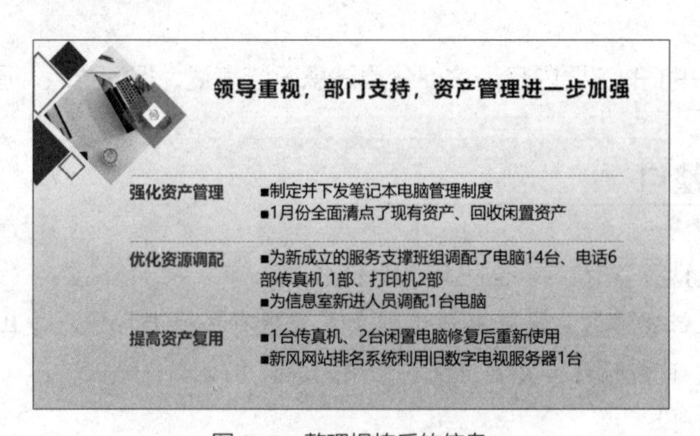

图 9-5　整理提炼后的信息

9.2.2 PPT 文稿常见结构

一份 PPT 到底需要有哪些内容，显然没有一个绝对的、统一的标准，但是对于某一类型的 PPT，通常都会包含一些通用的内容，从而也就形成了一个固定的结构。工作型 PPT 常见的类型有：周期工作汇报、问题事件汇报、项目立项、规章制度宣贯等，如果我们能了解不同类型 PPT 的“套路”，在制作时则能节省大量的时间。这里我们来介绍几种通用的 PPT 结构。

1 周期工作汇报

周期工作汇报在日常工作中最为常见，比如季度工作汇报、月度工作汇报等，主要内容通常如下。

（1）工作概述。这部分内容起到承前启后的作用，可以描述上周期制定的本周期工作的目标，并简述完成情况。

（2）已完成工作或亮点。这部分可以结合工作计划进行阐述具体完成的工作及其结果，如果有量化的业绩可以用图表的形式突出展示出来，无法量化的则寻找工作中的创新、亮点部分。

（3）未完成工作及原因。对于未完成的工作一方面要说明未完成的根本原因，包含主观原因及客观原因，另一方面也要分析未完成会造成什么样的影响。

（4）存在问题及解决措施。这部分也是被重点关注的内容，能够反映深层次的问题并需要针对这些问题制定解决措施。

（5）后续工作计划。根据完成情况和总体计划制订下一个周期的后续工作计划。

（6）需要提供的资源和支持。比如是否需要设备、人手、资金等，如有需求也可以在这里提出来。

这些内容可以根据情况进行删减和增添，也可以合并。

2 问题事件汇报

问题事件汇报是指汇报如突发事件、产品质量问题等临时性、计划外的负面事件，需要用简练的内容讲述清楚整个事情的原委及处理情况，主要内容通常如下。

（1）事件描述。时间、地点、人物这是必需的三要素，另外就是讲清楚事件的来龙去脉。

（2）紧急应对措施。事件发生后主要做了什么，要逐条列出应对措施，必要时使用图片辅助说明。

（3）原因调查。尽量从多个角度分析引发事件的根本原因和调查情况，是设备老化还是不按流程操作等。

（4）损失及影响。这一点应该是衡量事件大小的关键内容，最好是有量化的数据，包括直接、间接的经济损失，以及对公司的声誉造成的影响等。

（5）改进及预防措施。总结相关责任人的处理情况，根据原因制定相应的措施，防止再次发生类似事件。

有了上述几个内容，听取汇报的人员基本就可以掌握整个事件的情况了。

3 项目立项

项目立项也是工作中常见的一种 PPT 类型，比如融资或项目推广时需要用 PPT 进行项目介绍，也可能是在项目总体评估时使用，主要内容通常如下。

（1）项目来源。这里主要介绍项目提出单位或提出人、项目背景等相关信息。

（2）市场需求及定位。应用领域、市场需求、产品定位这些内容往往也是观众十分关注的内容，这里需要尽量将大量调研信息用可视化手段展示出来。

（3）行业前景。对于前景的分析和展望，内容虽然没有那么实际，但也是必不可少的。

（4）SWOT 分析。SWOT 分析法就是从优势、劣势、机会和威胁四个维度对项目进行全面分析，这也需要事先进行大量的分析工作。

（5）经济效益分析。可预期的经济效益分析，这部分内容根据工作需求决定是否保留。

4 规章制度宣贯

如果公司新招聘了员工或者公司颁布了新的规章制度，可能需要做这方面的讲解宣贯。规章制度宣贯 PPT 最忌讳把整个制度内容原样照搬到 PPT 中，而且密密麻麻的都是文字。如果把制度做成一份宣贯材料，就需要进行整理，把枯燥的条条框框用常规思路梳理清晰，主要内容通常如下。

（1）为什么。讲清楚为什么要制定这个制度，目的是什么，以员工的角度来讲制定的原因。

（2）是什么。就是讲制度的内容，建议提炼重点，毕竟一份制度内容很多，很难把每句话都讲一遍。

（3）怎么用。这就涉及操作层面的问题，知道是什么，但不知道怎么落实也不行，所以这里可以讲关于流程和具体实施操作方面的内容。

（4）注意事项。把一些容易被忽视但又重要的内容在这里进行统一说明，也算是一个小总结。

各种规章制度的宣贯 PPT 都可以按照这样的思路制作，因为制度本身比较枯燥，条条框框也比较多，适合多举例子，可以用正面的例子加以引导，用反面的例子予以警示。

9.3 创建 PPT 文稿之三步法

通过前期的准备和构思环节，我们应该确定了 PPT 整体的内容结构，现在讲解如何在 PowerPoint 里创建 PPT 演示文稿。创建一份 PPT 有多种方法，这里介绍一种方法叫“三步法”，第一步是录大纲，第二步是选模板，第三步是加内容。这里录大纲和选模板的顺序也可以对调，即先选好模板，然后在这个模板上录入大纲。

9.3.1 录大纲

录大纲就是搭建 PPT 文档的结构，这里介绍录大纲的三种方法。

（1）在 PPT【大纲】视图中直接录入大纲内容。

操作步骤：在【视图】选项卡中的【演示文稿视图】组中单击【大纲视图】按钮，在左侧【大纲内容】处输入大纲内容，文字也会同时显示在对应的编辑页面里。第一级文字会出现在标题框中，第二级及以下级别的内容也会按级别显示在正文框中，如图 9-6 所示。

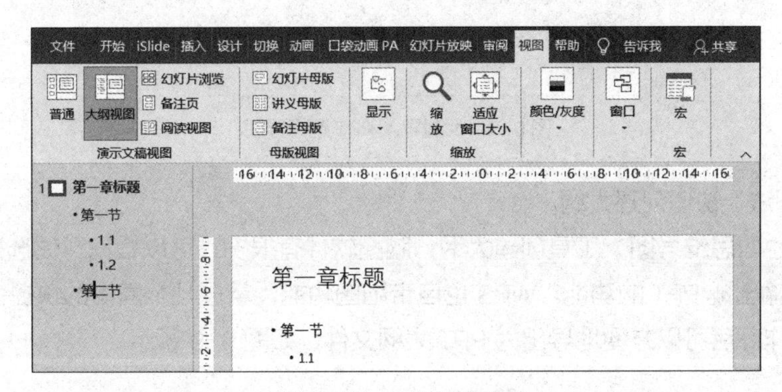

图 9-6　PPT 的大纲视图

在大纲视图下，使用快捷键可以提高大纲的录入速度。【Enter】键：在标题处新增一页，在正文处新增同级。【Ctrl+Enter】快捷键：在标题处跳至本页正文处，或在正文处跳出正文编辑并新增一页。另外，在编辑正文时要实现多级内容，可用【Tab】键和【Shift+Tab】快捷键快速对内容降级和升级。

（2）先在 Word 大纲视图中编写大纲，然后直接导入 PPT。

操作步骤：打开 Word，单击【视图】选项卡中的【大纲视图】按钮，即会生成新的选项卡，即【大纲显示】，如图 9-7 所示。输入大纲内容，写完后关闭 Word 即可。

注意，在 Word 里输入大纲内容的时候要设置好级别，单击文本所在行，直接通过左上角级别设置处选择级别，也可以使用方法（1）中提到的快捷键对级别进行快速设置。

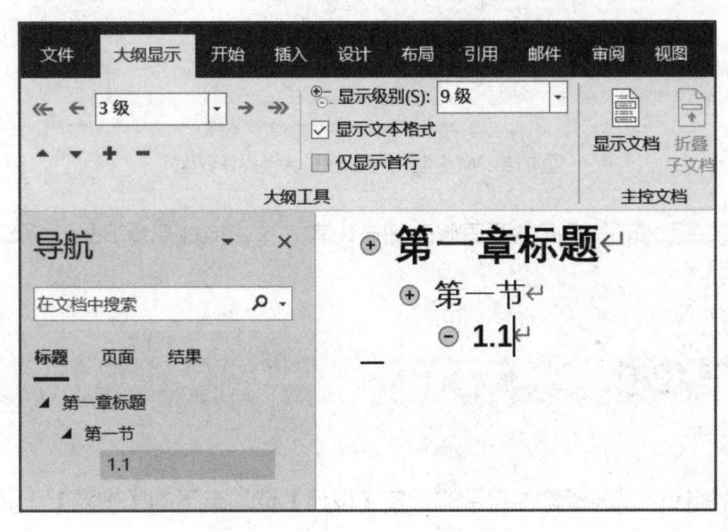

图 9-7　Word 下的大纲视图

然后在【开始】选项卡下单击【新建幻灯片】下拉按钮，在下拉列表中选择【幻灯片（从大纲）】命令，再选择刚才输入大纲的Word文档，这样大纲里的内容就按级别自动导入PPT里了，如图9-8所示。

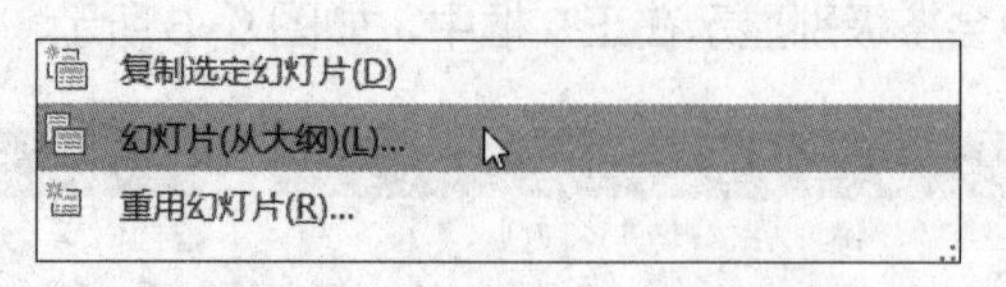

图9-8　大纲导入PPT选择界面

（3）“脑图法”快速创建大纲。

利用脑图（也叫思维导图）工具创建大纲，脑图软件有很多，可以根据习惯选择。大多数脑图软件都具备直接输出成PPT的功能，WPS也自带脑图功能，掌握几个基本的快捷键就可以创建一份脑图。脑图制作好后可以方便地导出为PPT大纲文件，如图9-9所示。

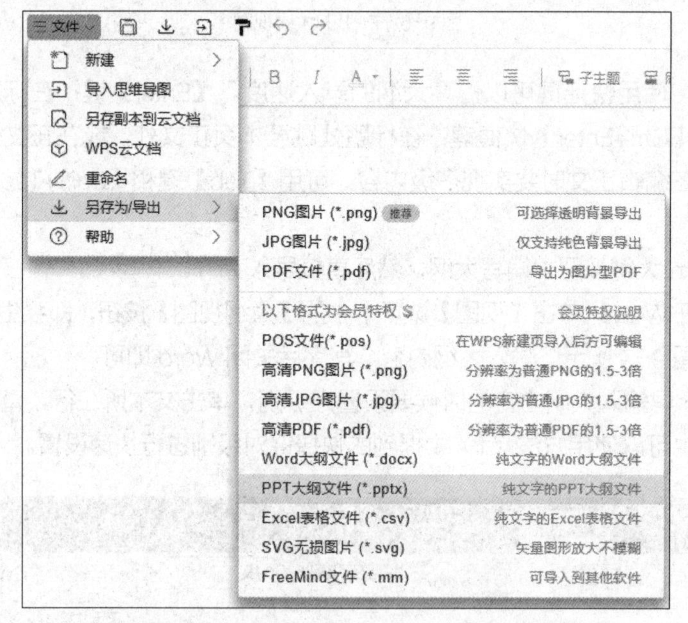

图9-9　WPS脑图导出PPT大纲操作界面

PPT的大纲建好后，可以根据需要再修改细节内容，这步完成后就开始选择幻灯片模板了。

9.3.2 选模板

PPT的幻灯片模板可以选择软件自带的，在【设计】选项卡下的【主题】工具组中，可以通过单击选择模板，如图9-10所示。这个是常用且便捷的方法。

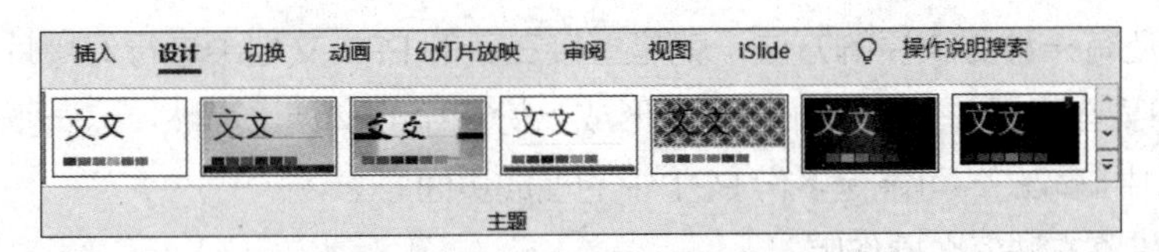

图 9-10　PPT 自带主题模板

准确地说，这一步应该叫“选主题”。一份主题中通常包含字体字号、颜色、版式等设置信息，故切换主题将会改变当前 PPT 的排版和外观。而一份“模板”中除了包含主题的信息，通常还有具体的内容。这里我们不做严格区分了，统称为“模板”。

除了使用 PPT 自带的模板，还可以使用外部的模板。在【设计】选项卡下单击【主题】工具组最右侧的【其他】按钮，在弹出的下拉列表中选择【浏览主题】，如图 9-11 所示。然后在弹出的窗口中，选中一个模板并单击应用，或直接双击模板，即可将该模板套用进来。

图 9-11　选择外部模板界面

现在有很多高质量的网站可以下载模板，比如 Office 官网、觅知网、包图网等，另外，通过 PPT 相关的公众号、头条号或微博等渠道也可以收集到适用的模板。需要注意的是，模板必须是标准的、符合 PPT 规范的，才可以这样套用。

9.3.3 加内容

这一步是在已有的框架基础上添加具体的内容和素材，比如文字、图片、图表、表格等。添加进去之后再利用我们在第二部分学到的相关排版和设计技巧，制作好每一页幻灯片，从而完成整个 PPT 的制作。

在制作 PPT 的时候，如果其他 PPT 文档中有整页内容可以借鉴，当然是最好不过了。方法是在待借鉴 PPT 文档中的幻灯片位置直接复制目标页，然后粘贴到正在制作的 PPT 文档里。这里要注意粘贴格式，如果想完全复制过来，则粘贴后单击【保留源格式】按钮；如果希望整体风格与新文档一致，就要单击【使用目标主题】按钮，如图 9-12 所示。

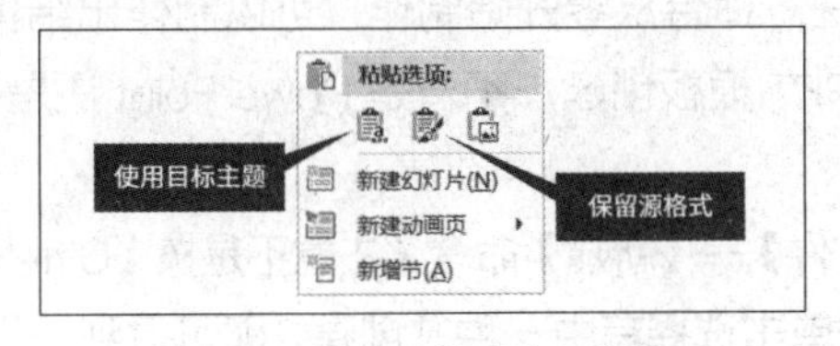

图 9-12　PPT 粘贴选项功能

除此之外，还有一种更快捷的方法，就是直接在新的PPT文档中进行幻灯片重用，直接选择已有PPT文档的某些页面并一键添加，最后形成一份完整的文档。当然，这一张张幻灯片有可能不是从一份PPT中摘取的，可能是多份PPT中的现成页面。

这种便捷的借鉴方法怎么操作呢？

在【开始】选项卡下单击【新建幻灯片】下拉按钮，在下拉列表中选择【重用幻灯片】命令，在打开的【重用幻灯片】窗格中找到待借鉴PPT文件的保存路径，这份PPT的页面预览图就会出现在下方，直接单击选择需要的页面，该页面就会出现在当前幻灯片中。如果希望保留原来的格式，在窗格的下方选中【保留源格式】复选框就可以，如图9-13所示。

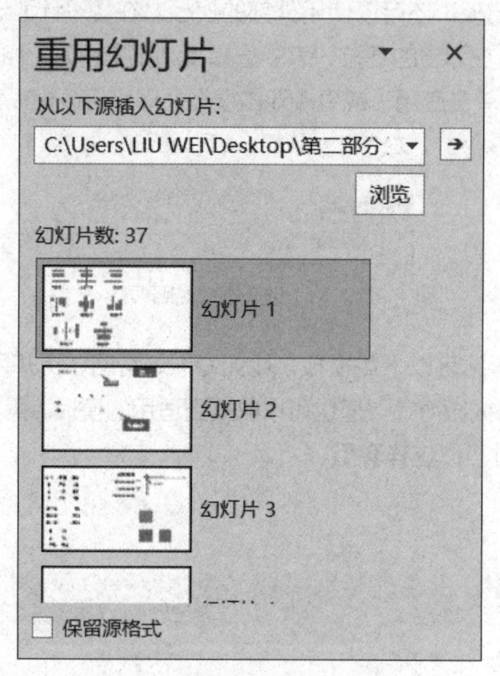

图9-13 重用幻灯片操作界面

9.4 创建PPT文稿之模板法

在制作PPT时，“三步法”适合从零开始制作，可以制作出结构清晰、风格统一的PPT。其实，我们还可以利用现有的PPT模板创建，不管是PowerPoint还是WPS都有内置的在线模板，WPS中的模板更加丰富。

在PowerPoint中选择【文件】→【新建】命令（注意不是按【Ctrl+N】快捷键），在打开的界面中可用关键字搜索相应的模板，单击选择其中一种并创建，即可得到一份PPT文稿，如图9-14所示。

图 9-14　用内置模板创建 PPT 文稿

WPS 中与其类似，在新建界面可按不同类别选择合适的模板，单击即可快速创建 PPT 演示文稿，如图 9-15 所示。

图 9-15　在 WPS 中用内置模板创建 PPT 演示文稿

专家提示

WPS 中如何创建演示文稿?

在 WPS 中，除了上述方法，还可以用“积木法”创建 PPT 演示文稿：单击【新建】选项卡，选择【演示】→【新建空白文档】命令，然后单击左侧当前“空白演示”幻灯片下方的 ⊕ 按钮新建幻灯片，如图 9-16 所示。

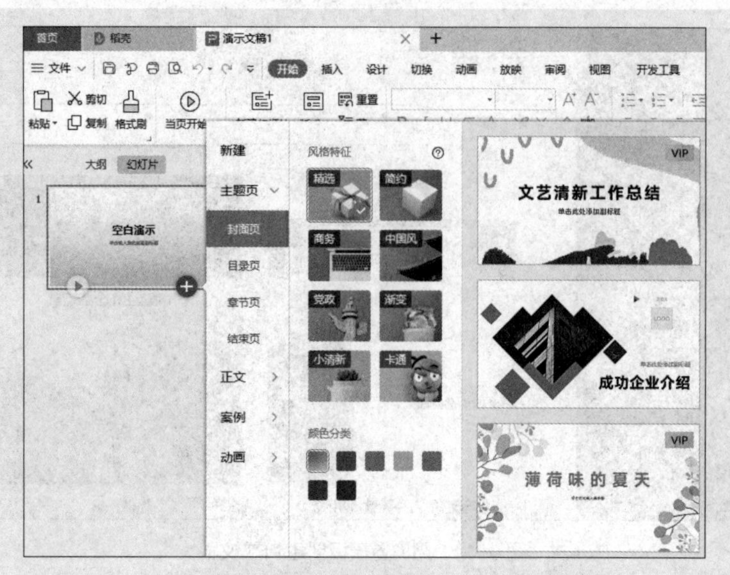

图 9-16 WPS 新建演示文稿界面

在弹出窗口里的主题页中，可以根据需要选择封面页、目录页、章节页、结束页，在正文页中可以根据需要选择关系图、纯文本、图表。如果想快速添加空白幻灯片，在选定某页幻灯片后直接按【Enter】键，就可以在当前页幻灯片后面新增一页空白幻灯片。

三步法、模板法、积木法等方法创建出来的 PPT 版式或模板可能没那么好看，不过没关系，可以在此基础上调整成我们想要的样子。比如图 9-17（a）是自带的模板，呈左右排布，图 9-17（b）为更改后的模板，是上下排布。我们通过把装饰的绿色变成横版，让页面看起来更简洁清爽，同时把主标题颜色换成深绿色，副标题字体改为思源黑体，让整个标题也更醒目。

（a）软件自带模板

（b）调整后的模板

图 9-17 PPT 模板案例

第10章

第10章 掌控全局的这些方法

在制作 PPT 时，如果熟悉了母版和版式，能够帮助我们掌控全局，从而提高工作效率。

10.1 认识母版和版式

母版和版式是提高制作 PPT 效率的重要工具，那什么是母版、什么是版式呢？

先说说版式。版式简单讲就是幻灯片的排版格式，一个版式记录了一种结构模型与格式设置，即整个版面如何分割和布局、在什么位置放什么内容、按照什么格式显示等，将这些信息进行统一规划和设置。版式相当于幻灯片的“模子”，当某张幻灯片使用了该版式，即可按照版式中的设计去填充和展示内容。

母版则相当于版式的“模子”，是整个演示文稿带有相同格式设置及版式结构设置的“全局版式”。每个演示文稿都有自己的幻灯片母版、讲义母版和备注母版，当然通常使用最多的还是幻灯片母版。

10.1.1 母版与版式的概念与作用

可能有些读者还是没太明白母版和版式到底有什么用，下面看这样一个场景：我们已经制作好了 20 页幻灯片，然后想要调整标题的字体和颜色。如果直接在幻灯片中修改的话，就需要在每一页中操作，重复 20 遍！而如果在母版或版式中操作，只需要设置一次就可以了。下面我们再详细讲解一下母版、版式与幻灯片这三者的关系，弄清楚它们之间的关系也就理解其作用了。

我们可以将母版、版式及与幻灯片的关系总结为“三级继承”关系：母版→版式→幻灯片。一份演示文稿可有多套母版，一个母版下可有多个版式，一个版式可被多张幻灯片使用。反过来则不然：一张幻灯片必须使用一个版式且同时只能使用一个版式，一个版式只能属于一个母版。下级默认会自动继承上级中的内容及设置。

如图 10-1 所示，母版 1 下面有 3 个版式，幻灯片 1、幻灯片 3 使用了版式 1，幻灯片 2、幻灯片 4、幻灯片 5 使用了版式 2，版式 3 没有幻灯片使用。此时，如果我们修改了版式 1 则会影响幻灯片 1、幻灯片 3，修改了版式 2 则会影响幻灯片 2、幻灯片 4、幻灯片 5。修改了版式也就修改了所有使用该版式的幻灯片，即可实现“一处调整、批量修改”，从而避免了一张一张对幻灯片进行调整的麻烦。这就是版式最核心的作用。如果我们修改了母版 1，则同时会影响版式 1、版式 2、版式 3，进而会影响到所有使用了这些版式的幻灯片。所以，对母版的调整通常是全局的，所有幻灯片共同的设置和内容才需放在母版中。

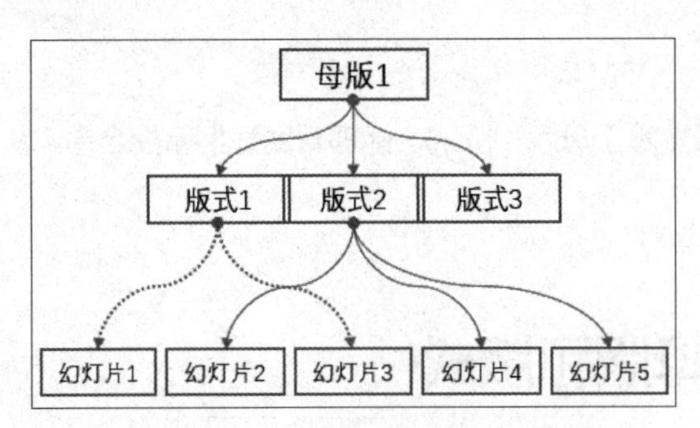

图 10-1　母版、版式和幻灯片的关系示意图

弄清楚母版、版式和幻灯片三者之间的关系后，我们来实际操作一下。在【视图】选项卡中单击【幻灯片母版】按钮，同时会打开【幻灯片母版】选项卡，如图 10-2 所示。图中最上方大一号的就是母版（左边的数字 1 表示它是当前演示文稿的第一套母版，意味着还可以有第二套、第三套……），下方小一些的都是版式。

在母版里，可以添加或删除元素、设置格式、设置背景等，默认情况下对母版任何的修改都会影响到它下面的所有版式，下面的版式都会进行相同的修改。如图 10-3 所示，在母版中添加绿色圆形，版式中也会自动出现该圆形。

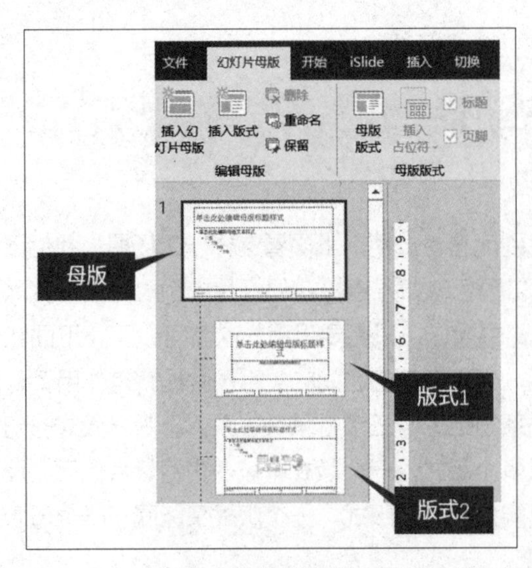

图 10-2　母版和版式界面

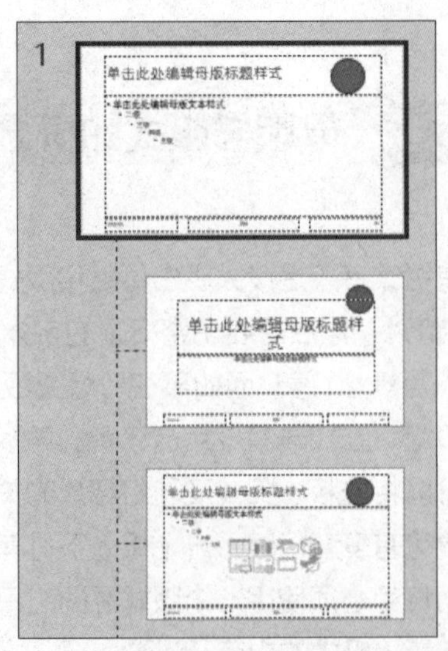

图 10-3　母版添加元素后的版式显示界面

但在版式页面里没法直接选中这个圆形，因此也无法对其设置格式或删除，只能在母版里面对其进行编辑。

此外，在母版中还可以做其他需要的设计。例如，将背景设置为渐变蓝色，下面全部的版式都会随之变化，如图 10-4 中的左图所示。如果某个版式不想使用同样的背景也可以，右击该版式，在弹出的快捷菜单中选择【设置背景格式】命令，换一种背景就可以了，如图 10-4 的右图所示。

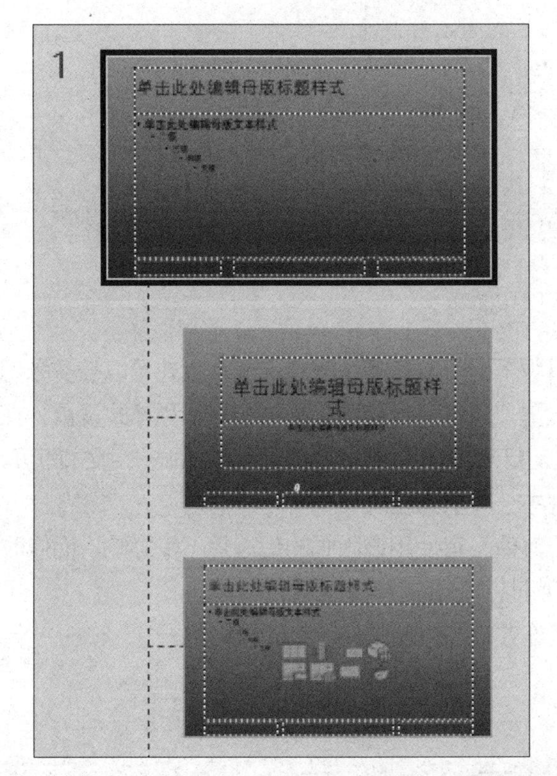

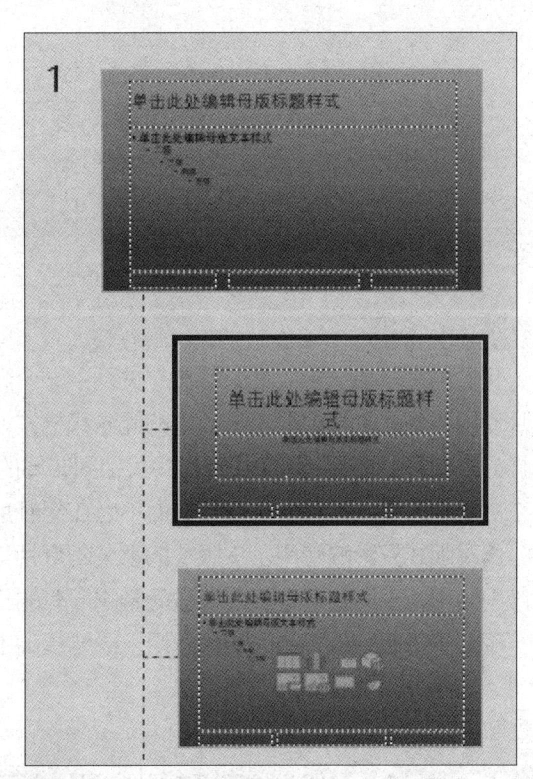

图 10-4　母版和版式背景颜色关系示意图

在上面讲解的“三级继承”关系中，版式会自动继承母版中的元素和格式设置，同样地，幻灯片也会自动继承版式中的元素和格式设置。

但是幻灯片有那么多页，版式也有好多个，那么，哪页幻灯片继承哪个版式是怎么对应的呢？关闭母版视图，返回到普通视图，然后在任意幻灯片预览图上右击（也可以在编辑页空白处右击），在弹出的快捷菜单中选择【版式】命令，就可以看到当前文稿中已经设置好的所有版式了。其中有一个高亮显示的、被选中的就是当前幻灯片所使用的版式，当前幻灯片就是随着这个版式来改变的。当然，这个对应关系是可以改变的，如果想更换当前幻灯片使用的版式，根据需要直接单击选择其他版式就可以换掉了。

图 10-5 是一个空演示文稿默认的版式，通常我们做封面页会使用【标题幻灯片】版式，过渡页使用【仅标题】或【节标题】版式，正文页选择【标题和内容】或【节标题】版式，全图片的页面常常使用【空白】版式。这也是最常用的五个版式，其他版式用得非常少。

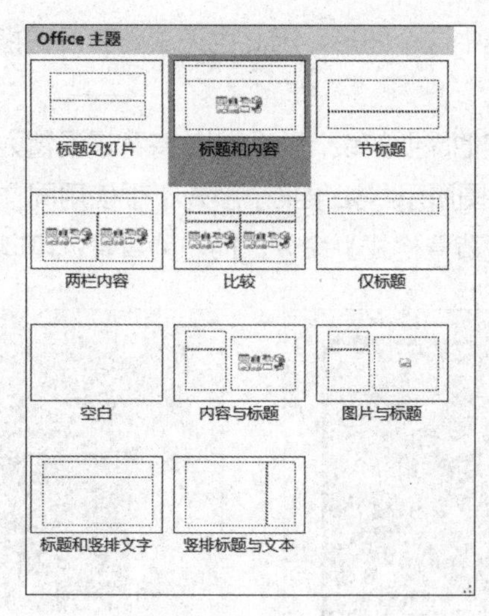

图 10-5 PPT 默认版式

我们再来总结一下“三级继承”关系：一个母版下面可以有多个版式，一个版式可以被多张幻灯片使用；版式默认会继承母版中的元素和格式设置，幻灯片会继承版式中的元素和格式设置。在这样的机制下，如果我们需要制作多页相同布局的幻灯片，那么将这些幻灯片使用同一个版式即可。将来需要修改时，只需要去改版式而不必在幻灯片中一页一页地改。

修改版式只影响使用了该版式的那些幻灯片，其他没有使用该版式的幻灯片不受影响。而修改母版则会影响下面的所有版式，进而影响所有的幻灯片，它的影响是全局的。

了解了母版和版式的区别和运用，既能提高工作效率，也便于幻灯片的风格统一。

10.1.2 如何新建和修改母版及版式

默认的母版和版式不一定都能满足设计需求，我们可以对其进行添加或修改元素，这需要进入母版视图进行操作。在【视图】选项卡下单击【幻灯片母版】按钮即可进入母版视图了，此时会切换到【幻灯片母版】选项卡下，如图 10-6 所示。

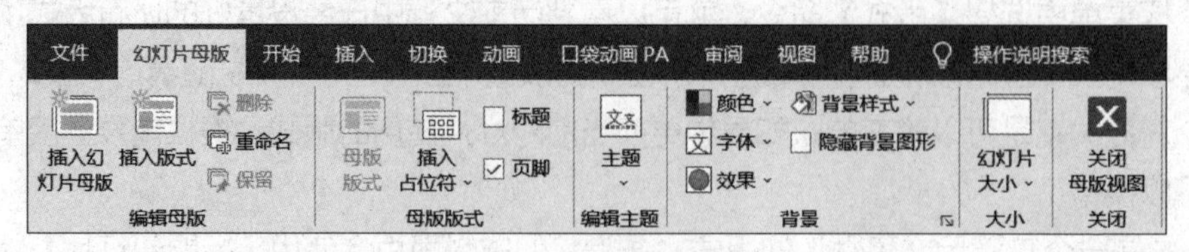

图 10-6 幻灯片母版工具栏

在【幻灯片母版】选项卡中单击【插入幻灯片母版】按钮来新建一个母版，新建的母版自动带有一系列版式。在【幻灯片母版】选项卡下，还可以选择背景样式，即设置背景、添加所有幻灯片的共性元素。一份演示文稿下可以有多套母版，不同的母版可以有不同的设置，包括主题、背景等，如图 10-7 所示。

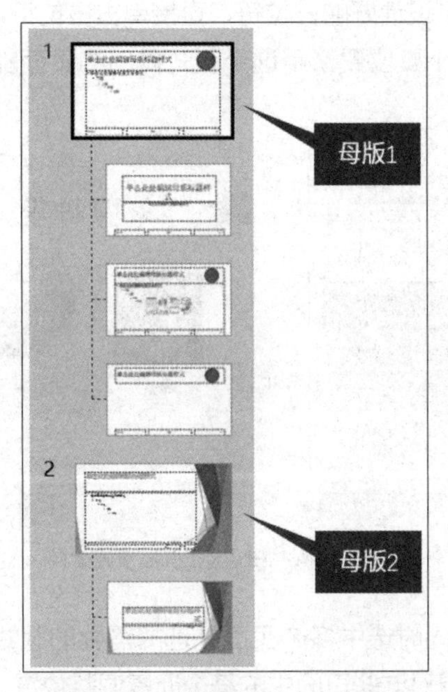

图 10-7　一份演示文稿中多套母版

在【幻灯片母版】选项卡下的【编辑母版】组中单击【插入版式】按钮，可以在一个母版下新建一个版式。在版式里可以插入占位符，并且可以根据需要进行页面布局。比如幻灯片有多页需要图片加文字的布局，我们就可以先设计一个版式，然后为对应的页面选择这个版式就可以。

操作方法：在【幻灯片母版】选项卡下的【母版版式】组中单击【插入占位符】下拉按钮，在下拉列表中选择【图片】选项，在页面上拖动可以调整图片占位符的大小和位置。同样的道理，在下拉列表中也可以选择文本、表格、图表、内容（该占位符可以用于任意元素）。占位符的大小和位置，就是使用时对应元素的大小和位置。图 10-8 是使用占位符设计的版式，为了区分版式，可以右击，在弹出的快捷菜单中选择【重命名版式】命令，对版式进行重命名。

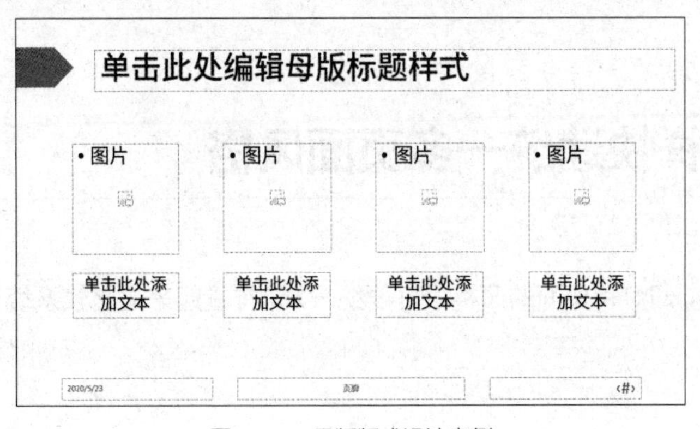

图 10-8　母版版式设计案例

在【幻灯片母版】选项卡下单击【关闭母版视图】按钮，即可退出母版编辑页面。新建一页幻灯片，在左侧的页面缩略图上右击，在弹出的快捷菜单中选择【版式】命令，选择刚才设计好的版式，如图 10-9（a）所示。有了设计好的占位符，直接单击占位符，然后选择图片即可插入占位符的位置了，不必再调整图片大小、位置，用这个版式做出的页面都会保持一致，如图 10-9（b）所示。

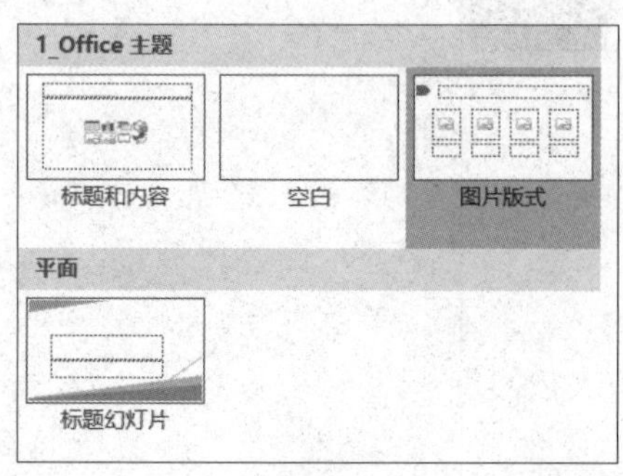

（a）选择版式

（b）插入图片

图 10-9　母版版式选择及效果

在制作 PPT 时，我们可以同时选中多个页面并选择需要的版式，就可以把这些幻灯片页面更改成版式中设计的样式。如果想对这些页面中的某个元素调整位置、大小或添加装饰，只需要再进入【幻灯片母版】中修改对应的版式即可。

专家提示

什么是占位符？

占位符相当于提前做好的一个模子，这个模子确定了里面的元素形式，包括图片、文字、图表等，并且占据了幻灯片页面的一个位置。使用的时候，只需要往这个模子里添加内容元素就可以了。占位符功能很多，可以添加内容（排版）、文字、图片、图表、SmartArt、多媒体等。下次使用的时候，只需要往对应的位置添加对应类别的元素就可以了。

10.2 怎样快速统一多页面风格

在同一个 PPT 中，幻灯片页面的风格最好要统一，这样看起来会比较系统有条理，不会显杂乱，避免让人感觉突兀。

10.2.1 统一标题风格

PPT 中的幻灯片页面通常都会有一个标题，如果想把这些标题都设置为统一风格，应该怎么做呢？

在【视图】选项卡单击【幻灯片母版】按钮，切换到【幻灯片母版】选项卡，在【母版版式】组中选中【标题】复选框，如图 10-10（a）所示。这时版式中会出现标题占位符，如图 10-10（b）所示，然后设置“单击此处编辑母版标题样式”的字体、颜色、格式及位置等参数，可以再对标题用色块、图标、图片等元素进行修饰设计。

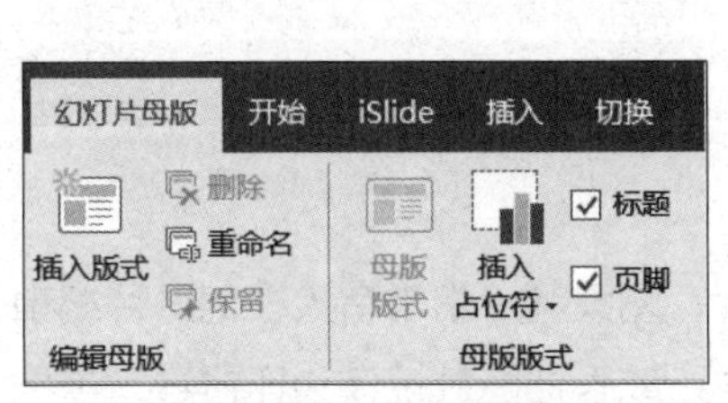

（a）选中【标题】复选框

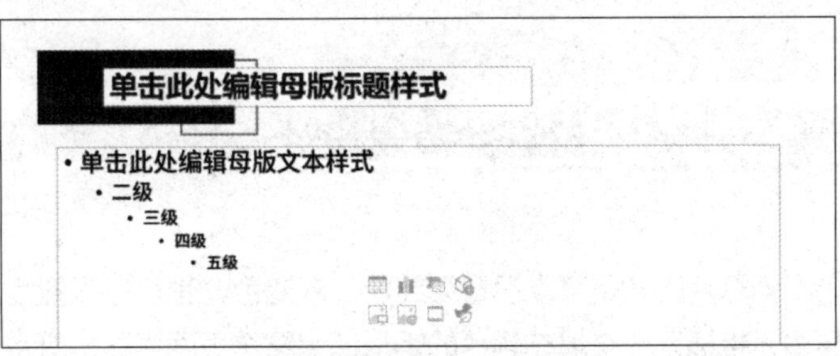

（b）幻灯片标题占位符

图 10-10　母版标题选择及设计案例

在【幻灯片母版】选项卡下单击【关闭母版视图】按钮，即可进入幻灯片编辑页面。选择需要统一标题的幻灯片页（可按住【Ctrl】或【Shift】键并单击进行多选），右击，在弹出的快捷菜单中选择【版式】命令，然后单击选择刚才设计的版式就可以了。

如果想把每章的标题设置为不同风格，又该怎么做呢？比如我们想用颜色来区分不同标题，这个仍然可以使用上面的方法。在母版视图下把刚才设计好的版式复制一份，创建一个新的版式，然后把深蓝色色块的颜色更改一下，再退出母版视图，在幻灯片页面上右击，在弹出的快捷菜单中选择【版式】命令，在下面选择橙黄色的新版式就可以了，如图 10-11 所示。

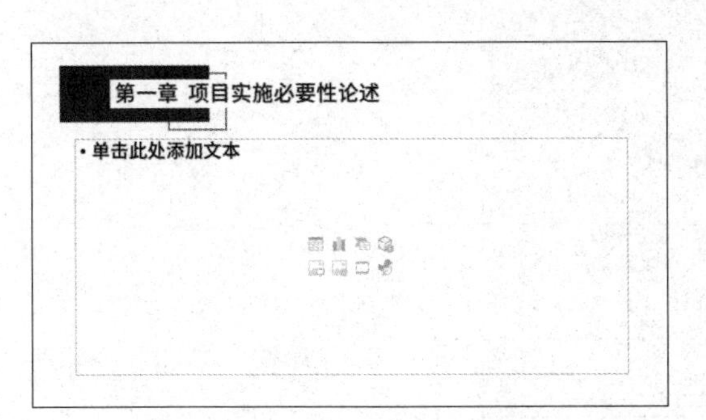

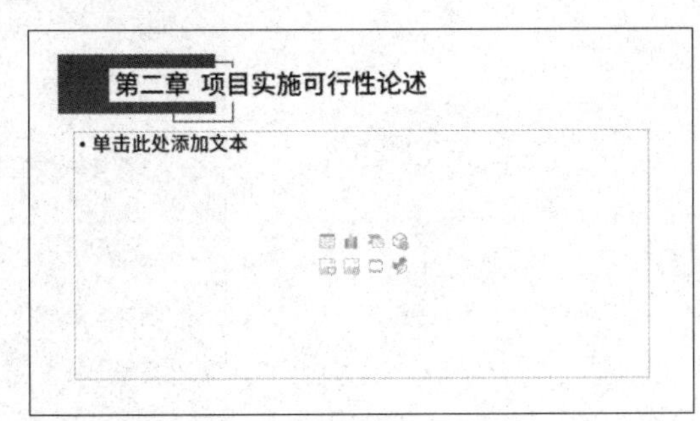

图 10-11　使用母版更改标题风格

10.2.2 统一添加 LOGO

对于工作型 PPT，常需要为多张幻灯片统一添加 LOGO（当然也可以是其他图形或图片）。如果一页一页地插入图片来添加，将会很麻烦。通过本小节的学习，大家就会知道在版式中可以加入 LOGO 元素，然后让页面全部应用这个版式就可以了。如果整个演示文稿都要在同一位置添加同样的 LOGO，就可以在母版中加入，这样所有的版式下就都有了 LOGO。

操作方法：在【视图】选项卡中单击【幻灯片母版】按钮进入母版视图，选中母版并插入 LOGO，将 LOGO 调整至合适的大小和位置，然后再退出母版编辑视图即可。

10.2.3 幻灯片背景设计

幻灯片的背景可以设置为纯色、渐变色，也可以设置为图片、图案等。常常有人在幻灯片编辑页中直接插入一个填充颜色的矩形铺满整个页面当作幻灯片背景，或者把图片拉伸当作背景。虽然这样也能实现效果，但是在操作时鼠标难免会不小心碰到这个“背景”，导致背景的位置移动或者发生其他改变。

接下来我们学习如何设计真正的幻灯片背景，在编辑页面时这个背景不会因为误操作被移动或者发生其他更改。

操作方法如下：在页面空白处右击，在弹出的快捷菜单中选择【设置背景格式】命令，将会弹出【设置背景格式】窗格，在窗格中的【填充】选项组下可以设置幻灯片背景的填充，如图 10-12 所示。

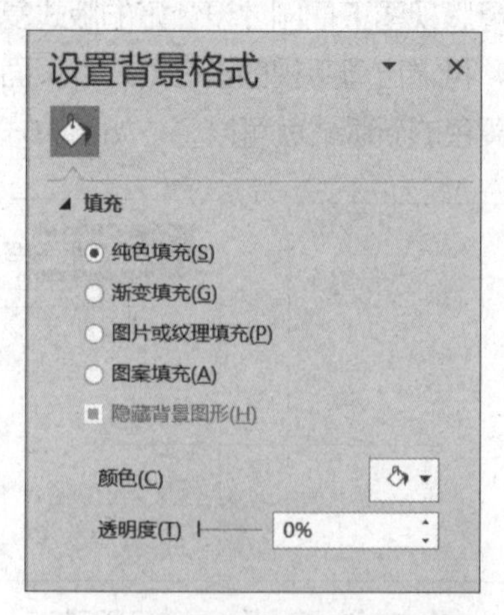

图 10-12 【设置背景格式】窗格

设置幻灯片的背景时，我们可以使用纯色背景、渐变色背景，当然也可以使用图片、图案作为背景。注意，在这里设置的背景，在幻灯片编辑页面中是无法更改的。

例如，我们想把自己拍的一张照片作为幻灯片的背景，可以在【设置背景格式】窗格中选中【图片或纹理填充】单选按钮，再在【图片源】下单击【插入】按钮，然后在弹出的对话框中选择路径插入照片。如果选中【将图片平铺为纹理】复选框，图片会保持原来的大小不变，将用多个排列整齐的相同图片铺满整个页面；否则图片会自动放大或缩小，填充整个页面，如图 10-13 所示。

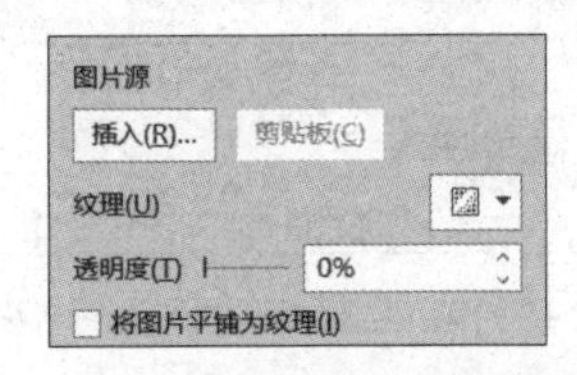

图 10-13　图片平铺为纹理选择界面

除此之外，我们也可以将图片直接插入母版里，但这种方法并没有让图片真正成为幻灯片的背景，只是母版里的一个元素而已。方法也很简单：在【视图】选项卡中单击【幻灯片母版】按钮，然后将图片放入母版里即可。

注意，作为背景的图片不要太花哨，最好能留有纯色或较空的区域，便于输入的文字清晰可见，而不会被复杂色彩的图片影响显示效果。

PPT 不但能制作静态背景，还可以制作“高大上”的动态背景。方法是在母版中为元素添加动画效果，或插入 GIF 格式动图。此外，也可以用效果更丰富的视频作为背景元素插入母版中，不过要将视频设置为自动、循环播放。

另外，我们在前文提到过在导入外部模板时，必须要是符合 PPT 规范的标准模板。这里就是指模板中的背景、字体字号、颜色等，不能直接在幻灯片中操作，都必须要设置在母版及版式中，这样的模板才可以被其他演示文稿导入。

10.3 如何将一份 PPT 设计为多种风格

PPT 的设计，除了利用母版或版式将多页幻灯片进行风格统一，有时还需要不同风格、个性化的页面存在。

10.3.1 打破继承关系

对于母版、版式和幻灯片这三者，版式会继承母版、幻灯片会继承版式，但当我们有多风格需求时，就要打破这种继承关系。

在【幻灯片母版】视图下，选中任意一个版式，将会出现如图 10-14 所示的菜单项。如果选中【隐藏背景图形】复选框，在母版中设置的背景就会被全部隐藏，通过这样的方式设置后，版式就不再继承母版中添加的元素了。

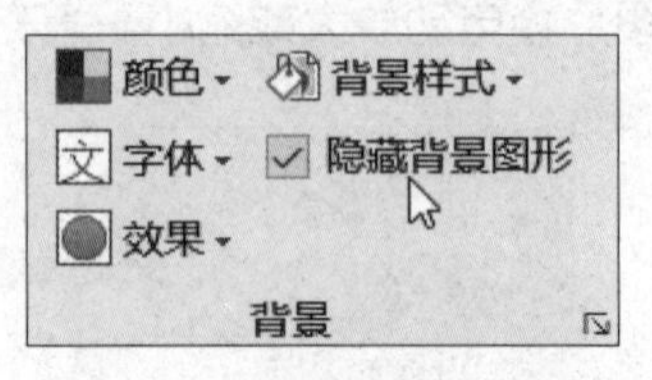

图 10-14　隐藏背景图形设置界面

在该版式上我们可以对其重新进行设计。每个版式都可以单独设置，形成自己独立的风格。在【背景】组中对颜色、字体和效果设置，都只对当前版式起作用；单击幻灯片的背景样式，在这里重新设计背景色或添加图片也都只对当前版式生效。比如图 10-15 中的案例，就是在同一套母版下不同风格的版式。

同样地，幻灯片也可以不再继承版式，在幻灯片的【设置背景格式】窗格中选中【隐藏背景图形】复选框即可。还可以将其版式设置为空白，然后直接在幻灯片上进行风格设计，不受版式约束。图 10-16 就是在同一份 PPT 文档中制作的不同的幻灯片页面。

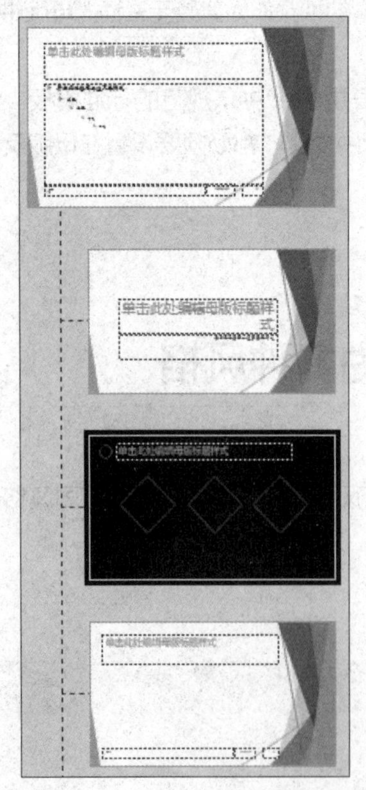

图 10-15　同一套母版下不同风格的版式

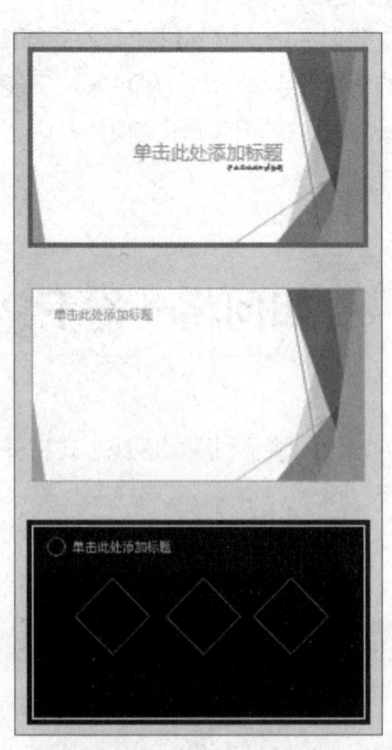

图 10-16　同一套母版下不同风格版式的幻灯片页面

10.3.2 使用多个版式

在一份 PPT 中，对于不同的章节，有时需要以不同风格或不同色调搭配来展示，通过视觉差异来强调内容的变化。图 10-17 是两个章节标题的正文页，这里用两种颜色的设计来区分。从前面的学习中我们知道，这就是使用了两个不同的版式，如图 10-18 所示。当然，同一份 PPT 演示文稿中也可以使用更多种版式。

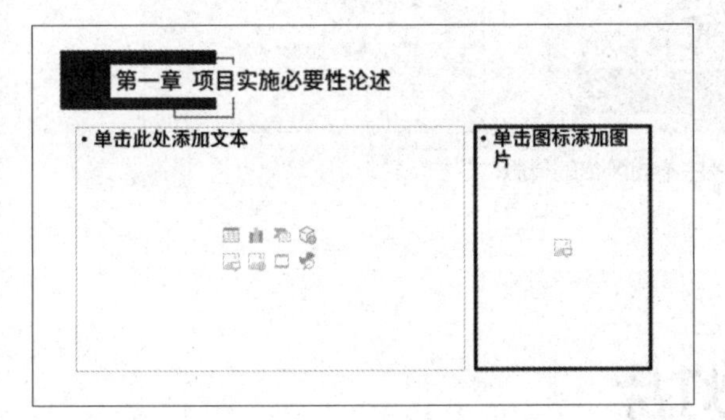

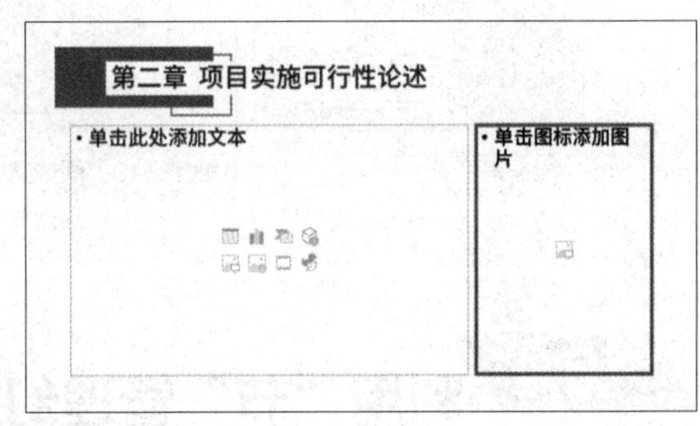

图 10-17 同一文稿中不同风格的页面案例

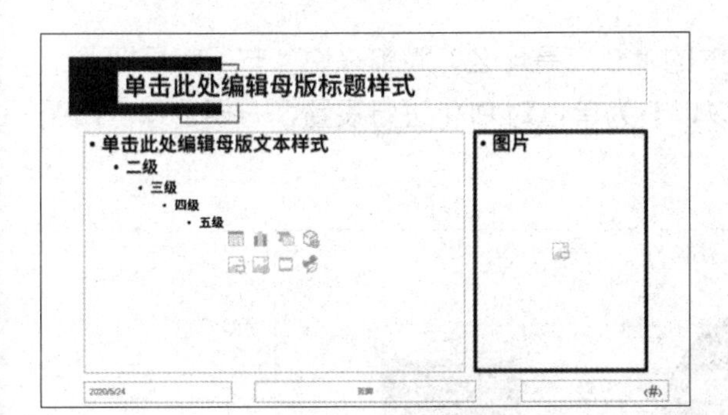

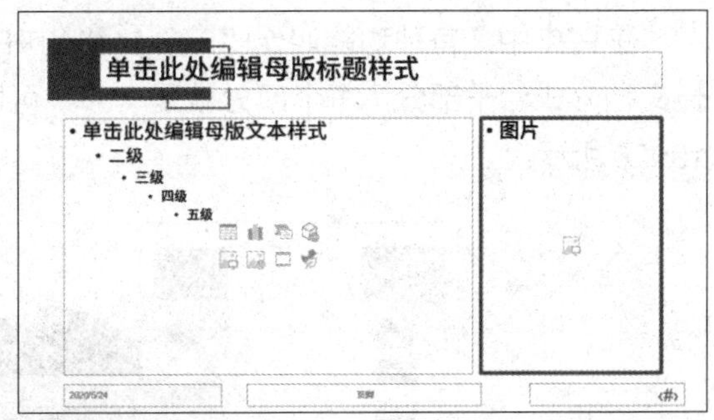

图 10-18 同一文稿中不同风格页面母版版式

10.3.3 建立多套母版

在同一份 PPT 中，如果想使用多个完全不同风格的页面，就需要建立多个母版。方法很简单，在【视图】选项卡中单击【幻灯片母版】按钮，切换到【幻灯片母版】选项卡，在【编辑母版】组中单击【插入幻灯片母版】按钮，在这个母版下可以直接选择一个新的主题，多个母版可以选择不同的主题。图 10-19 中的案例是插入了 3 个母版，并且都使用了不同的主题风格，新建幻灯片时可以选择其中的任一母版中的版式来创建。

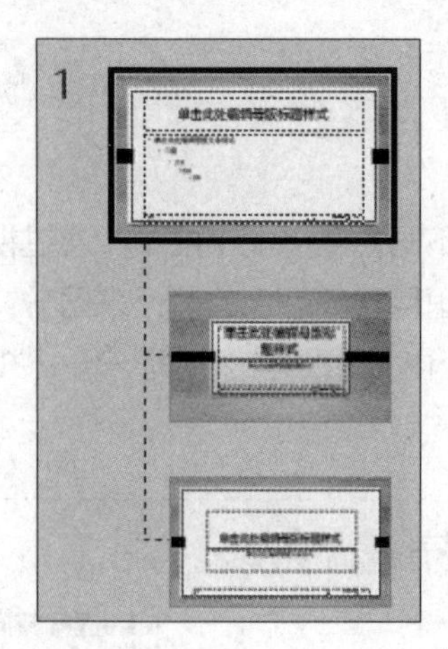

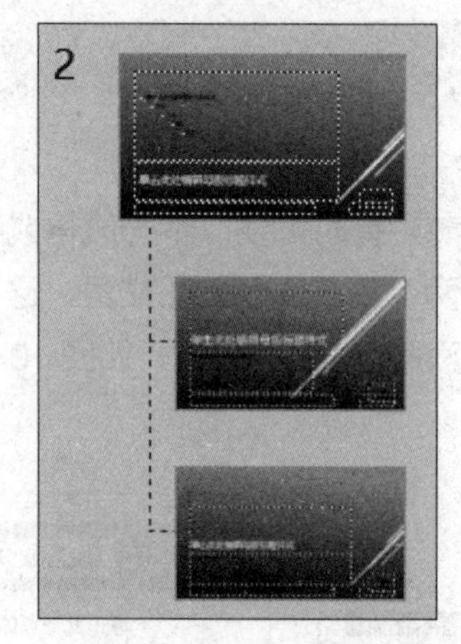

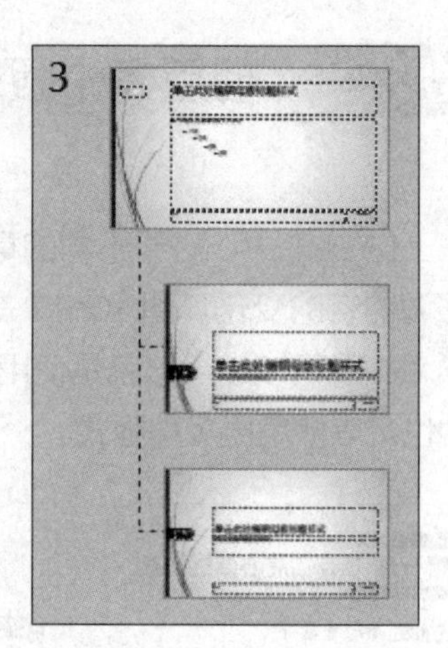

图 10-19　同一文稿中不同风格的母版

10.4 利用“节”管理幻灯片

在 PPT 中，有种功能叫作“节”，那么 PPT 的“节”是什么？简单来说“节”就是把一个长文档分成若干部分，每个部分就是一节，可以以节为单位对 PPT 进行设置，方便管理，如图 10-20 所示。

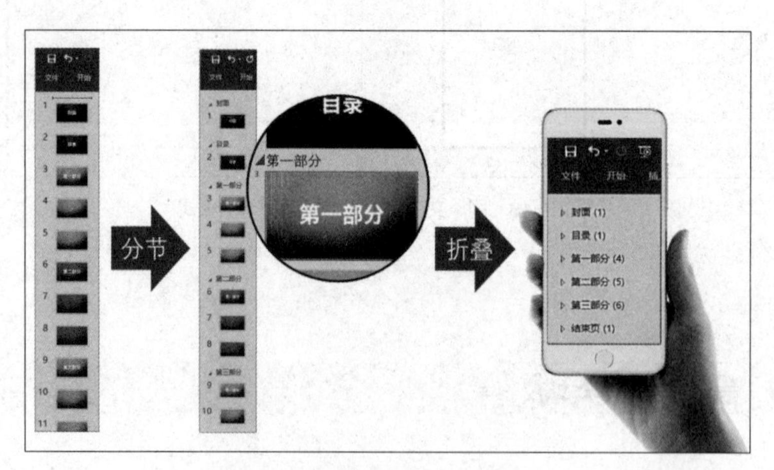

图 10-20　PPT 中的节设置界面

在 PPT 的设计中，设置节的方法如下。

（1）在需要增加节的幻灯片上右击，在弹出的快捷菜单中选择【新增节】命令，如图 10-21（a）所示。增加节后会弹出【重命名节】对话框，可以对节进行重命名，便于区分，如图 10-21（b）所示。

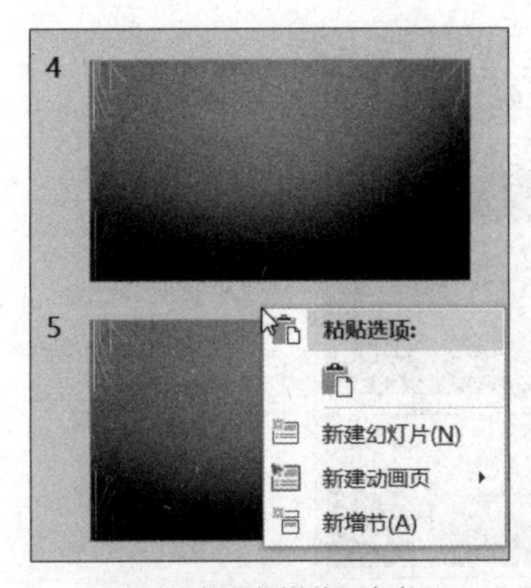

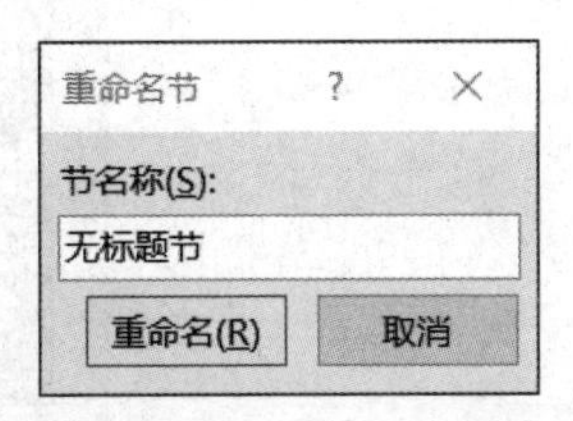

（a）选择【新增节】命令　　　　（b）【重命名节】对话框

图 10-21　新增节操作界面

（2）设置好节之后，在节标题处右击，会出现所有关于节的操作，如图 10-22 所示。

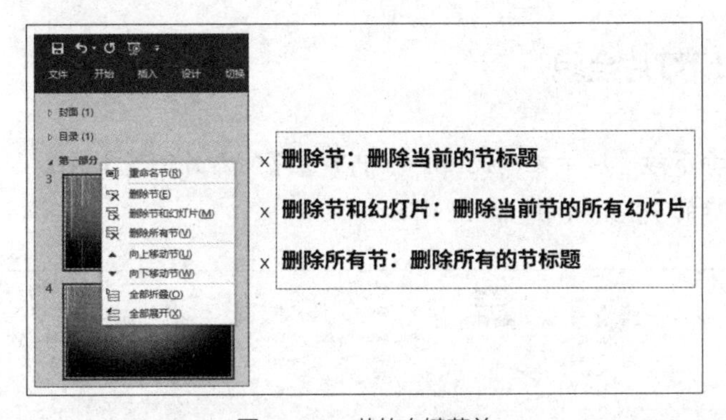

图 10-22　节的右键菜单

（3）将节下面的内容全部折叠后，可以显示全部节标题，以及各部分幻灯片的页数（标题后面括号里的数字），如图 10-23 所示。

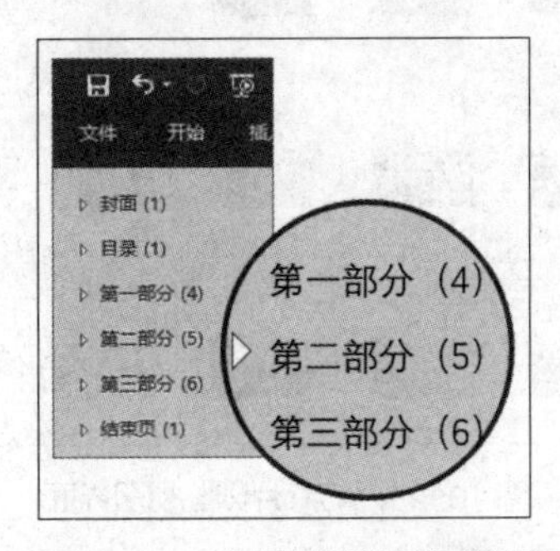

图 10-23　节折叠后的显示界面

（4）单击某一节的节标题，这样本节内所有幻灯片就都会被选中，如图 10-24 所示；其他节里的幻灯片则不会被选中。另外，拖动节标题可以对幻灯片的顺序进行快速调整。

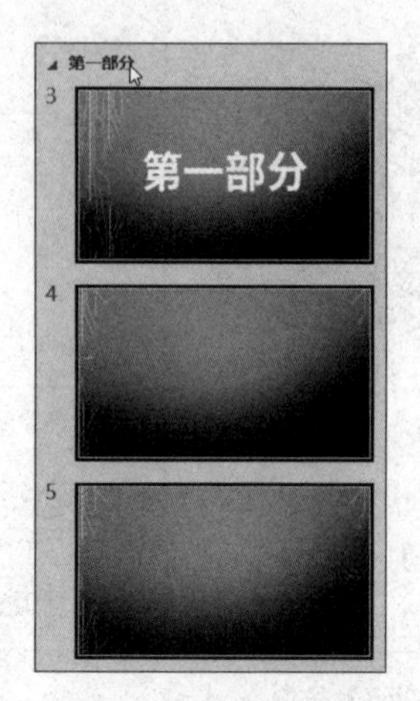

图 10-24　通过节标题选择页面

 专家提示

看分节后的幻灯片全貌

在【视图】选项卡下的【演示文稿视图】组中单击【幻灯片浏览】按钮，在这种视图模式下可以看到幻灯片分节之后的全貌，如图 10-25 所示。

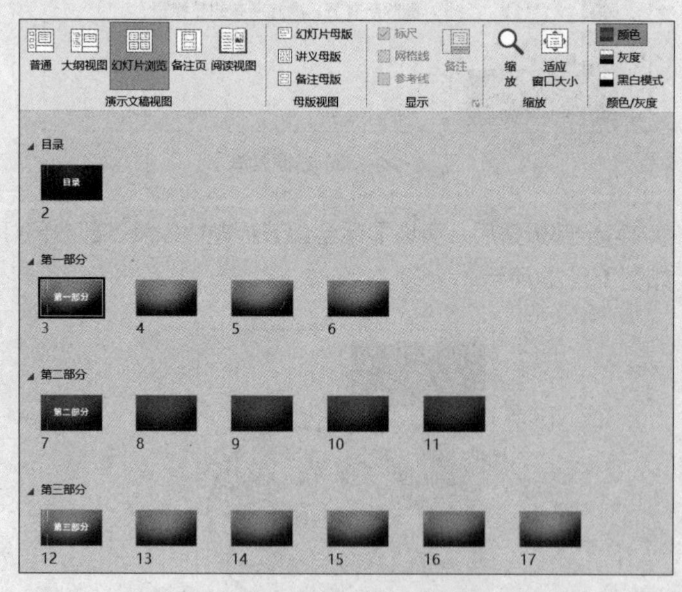

图 10-25　幻灯片浏览视图界面

各个节可以应用不同的主题母版。选中任意节标题，在【设计】选项卡下选择想要的主题，就可以一键更改该节的主题，同时在幻灯片母版视图下也会新增一个母版。

第四部分

自我展示——完美呈现你的作品

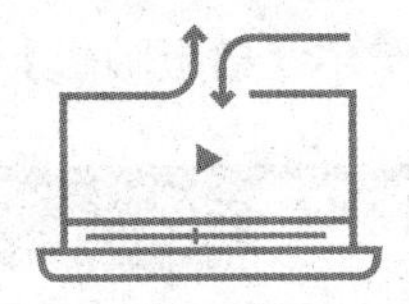

通过前面三个部分的学习，我们已经可以制作出一份完整的 PPT 文档了，但这还不能算大功告成，因为我们最终的目的是要把这份 PPT 展示出来，让观众接收到我们想要传递的信息。

所以这部分的主要内容一方面是强调制作 PPT 的一些细节，另一方面是讲解如何导出 PPT 文档、如何放映、如何去讲，这也是信息传递的重要过程。

做好 PPT 只是完成了一半的工作，展示出来并且能够有效地传递信息才是我们的目标。下面就一起来完美呈现我们的 PPT 作品吧！

第11章 PPT的设计细节

俗话说，细节决定成败，PPT 的设计也不例外，一个好的 PPT 在细节方面也应是完美的。如果整体设计得很好，而细节方面出了差错，那将会影响整个 PPT 的设计效果。

11.1 页眉和页脚设置

我们都知道，在 Word 文档的页脚（即页面底部）可以添加页码等信息，那么 PPT 中文档诸如此类的信息应该怎么设置呢？在【视图】选项卡中单击【幻灯片母版】按钮，选中母版，将会切换到【幻灯片母版】选项卡，在该选项卡中【母版版式】按钮将被激活，如图 11-1 所示。

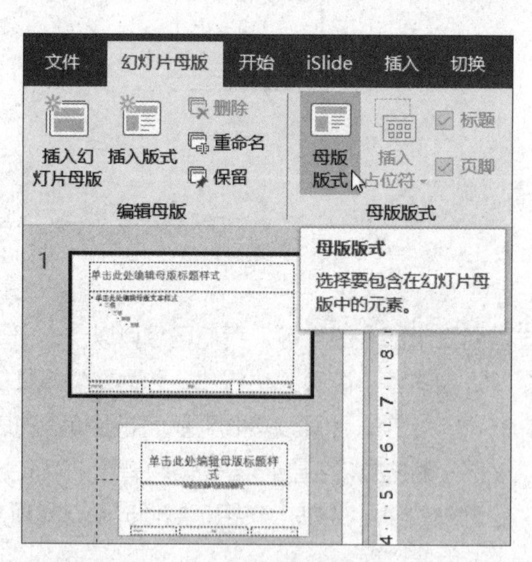

图 11-1　母版版式选择界面

在【幻灯片母版】选项卡下单击【母版版式】按钮，会出现选择母版元素的对话框，如图 11-2 所示。选中【日期】【幻灯片编号】【页脚】复选框，幻灯片的页面底部就会出现这三个虚线框，可以对这些信息的字体、颜色或其他格式进行修改，如图 11-3 所示。

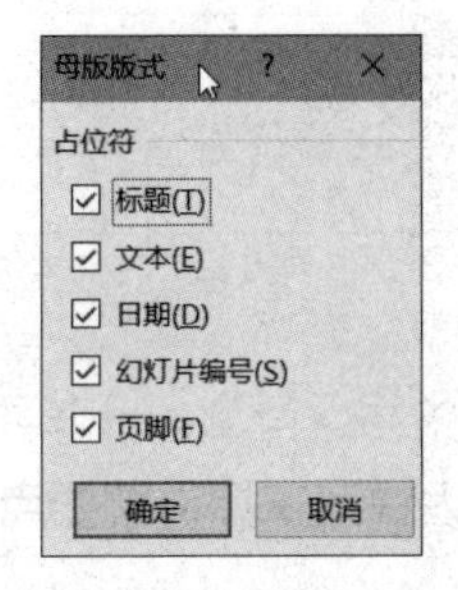

图 11-2　【母版版式】对话框

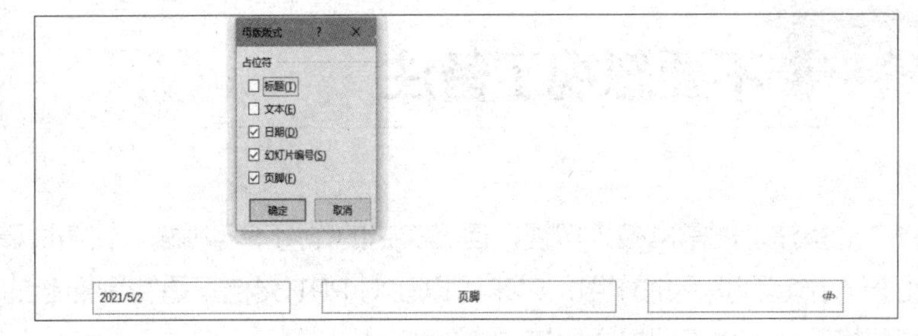

图 11-3　母版版式元素选择效果

设置好母版之后，单击【关闭母版视图】按钮来关闭母版视图。然后在【插入】选项卡下单击【页眉和页脚】按钮，在弹出的【页眉和页脚】对话框中选中需要的信息就可以了。日期可以自定义，也可以根据系统时间显示；幻灯片编号会自动排序；页脚默认显示在版式中添加的内容，也可以更改，如图 11-4 所示。

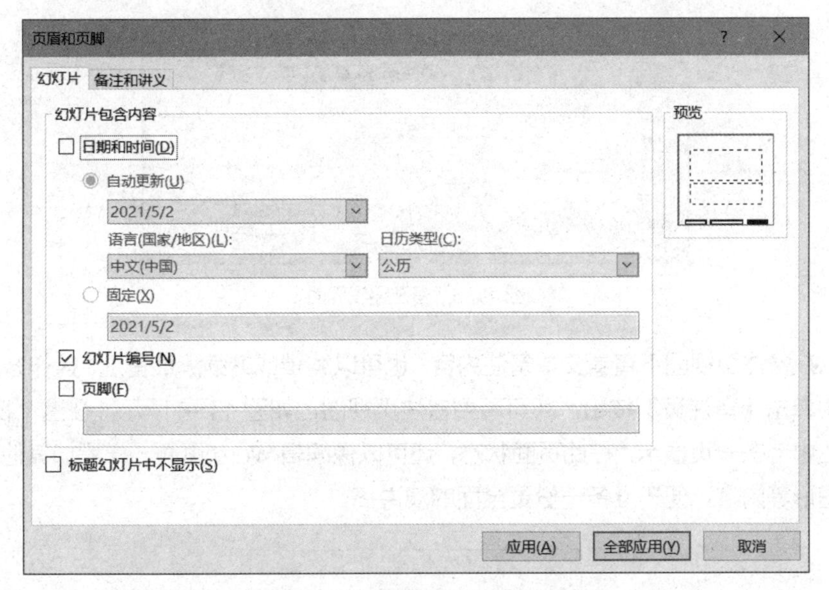

图 11-4　【页眉和页脚】对话框

这几个信息里，页码是很重要的，一定要记得添加，在与对方沟通或者复盘时，大家都能快速定位到特定的页面，特别是对页数较多的文档。不过在 PPT 中默认插入的是当前幻灯片的页码，不像 Word 那样可以显示总页数。如果需要显示，就得手工录入了。在母版右下角的【幻灯片编号】的虚线框里，单击一下就可以进行编辑，移动光标到“<#>”符号的后面，输入文稿的实际页数，如“/25”。这个 25 表示总幻灯片数，所以最好等整个 PPT 都制作完成后再来添加，以免增加或减少幻灯片时还要来修改这个数值。

此外，如果要显示日期，而且日期是自定义的，一定要及时更改成较新的日期，让观众感受到被重视，而不是把几年前的文档拿出来讲。当然，如果在插入时将日期设置为自动更新，就不会存在这个问题了。

11.2 不要忽视了备注

PPT 的备注功能常常被人忽视，但其实它的作用不容小觑。在演讲稿中写入备注，一来可以给 PPT 汇报人员起到提示的作用，二来可以让对 PPT 文档不是特别熟悉的人快速掌握讲解要点，即使临场更换汇报人也不用担心出错。

文本备注就在 PPT 编辑页面的下方，用鼠标拖动备注的边框可以调整其显示窗口大小，在编辑 PPT 页面的同时，在这里可以添加需要的文本内容以用作演讲备注，如图 11-5 所示。

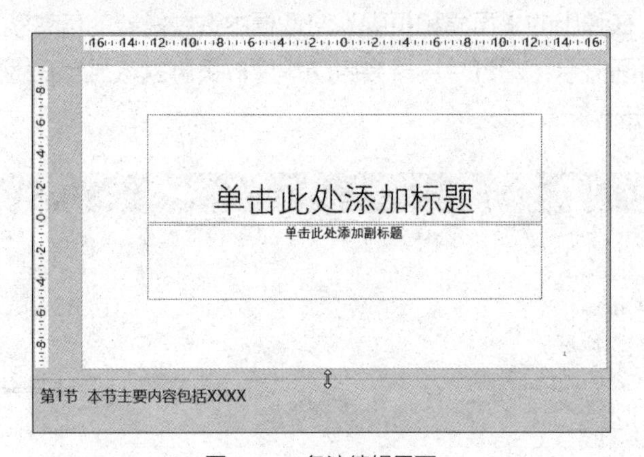

图 11-5 备注编辑界面

我们可以在备注页视图下查看文本备注内容，也可以编辑或继续添加备注。操作方法为：在【视图】选项卡中单击【备注页】按钮，即可看到备注页视图，如图 11-6 所示，在这个视图下的幻灯片页面和备注内容在一页显示，在此页面状态，还可以像编辑 Word 页面一样添加其他需要的内容，如文本框、图形等内容，便于准备一份更全面的演讲稿。

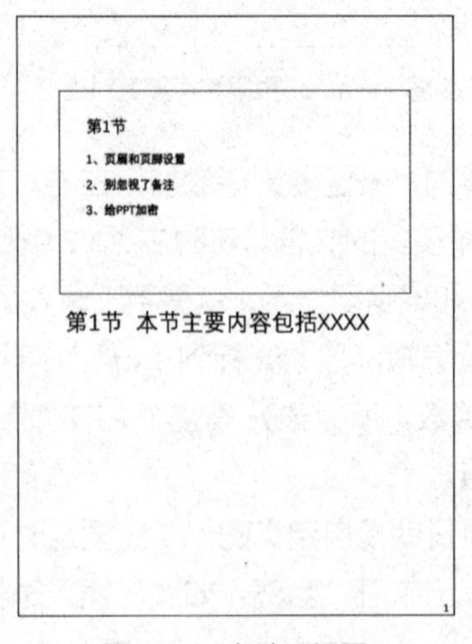

图 11-6 备注页视图

在 PPT 的备注页视图中，我们常用到的是仅有文字的备注内容，但在备注页视图下，文本备注的字体、字号及格式都是可以设置的。在【视图】选项卡中单击【备注母版】按钮，将会切换到【备注母版】选项卡，在其中可对母版进行设置，对母版设置后，备注页视图下就会呈现设置的样子了。图 11-7（a）为母版设置，图 11-7（b）为备注页显示状态。

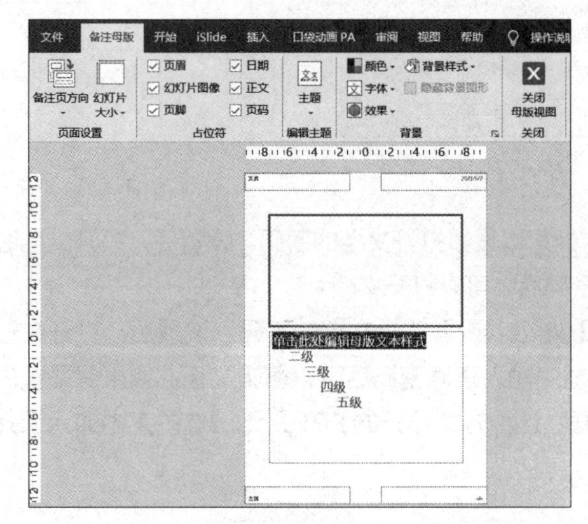

（a）母版设置

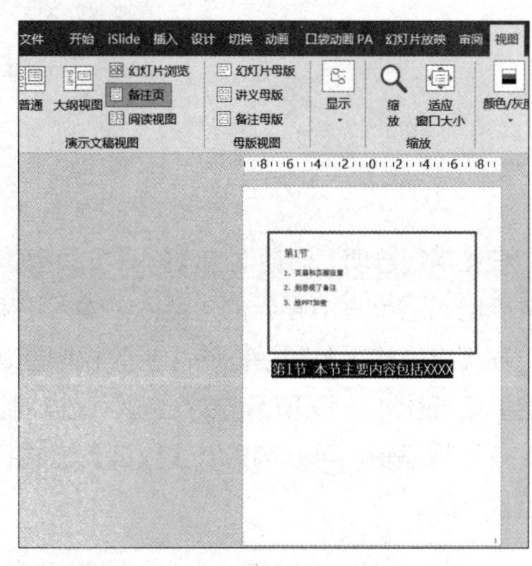

（b）备注页显示状态

图 11-7　备注母版编辑和效果界面

11.3 给 PPT 加密

在工作中，对于重要的 PPT 文档，我们还要有保密意识，可以根据需求进行加密设置，对阅读权限、编辑权限进行控制，也可以通过加水印等方式对文档进行保护。那么如何操作呢？

使用 PPT 自带的保存功能就可以对 PPT 进行加密。在首次保存 PPT 文档（或另存为）时，选择【文件】→【保存】/【另存为】命令，在弹出的对话框中，单击【保存】按钮左边的【工具】下拉按钮，在下拉列表中选择【常规选项】，如图 11-8 所示。

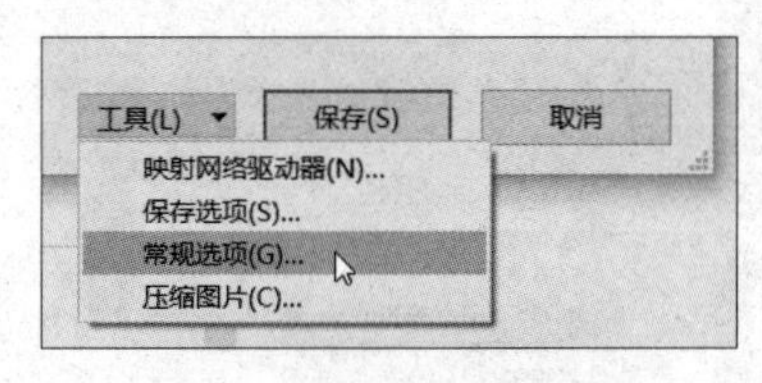

图 11-8　保存选择界面

在弹出的【常规选项】对话框中即可根据需要对 PPT 文件进行加密设置，如图 11-9 所示。

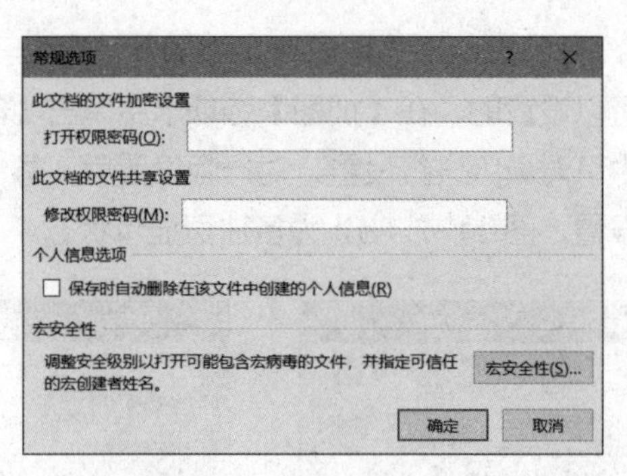

图 11-9 加密设置对话框

在【常规选项】对话框的【打开权限密码】处可以设置打开文档的密码。设置后，打开文档时会先弹出如图 11-10 所示的对话框，输入正确密码后才可以打开文档。

在【常规选项】对话框的【修改权限密码】处可以设置编辑文档的密码。设置后，打开文档时会弹出如图 11-11 所示的对话框，在该对话框中输入正确密码后可以编辑文档；如果只是看内容，并不想编辑，可以选择以【只读】方式打开，这种方式打开的 PPT 是无法选中其中的元素并进行操作的。

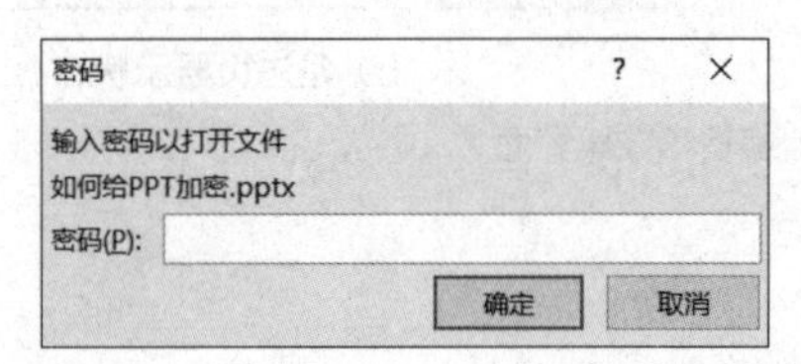

图 11-10 打开权限下的【密码】对话框

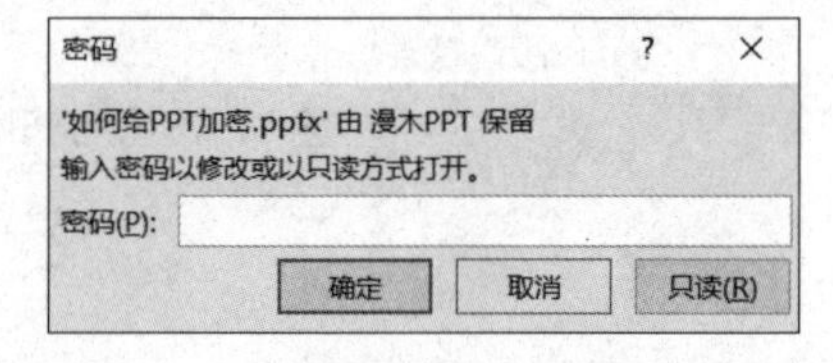

图 11-11 修改权限下的【密码】对话框

如果要取消 PPT 的密码设置，在上述加密的地方删除密码留空再单击【确定】按钮就可以了。

PPT 还有一种更快捷的加密方法，在【文件】选项卡下选择【信息】→【保护演示文稿】→【用密码进行加密】命令，如图 11-12 所示。然后在弹出的对话框中设置密码即可。这种方法的效果等同于上面讲到的设置【打开权限密码】，不过这里不能设置 PPT 的编辑权限。

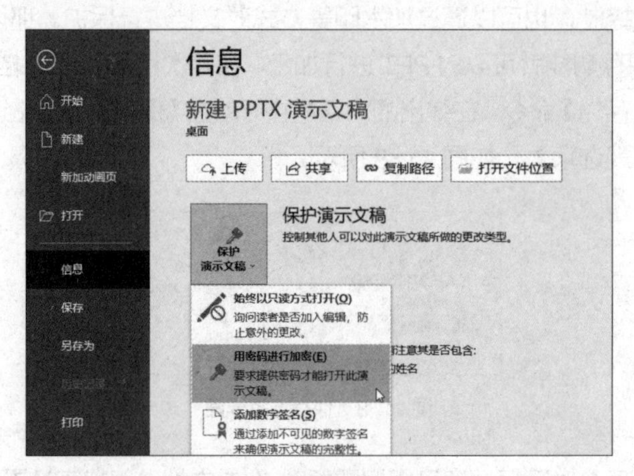

图 11-12 打开权限设置界面

11.4 PPT 里的保存功能

对于 PPT 文件，还可以将其保存为其他多种格式的文件，比如保存为 JPEG、PNG、PDF 格式文件，或者保存为视频。方法和保存其他 Office 文档类似，在【文件】选项卡下选择【另存为】命令，在弹出的【另存为】对话框里选好保存路径后，再在【保存类型】下选择我们需要的格式，如 PDF（*.pdf），再单击【保存】按钮就可以了，如图 11-13 所示。

图 11-13　另存格式选择菜单

下面详细介绍几个关于 PPT 保存的操作技巧。

1　批量保存 PPT 中的图片

如果想要把 PPT 中的图片单独保存下来，应该怎么做呢？如果只保存一两张，在图片上直接右击，在弹出的快捷菜单中选择【另存为图片】命令，再选择路径保存即可。可是一份 PPT 中有很多张图片，再这样一张一张去保存就会很费事，那么此时可以考虑批量保存图片的方法。

如何批量保存呢？方法很简单：关闭 PPT 文档，将文件的后缀格式“.pptx”更改为“.zip”或“.rar”压缩包格式，然后再对文件进行解压操作。解压出来的文件夹里又有很多个文件夹，找到里面的 ppt 子文件夹里的 media 子文件夹，如图 11-14 所示，打开该文件夹，即可看到 PPT 中的所有图片。

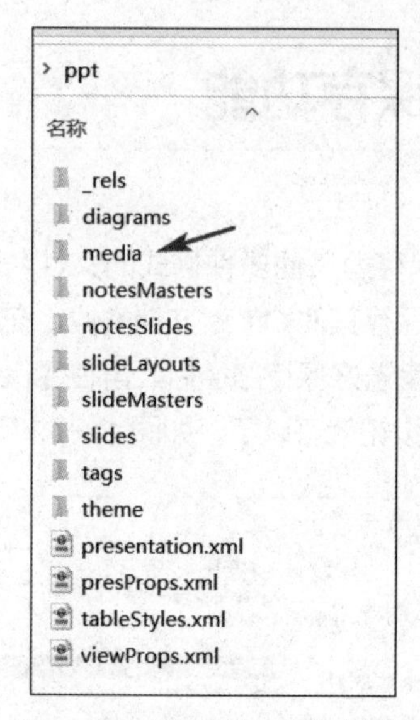

图 11-14　解压后的子文件夹列表

2　将 PPT 页面保存为图片

有时候我们希望把一份 PPT 的每一页都导出为一张图片，这也是防止文档被编辑的一种方法，怎么做呢？首先在【文件】选项卡中选择【另存为】→【浏览】命令，在弹出的【另存为】对话框中选择好路径后，将【保存类型】选择为【PNG 可移植网络图形格式（*.png）】，然后单击【保存】按钮，将会弹出如图 11-15 所示的对话框。

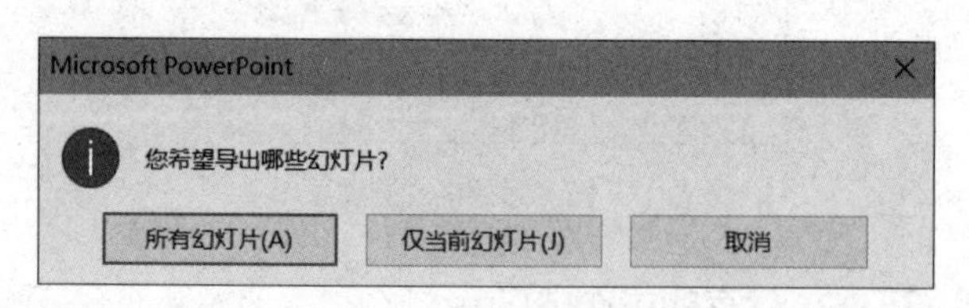

图 11-15　选择保存范围

在图 11-15 中，如果单击【仅当前幻灯片】按钮，则只保存当前页幻灯片为图片；如果单击【所有幻灯片】按钮，则会将整个 PPT 的每一页导出为图片，保存完的图片会按前后顺序统一放在一个文件夹里，这个文件夹是以 PPT 文档名称命名的。

3　将 PPT 保存为视频

在一些展示场景下，我们经常能看到 PPT 像视频一样自动播放，这个通常就是将 PPT 文件制作成了视频。导出视频的方法和上面讲的保存为图片的方法类似，只是在另存时，将【保存类型】选择为【Windows Media 视频（*.wmv）】或【MPEG-4 视频（*.mp4）】。

此外，也可以在【文件】选项卡中选择【导出】→【创建视频】命令，再在打开的界面中进行相关操作，如图 11-16 所示。如果在此之前没有设置自动换片时间，则以【放映每张幻灯片的秒数】的时长为准进行切换。如果之前设置了各页的自动换片，在 PPT 放映时可以自动播放，这样导出的视频也会是同样的效果。自动换片设置方法可参见第 8 章内容。

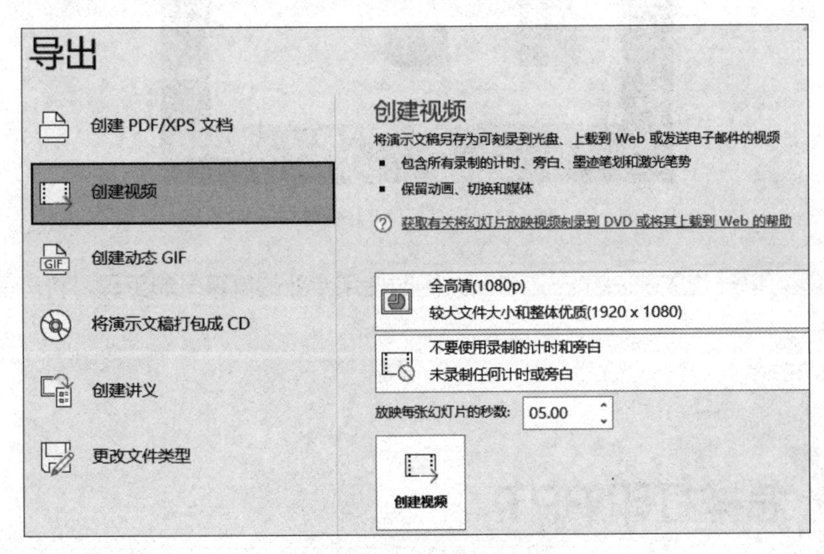

图 11-16　导出视频的设置

对于视频，通常少不了语音解说、背景音乐、动画等，所以在设置自动换片的时候一定要注意多个因素的结合。为避免声音和画面的不协调，我们也可以使用视频编辑软件，导入 PPT 视频（把其中的声音关闭），再单独导入解说语音、背景音乐等一个或多个音频，这样可以方便地进行画面和音频的剪辑，也可以进行局部修改，编辑完再进行视频导出。

除了上述几种方法可以将 PPT 导出为视频，还可以用将 PPT 录制成视频的方法将 PPT 以视频形式展现。在【幻灯片放映】选项卡下单击【录制幻灯片演示】下拉按钮，在下拉列表中选择【从头开始录制】命令，如图 11-17 所示。

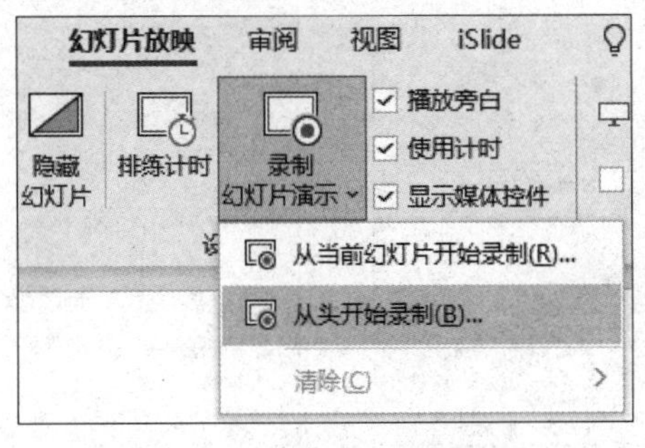

图 11-17　录制幻灯片选择菜单

在弹出的界面中，可以添加录制者的解说语音和视频图像，还可以使用标记笔进行标注，如图 11-18 所示。

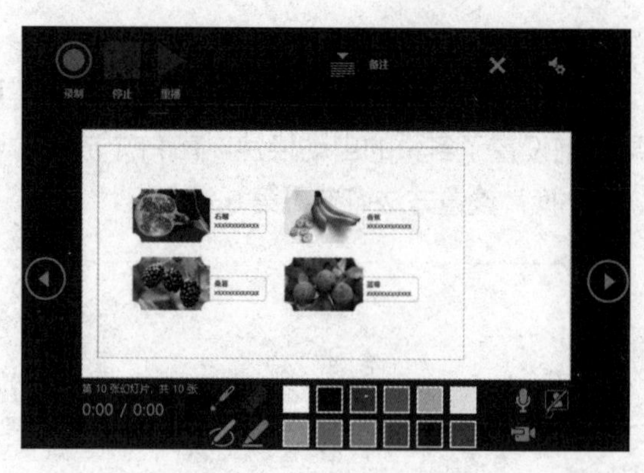

图 11-18　录制幻灯片界面

当然我们还可以一边放映 PPT 一边讲解，同时使用专业的屏幕录制工具，将声音和画面统一录制到视频中。

11.5 怎样打印 PPT

打印 PPT 时，常有这样几种情况：最基本的需求是打印幻灯片页面；备稿的时候可以打印设置好的备注页；用于培训时需要将 PPT 文档按讲义样式进行打印。

操作方法如下：在【文件】选项卡下选择【打印】命令。在打开的窗口中【设置】下方的第一个选项是用于设置打印范围的，可以选择当前页、全部或者自定义；最后一个选项是选择打印颜色的，可以直接选择黑白还是彩色，如图 11-19 所示。

中间的【整页幻灯片】的选项是用来设置打印类型的，单击后将会出现如图 11-20 所示的选项。

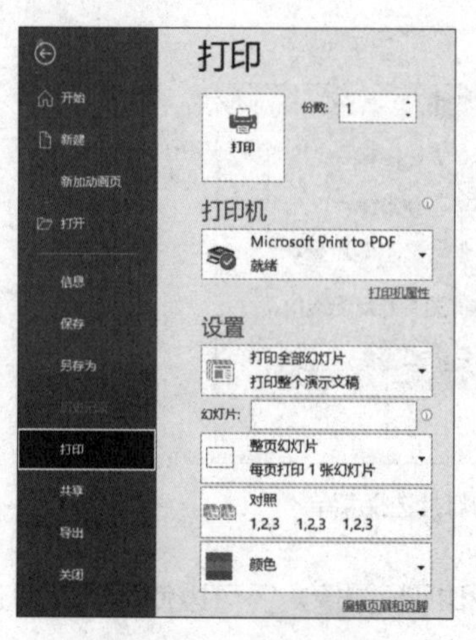

图 11-19　打印设置界面

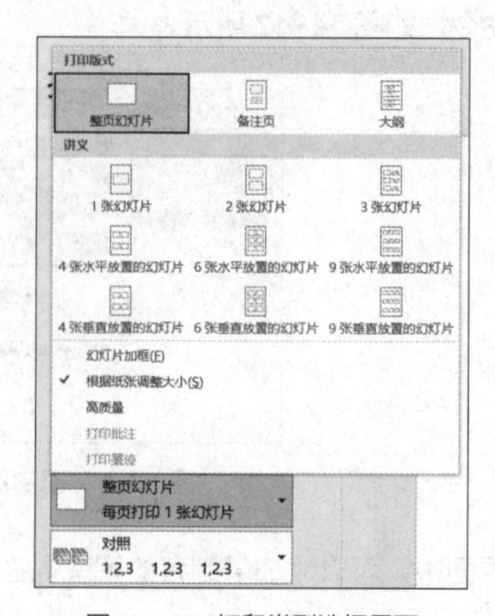

图 11-20　打印类型选择界面

可以看到【打印版式】下有三个选项，即【整页幻灯片】、【备注页】和【大纲】。第一个【整页幻灯片】就是每页打印 1 张幻灯片；第二个【备注页】就是打印备注页视图下的页面，如图 11-21 所示；第三个【大纲】打印的是页面标题及正文框中的内容，相当于在大纲视图中看到的页面，如图 11-22 所示。

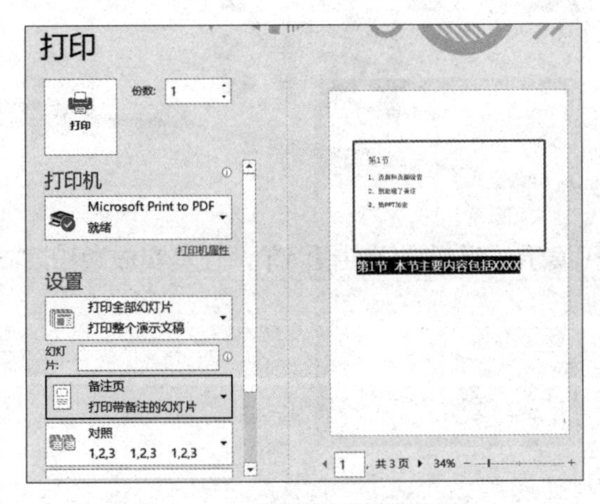

图 11-21　打印备注页预览界面

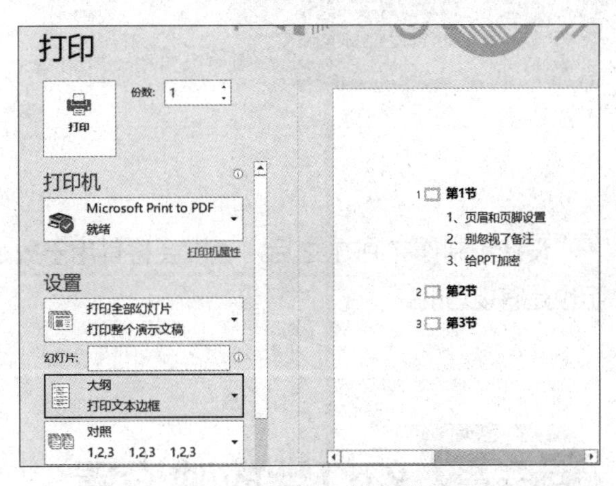

图 11-22　打印大纲预览界面

除了【打印版式】的设置，还有讲义打印设置。【讲义】下有 9 种打印形式，这里可以在每页纸上打印多张页面，选择讲义打印还可以设置纸张方向。其中【3 张幻灯片】打印会在幻灯片旁边自动设置横格线，便于记录，图 11-23 就是【3 张幻灯片】的预览效果。

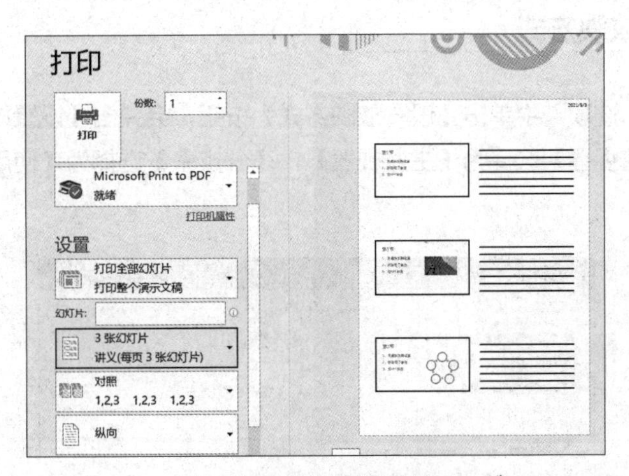

图 11-23　打印讲义预览界面

第12章 放映和演示技巧

设计和制作完 PPT 之后，通常会将其用于放映和演示，听起来好像很简单，但其实放映和演示也是有技巧的。

12.1 幻灯片放映设置

在幻灯片放映之前，一定要做好放映设置，才能让演示顺利完成。

1 设置幻灯片放映方式

在【幻灯片放映】选项卡中单击【设置放映方式】按钮，会弹出【设置放映方式】对话框。在这里将【幻灯片放映监视器】选择为【主监视器】，【分辨率】选择为【使用当前分辨率】，如图 12-1 所示。

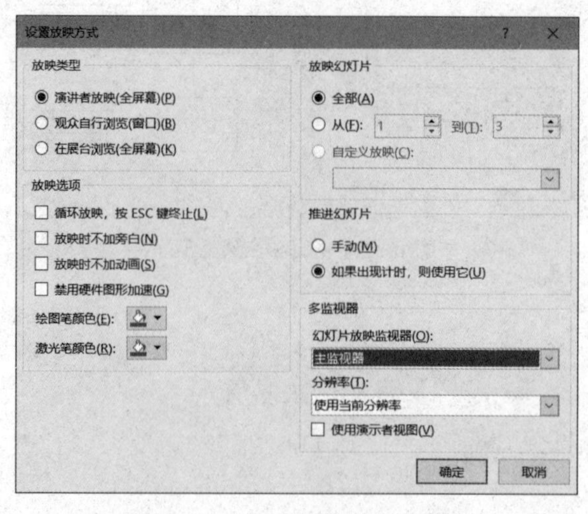

图 12-1 【设置放映方式】对话框

在这个对话框中还有一些放映参数可以设置：选中【放映时不加旁白】复选框，放映时录制视频所添加的旁白音频不播放；选中【放映时不加动画】复选框，就是在放映时只显示静态页面而不播放动画，但文档里动画还是存在的；这里还可以设置绘图笔和激光笔的颜色，绘图笔和激光笔使用方法参见 12.3 节的内容；【推进幻灯片】的设置有两种选择，如果选择【手动】，无论是否设置了自动切换页面，都只能手动翻页，因此通常默认选中【如果出现计时，则使用它】单选按钮。自动切换页面的方法参见第 8 章内容，排练计时是设置自动换片时间的一种方法。

此外，我们还可以对 PPT 文档中的部分不连续页面进行放映设置。仍然是在【幻灯片放映】选项卡中，单击【自定义幻灯片放映】按钮，在弹出的对话框中可以看到自定义的列表，我们单击【新建】，将会打开【定义自定义放映】对话框，在这里可以自定义放映名称，选择其中需要的页面，单击【添加】按钮，然后单击【确定】即可，如图 12-2 所示。

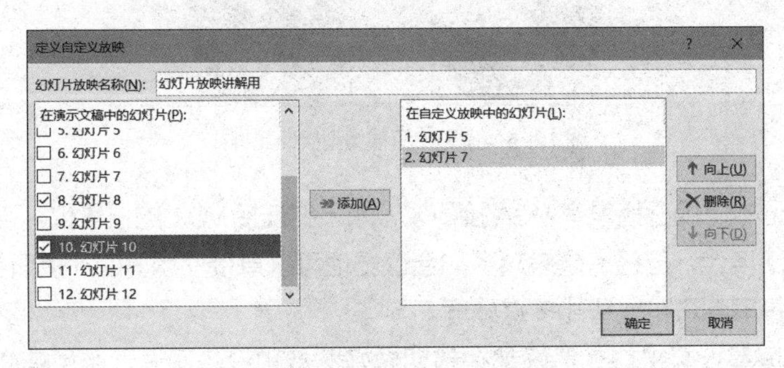

图 12-2　【自定义放映】对话框

设置好自定义放映后，在【幻灯片放映】选项卡中再次单击【设置放映方式】按钮，在打开的【设置放映方式】对话框中可以看到【自定义放映】单选按钮已经被激活，在下面的下拉列表中可以选择已经添加好的自定义放映，如图 12-3 所示。

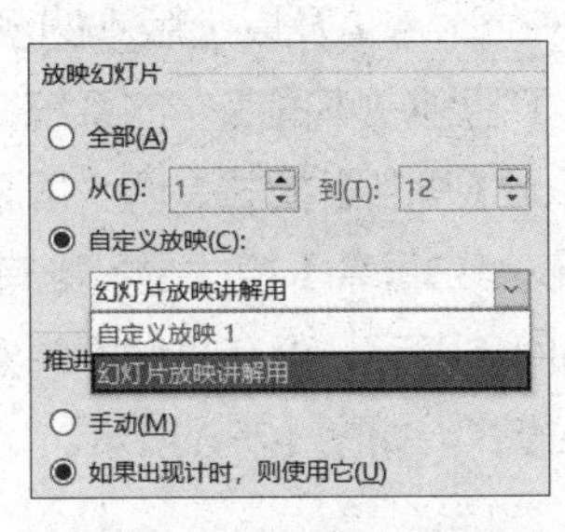

图 12-3　自定义放映选择界面

在【设置放映方式】对话框中，还可以通过选中【使用演示者视图】复选框将放映模式设置为演示者视图模式。

2　连接电脑和投影仪

在连接电脑和投影仪时，一定要检查输入接口，以免影响幻灯片的放映。

目前市面上的投影仪一般有两种类型的输入接口，一种是 VGA 接口，另一种是 HDMI 接口，如图 12-4 所示。

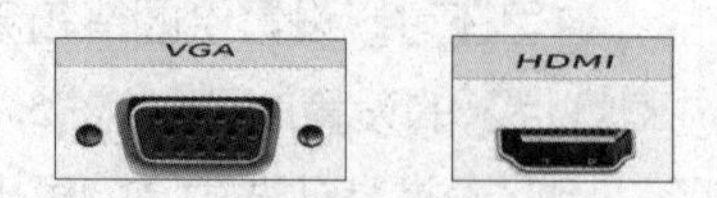

图 12-4　投影仪两种类型输入接口

VGA 接口传输的是模拟信号，不支持音频信号输出。传输线太长容易受到干扰，最长可用 15 米；HDMI 接口可以传输数字音频和视频信号，抗干扰能力强，最长可用 30 米。图 12-5 中左边的接头是 VGA 数据线，右边的接头是 HDMI 数据线。

图 12-5　投影仪两种类型接口数据线

现在大多数笔记本电脑已经没有 VGA 接口了，如果要连接 VGA 的投影仪，可以使用转换接头，当然随着设备的更新换代，已经有越来越多的会议场地可以直接使用 HDMI 接口了，甚至有的还可以将电脑屏幕无线投屏到幕布或智能多媒体屏。

无论使用什么屏幕什么接口，最好都在前期做好准备和设备调试，避免精心准备的 PPT 因设备无法使用，导致功亏一篑。

3　在电脑上进行显示设置

对投影设置连接好之后，对于 Windows 7 及以上版本的系统，可按【Windows+P】键来切换投影的显示模式。显示模式通常有以下四种（不同版本的系统叫法不完全一致）：【仅电脑屏幕】模式只有电脑有画面，投影没有画面；【复制】模式是两个屏幕都有画面且是同步的；【扩展】模式是都有画面，但画面是不同的；【仅第二屏幕】模式是投影有画面，电脑没有画面。通常情况下，选择【复制】模式让两块屏幕的画面同步即可，但在某些不想要同步的场合，或者要使用【演示者视图】功能时，需要切换为【扩展】模式，如图 12-6 所示。

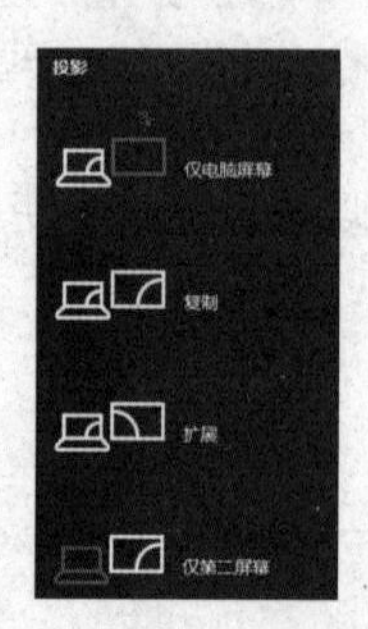

图 12-6　电脑投影模式选择

12.2 演示者视图

使用演示者视图后，演讲者可以在自己的电脑设备上查看演示文稿及备注，而观众看到的就是无备注的正常幻灯片。进入演示者视图的方法有两种：一种是在全屏放映状态下，在任意位置右击，在弹出的快捷菜单中选择【显示演示者视图】命令；另一种是提前连接并配置好显示设备，在【幻灯片放映】选项卡下，选择【监视器】→【监视器 2】命令，并选中【使用演示者视图】复选框，这样放映时可以直接进入演示者视图。如果是 PowerPoint 2013 及以上版本，还可以使用【Alt+F5】快捷键直接以演示者视图放映。

在演示者视图下，可以看到演讲的计时时间，也可以方便地换页或者使用激光笔等工具，图 12-7 就是演示者视图下演讲者可以看到的画面。

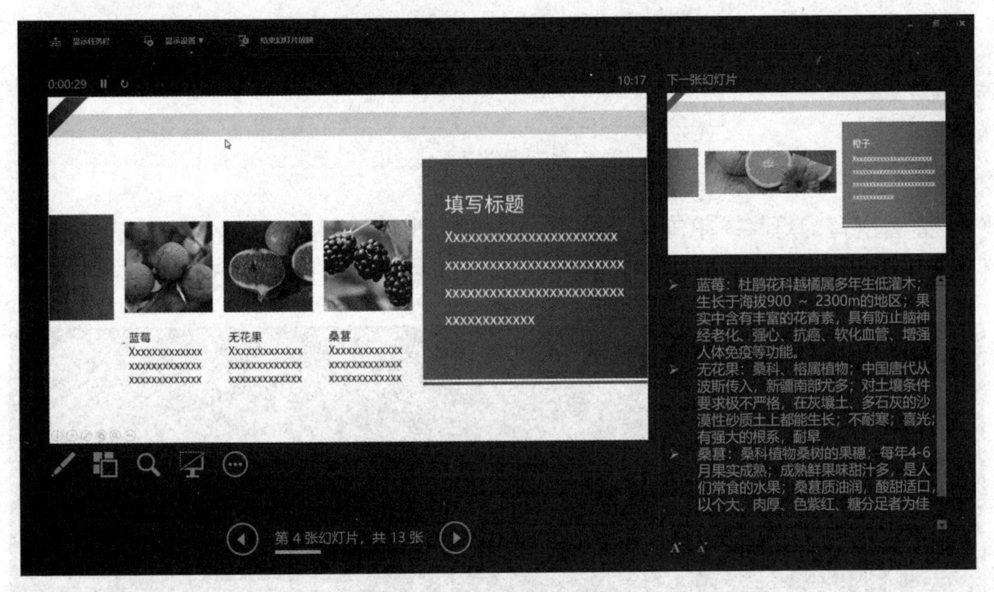

图 12-7　演示者视图界面

图 12-7 中左侧最大的区域就是当前观众可以看到的页面，右侧上方小的预览图为下一个即将放映的画面，右侧下方是当前页的备注。主页面上方是计时时间，中间休息时可以按下中间的暂停按钮，还可以通过右侧的按钮将计时归零，如图 12-8 所示。

图 12-8　演示者视图中的计时界面

演示者视图的主页面下方是在放映时可以选择使用的几个工具，如图 12-9 所示。

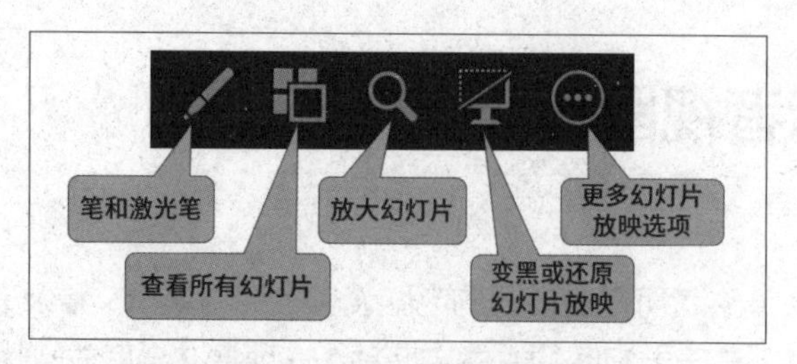

图 12-9　演示者视图中的工具栏

（1）笔和激光笔：在演示者视图下进行演示时，可以使用激光笔效果，也可以用笔在幻灯片上写画，比如图 12-10 就是使用激光笔画线的效果。

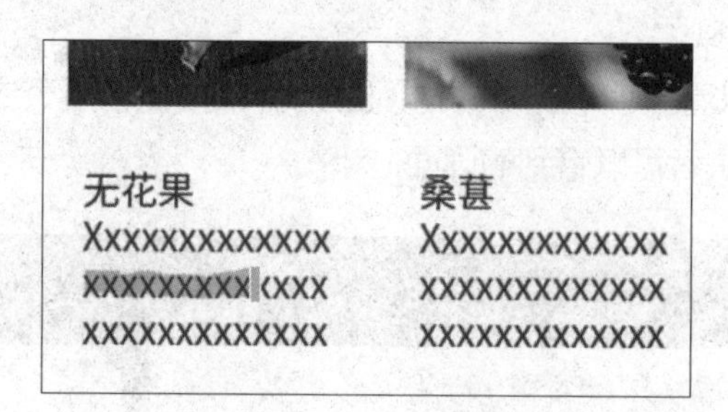

图 12-10　激光笔画线效果

（2）查看所有幻灯片：单击这个按钮，可以看到演示文稿中所有幻灯片的缩略图（如图 12-11 所示），这样在放映时便于找到特定幻灯片，单击就可以直接跳转到所需要的页面。

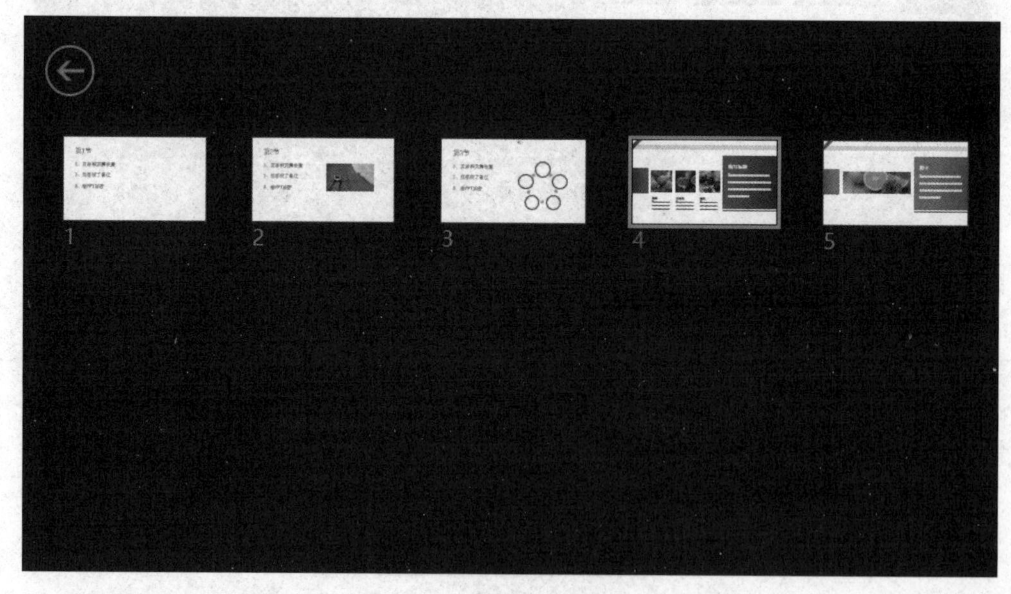

图 12-11　查看所有幻灯片界面

（3）放大幻灯片：通过该按钮，可以近距离查看幻灯片中的细节。单击该按钮后，将鼠标指向要放大的幻灯片区域，会出现一个约占页面 1/4 大小的明亮区域，如图 12-12（a）所示。单击后明亮区域就会被放大并会占满整个区域，如图 12-12（b）所示。鼠标指针变为小手形状时，表示可以拖动以将缩放效果移动到幻灯片的不同区域。单击鼠标右键或按 ESC 键即可退出放大效果。

（a）明亮区域

（b）放大效果

图 12-12　放大幻灯片界面

（4）变黑或还原幻灯片放映：在放映时如果某一时刻不希望观众看到某个页面，可以单击该按钮，屏幕就会变黑，再次单击屏幕将还原放映状态。

12.3 幻灯片放映的小技巧

放映幻灯片的操作除了使用工具栏中的按钮，还有以下几种快捷方式。

（1）在编辑状态下，按【F5】键，从首页开始播放；同时按【Shift+F5】键，从当前页开始播放，如图 12-13 所示。注意：有些笔记本电脑要先确认一下【Fn】键是否被锁定，以便确认我们按下去的键是【F5】。

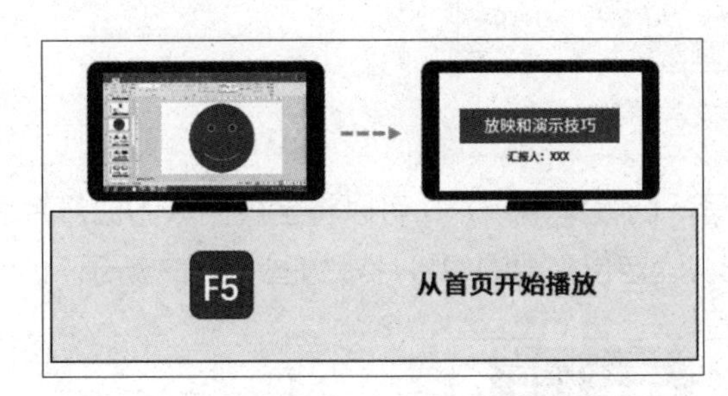

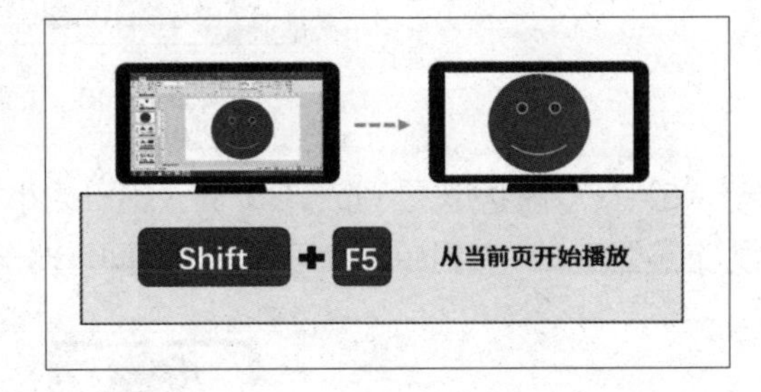

图 12-13　开始播放快捷键

（2）在放映状态下，按【B】键（Black 的首字母），屏幕会变为黑色，可以通过左下角的画笔工具在黑色屏幕上手绘，再次按任意键则可退出黑屏模式，如图 12-14（a）所示。同样的道理，也可以按下【W】键（White 的首字母），屏幕将会变成白色，如图 12-14（b）所示。

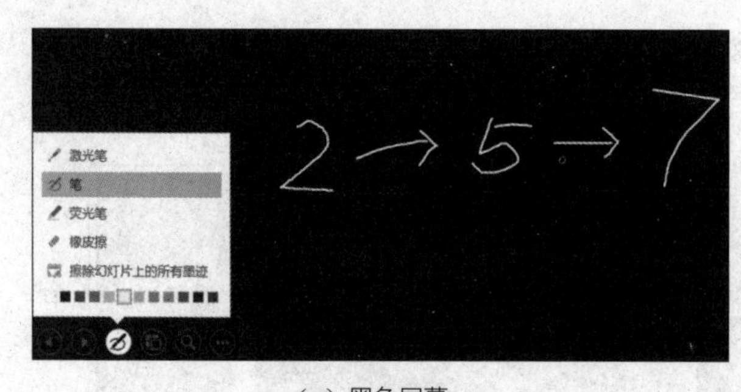

（a）黑色屏幕

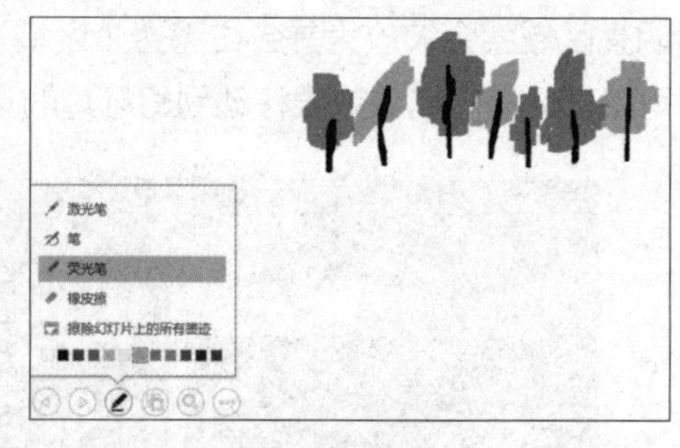

（b）白色屏幕

图 12-14　黑白屏显示界面

（3）在放映状态下，在键盘上直接输入页码对应的数字（如 2 和 0），再按【Enter】键，可以快速跳转到指定页面，如图 12-15 所示，页面从第 5 页快速切换到第 20 页。

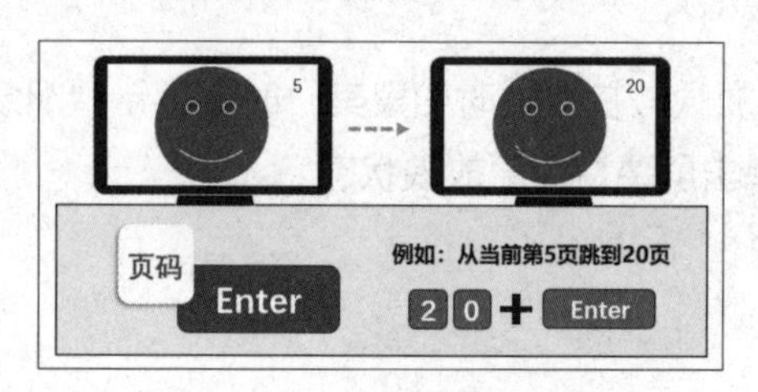

图 12-15　页面切换快捷方式

（4）在放映状态下，可以对页面进行局部放大。把鼠标放到想放大的地方，在【Ctrl】键的同时滚动鼠标滚轮，就会以鼠标所在位置为中心进行放大，如图 12-16 所示。

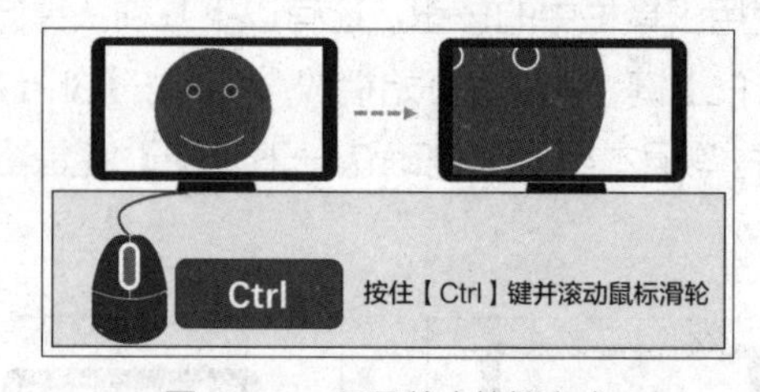

图 12-16　页面放大快捷方式

（5）在放映状态下，按【G】键（不分大小写，低版本无效），可以将全屏播放的幻灯片切换为缩略图模式，并且单击就可以进入页面，便于快速定位需要的幻灯片，如图 12-17 所示。

图 12-17　查看所有幻灯片快捷方式

（6）在放映状态下，还可以使用软件自带的激光笔工具，同时按下【Ctrl+L】键（不分大小写），就可以看到屏幕中的鼠标指针变成了激光笔光斑，便于讲解时指示页面的具体位置；如果只是用一下，可以按下【Ctrl】键的同时按住鼠标左键，即可将鼠标指针变成激光笔光斑，然后释放鼠标左键，激光笔光斑随后也就消失了，如图 12-18 所示。默认激光笔光斑是红色，也可以自定义颜色，方法为在 12.1 节中的【设置放映方式】对话框中进行。

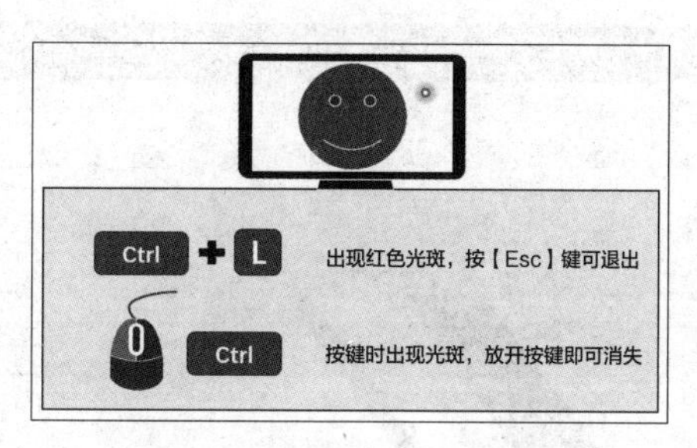

图 12-18　显示激光笔快捷方式

12.4 缩放定位

缩放定位是 PowerPoint 2019 版出现的新功能。PPT 传统的放映方式是逐页播放，使用缩放定位功能后可以实现跳跃式放映，这个功能的本质就是在放映状态下对特定页面进行快速定位、动态切换，这也从视觉上提升了演示的高级感。

在【插入】选项卡下的【链接】组中单击【缩放定位】下拉按钮，在下拉列表中可以看到缩放定位包括 3 种：摘要缩放定位、节缩放定位和幻灯片缩放定位，如图 12-19 所示。

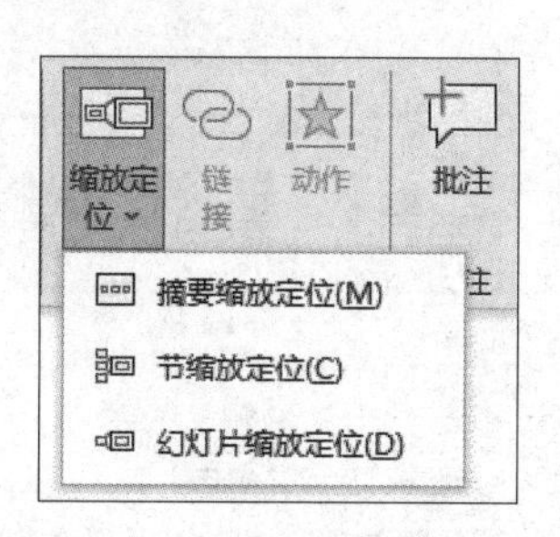

图 12-19　缩放定位菜单栏

1　摘要缩放定位

这个功能可以快速地为整个文稿生成一个目录页，目录上的各部分以页面缩略图的形式呈现。

在【插入】选项卡下单击【链接】下拉按钮，在下拉列表中选择【缩放定位】→【摘要缩放定位】命令，如图 12-20 所示。然后会弹出一个【插入摘要缩放定位】对话框，在该对话框中，如果文稿之前已经分节，则会自动选中每节的第一张幻灯片；否则需要手动选择每部分内容的第一张幻灯片，选好后单击【插入】按钮，如图 12-21 所示。

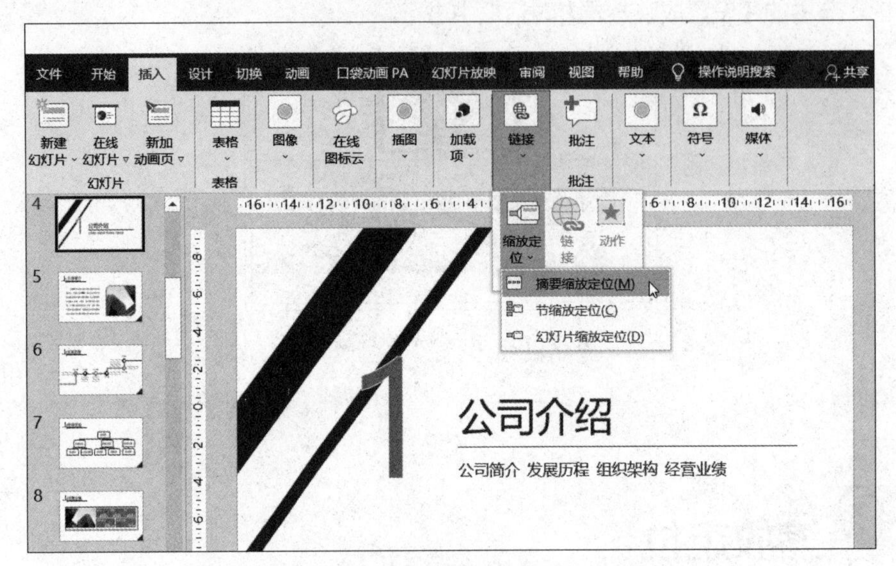

图 12-20　摘要缩放定位功能选择界面

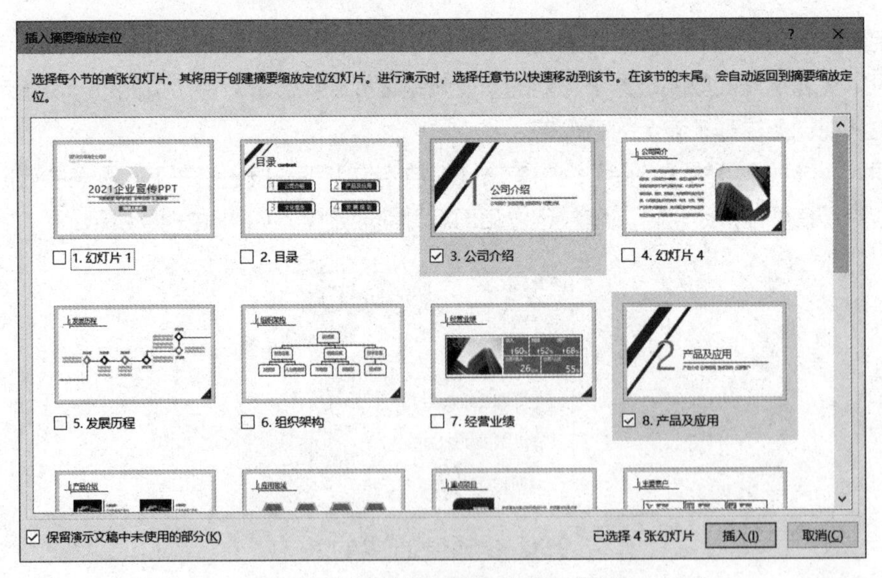

图 12-21　【插入摘要缩放定位】对话框

之后软件自动生成一页幻灯片，刚才选中的页面缩略图排布在该页中，并且这页幻灯片单独形成一个命名为“摘要部分”的节，其他页面也会在所选幻灯片位置自动创建节，如图 12-22 所示。

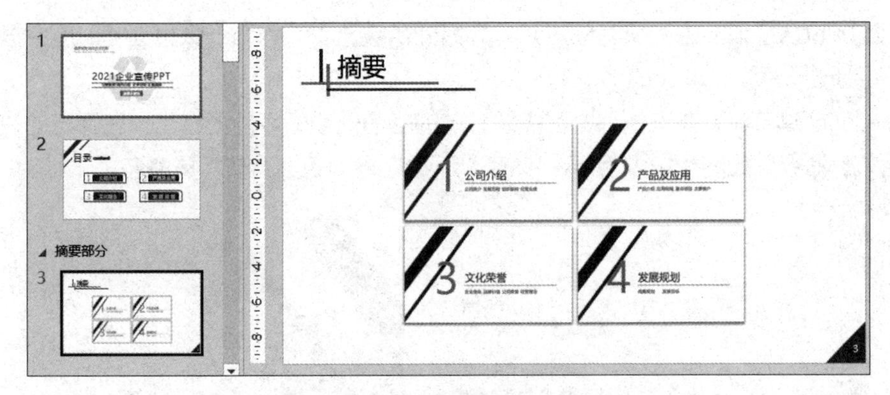

图 12-22　插入摘要缩放定位效果

这个功能特别适合有过渡页的情况。我们为文稿的每一部分创建好一个节，而通常过渡页就是每一节的第一张页面，然后使用这个功能快速生成的这张摘要页面就可以充当目录页了。

2　节缩放定位

选中一页幻灯片作为插入节缩略图的页面，然后在【插入】选项卡下单击【链接】下拉按钮，在下拉列表中选择【缩放定位】→【节缩放定位】命令。在弹出的【插入节缩放定位】对话框中会出现每个节的第一张幻灯片，根据需要进行选择即可，如图 12-23 所示。

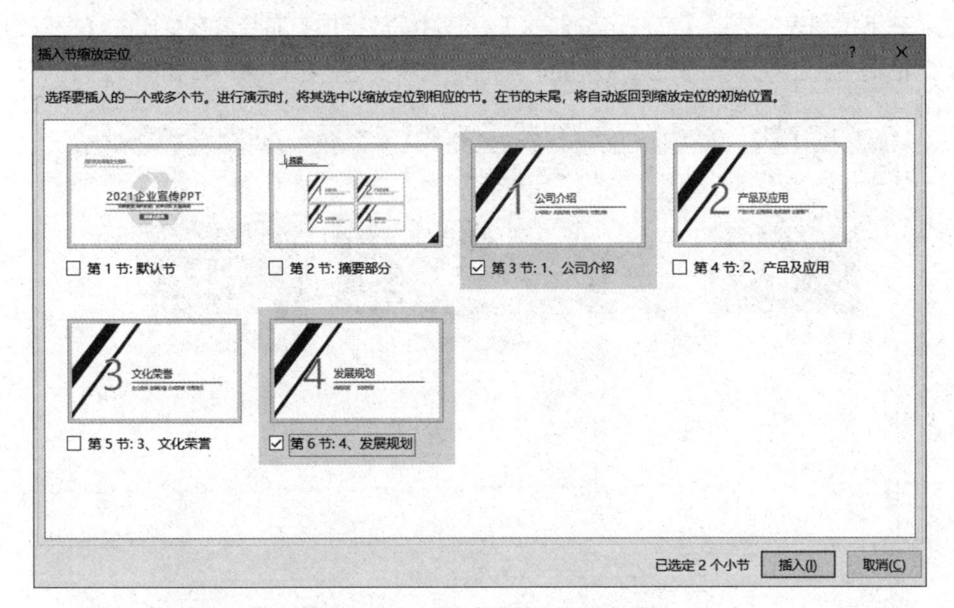

图 12-23　【插入节缩放定位】对话框

【节缩放定位】和【摘要缩放定位】效果类似，区别是【摘要缩放定位】会自动生成一个新页面，在【插入摘要缩放定位】对话框中会显示全部幻灯片；而【节缩放定位】要先为文稿创建好节才能激活使用，在弹出的【插入节缩放定位】对话框中选择的是【节】而不是一张张幻灯片（选择了一节实际上就包含了该节中的所有幻灯片）。另外，被选中节的第一张页面缩略图会插入当前页面中，但不会新建一页。

那么，如何创建节呢？在左侧预览区需要分节的空白处或幻灯片上右击，在弹出的快捷菜单中选择【新增节】命令，如图 12-24 所示。然后，再给新增的各个“节”重命名。

图 12-24　新增节操作界面

3　幻灯片缩放定位

这个功能是对演示文稿中的独立页面进行缩放定位。例如，我们想展示四张图片，每张图片是一页幻灯片。选中一页幻灯片，作为插入幻灯片缩略图的页面，在【插入】选项卡下单击【链接】下拉按钮，在下拉列表中选择【缩放定位】→【幻灯片缩放定位】命令。在弹出的【插入幻灯片缩放定位】对话框中会出现所有的幻灯片页面，然后根据需要进行选择即可，如图 12-25 所示。

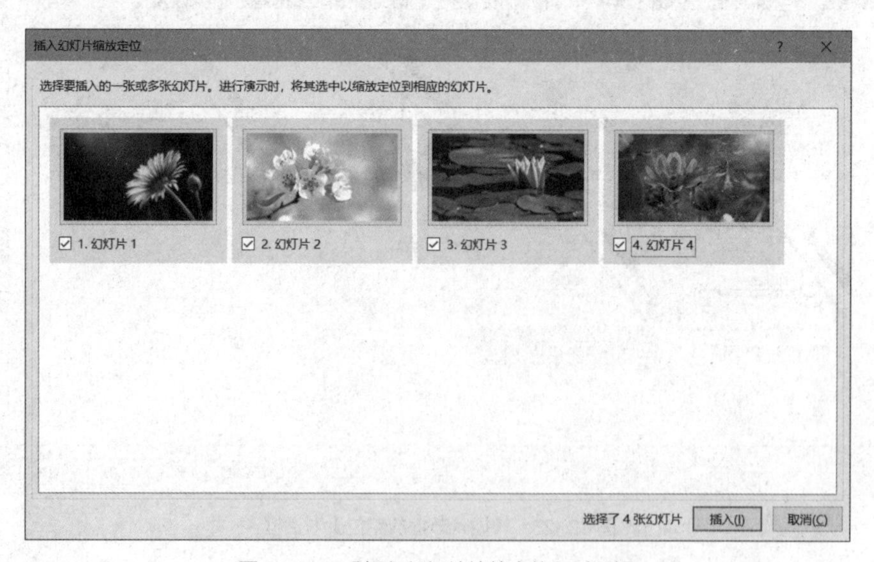

图 12-25　【插入幻灯片缩放定位】对话框

单击【插入】按钮后，四张幻灯片缩略图将会出现在页面上，如图 12-26 所示。然后，我们将四张图片整齐排布好，如图 12-27 所示。

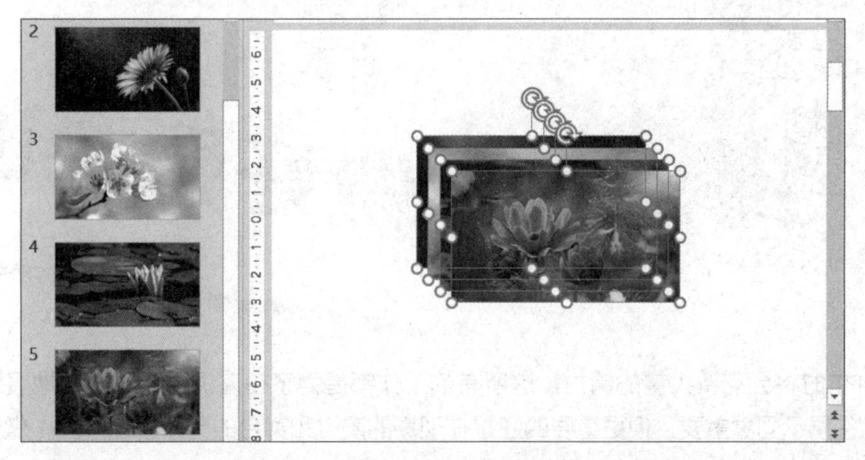

图 12-26　插入幻灯片缩放定位的初始界面

图 12-27　插入幻灯片缩放定位排版后的界面

这时再进入放映状态，会发现通过单击鼠标可以使四张图片呈现轮流动态播放的效果。

利用这个功能，我们还可以把一张图片分割成若干小块，利用【幻灯片缩放定位】功能逐一查看每小块图片。此外，图片之间的动态切换流畅，也是一个不错的加分项。

插入进来的页面缩略图，可以像普通的图片一样设置很多格式和效果，比如，对其排版和设置大小，并旋转一定的角度，这样在放映时可以呈现出更精彩的画面缩放及旋转效果。还可以单击每节的缩略图进行跳跃放映，弥补了正常情况下 PPT 只能从头到尾线性播放的缺陷。

第13章 做好更要讲好

在做 PPT 时将会花费大量的精力，这所有的工作都是为了在演讲中能够更好地展示。一场演示中，PPT 的展示固然重要，但更重要的还是在现场的演讲和舞台的整体呈现。PPT 做得好，那么可以对演讲起到锦上添花的作用；但是如果讲不好，即使 PPT 做得好，那么展示效果也会大打折扣。

13.1 演讲新手的 20 个毛病

PPT 要想能成功的演示，涉及的因素方方面面，除了前期幻灯片的精心制作和准备，还有演讲过程中演讲者的穿着、开场白、站姿、声音、眼神、互动等。笔者在新浪工作期间负责过内部讲师的培养和评选工作，也在多场职级评审会议中担任评委，从事职业培训师以来辅导过很多学员，因此发现了这些经验不足的汇报及演讲者有一些共性的问题，主要可以归纳为四个方面，如图 13-1 所示。

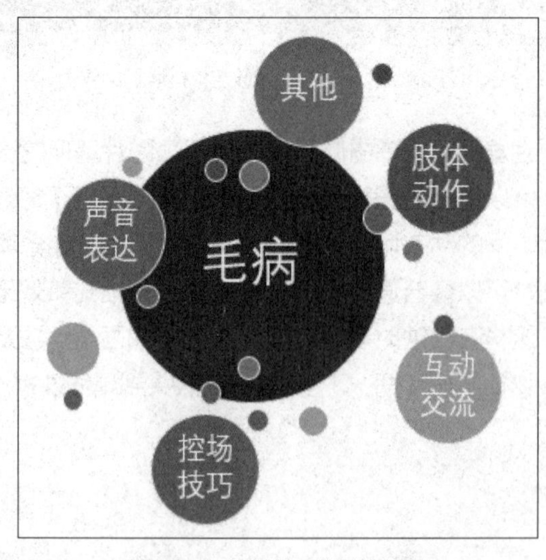

图 13-1 演讲新手的共性问题

1　声音表达

在演讲时，演讲者要注意声音的表达，避免出现以下几种情况。

（1）音量及语速不当。演讲者音量太小或者说话过快，导致观众根本听不清楚。

（2）表达不清。演讲者吐字不清楚或者口音过于浓重，抑或是思路混乱导致观众不清楚演讲者要表达什么。

（3）口头禅较多。经常出现“嗯”“啊”“这个”“那个”“然后”“因此”等，这些连接词只有恰当运用才能起到承上启下和停顿的作用，使用过多容易使观众产生不耐烦的感觉。

（4）语调平淡。演讲者的语调没有激情也无抑扬顿挫，太过平淡，犹如念经，令人昏昏欲睡。

2　肢体动作

在演讲过程中，以下不合适的肢体动作都会影响演讲效果。

（1）站姿不稳。在演讲时，演讲者不停地左右晃动或在台上走来走去，或抬头白眼看天花板，又或低头自言自语，让人感觉很奇怪。

（2）表情呆板。演讲者由于紧张导致太过严肃，没有亲切感。

（3）手势不自然。双手不知往哪里放，很不自然，或手插裤兜、叉在腰上。另一个极端是手势太多、情不自禁乱摆，与所讲内容不能匹配。

（4）笑得太多。虽不能全程表情呆板，但也不能一直保持笑的状态，会显得很傻，不够严肃。笑得太多或者观众不笑自己笑，反倒显得不够庄重。

（5）激光笔使用不当。演讲过程中一直点亮激光笔，或者在屏幕上乱绕，让人眼花，甚至不小心还射向观众席等，会让人感觉很随意。

3　互动交流

好的 PPT 演讲，一定要有与观众互动交流的过程，切忌有以下几个现象。

（1）从不与观众互动，一味只顾自己干讲。

（2）有互动，但所提问题用意不明确，与主题不大相关。

（3）提出问题后收不回来，没有相应的总结或启发。

（4）不注意观察观众的反应，未能做出及时调整。

（5）永远盯着一个方向看，与其他观众目光接触不够。

（6）总是站在一个地方，少走动，不能照顾到全场。

（7）对着 PPT 读，根本不会演讲。

4 控场技巧与其他

在演讲现场，还可能会存在以下几个问题。

（1）对观众所提问题应对不当，导致尴尬、冷场。

（2）内容不熟悉，准备不充分，讲解不连贯。

（3）时间把握不准。时间到了有很多没讲完，或是早早就结束了演讲。

（4）不能快速自我调整。上台机会少，导致紧张、手脚发抖、冒汗、说话结巴等，不能快速调整进入最佳状态。

如果有以上这些问题也不用担心，更不必自责，这是很正常的现象。要想解决掉这些问题，需要掌握一些技巧，下面就来讲解一些实用的技巧。

13.2 演讲时的实用技巧

在 PPT 演讲时，要想避免前面提到的问题，有以下几个实用的小技巧。如果掌握好了，在以后的演讲中将会增色不少。

1 克服紧张情绪

大多数人都是没有很多演讲经验的，在上台演讲时难免会紧张，特别是席下观众的目光都集中在自己身上的时候，更是感觉手脚都无处安放。那么，如何克服紧张，避免因此导致的发挥失常呢？

首先，精心准备。制作完 PPT 之后，要做好演讲前的全部准备，提前熟悉场地，有可能的话进行现场试讲，减少突发事件发生的可能性，这样会让心里踏实，一切都在掌控之中，可以在一定程度上避免紧张。

其次，心理暗示。无论多么重要的演讲，不管台下坐的是谁，在即将上台前都不要给自己太大压力。可以不断给自己心理暗示，告诉自己可以很好地完成这次演讲，相信自己是最棒的，通过这种心理暗示可以缓解这种紧张情绪。

再次，手中拿物。上台后双手空空可能觉得难以安放，通常演讲者是一手持话筒，一手握激光笔或翻页笔，那么按照自然的手势动作发挥即可。如果没有这些设备，现场就地取材，比如小册子、讲义或者将 A4 纸材料卷成筒状，甚至拿个手机，也能帮助我们快速走出紧张状态。

最后，寻找温柔的目光。上台之后用目光环视，迅速找到确认过眼神的、温柔的那个目光，也可在上台之前提前安排熟人，这样会让自己感觉舒服，心态也能较快放平。

只要安全度过开场后的前几分钟，后面进入自己的节奏中就会好很多。

2　体态目光交流

在演讲的过程中，要注意整体仪态和目光交流。席下的观众第一眼看到演讲者的状态，就会对其有初步的印象分。因此，我们要根据演讲场合选择得体的着装，上台时记得要抬头挺胸，千万不要有摸头、搓衣角这样的小动作，走上台的过程中还可以偶尔看向听众，这样会有一个初步的目光交流。上台站好后先扫视全场，面带微笑，目光要镇定，不要躲避观众的目光，然后就可以开场白了。

在演讲过程中目光交流更为重要，如果不知道看向哪里，就看向观众席中间偏远点的方向，不要低着头或者只盯着屏幕。如果可以和观众有语言上的互动会更好，能够快速拉近和观众的距离，演讲效果也会大大提升。

3　语速语调控制

在 PPT 的演讲过程中，控制好语速语调，能让听众听得舒服。演讲时，一定要吐字清晰，音量适中，让听众听得清，耳感舒适，这是最基本的要求。现在大多场景都提供麦克风，如果确定是长时间演讲，可以一开始就降低嗓音，保存体力。

另外，在时间可控状态下，尽量不要在语速上走极端。如果语速特别快，会让观众听不清，还可能造成紧张气氛；如果语速特别慢，可能让听众感觉节奏不紧凑，甚至像催眠曲。所以要根据演讲内容，在重点处可以提高音量加以强调；在难点处可以语速放慢或者重复讲述；在不重要的地方也可以一带而过。

总之，理想情况是做到语速有快有慢、音量有大有小，该激昂时激昂，该低沉时低沉，切忌一马平川。

4　时间松弛有度

在很多重要的场合，PPT 演讲会有严格的时间限制，在规定的时间完成演讲算是一条红线。我们可以根据章节重要性预估一个时间安排，比如 40 页的 PPT 需要 20 分钟讲完，平均每页只有半分钟，这个速度是很快的，这会导致观众的视线停留时间太短，甚至来不及捕捉有用信息。在这个时间限制下，我们需要考虑缩减 PPT 内容。如果页面多，但是每页内容简单，关键点显示比较突出，把时间控制在 20 分钟就没有问题了。如果有互动环节，把控时间的难度就会加大一点，一定要注意避免在互动时占用重要内容的讲解时间。

在 PPT 演讲之前，事先一定要做排练，这样时间控制起来才会松弛有度。如果是纯演讲的内容，我们可以使用 PPT 的【排练计时】功能进行反复排练，调整时间和内容；如果是带有互动的，可以请同事、朋友或家人模拟现场环境进行演练。掌握了一定的技巧后，剩下的就是练习，只有找机会勤加练习，才能真正克服毛病、在台上挥洒自如！

越重要的演示，越要精心准备。早些年笔者参加过一个培训师的展示会，为了这 20 分钟的展示，准备了差不多一个星期，不但要精心制作 PPT，还要设计一个脚本表格，把每一页该讲什么内容、配合什么肢体动作、可能出现的状况、讲多长时间（精确到秒）等全都设计好，一遍一遍演练、调整，直到不用看 PPT 也知道页面上是什么内容，该怎么讲。对于这种方法，读者也可进行借鉴和变通，找到更适合自己的方式，从而让演讲顺利完成。

第五部分

高效实现——辅助工具的使用

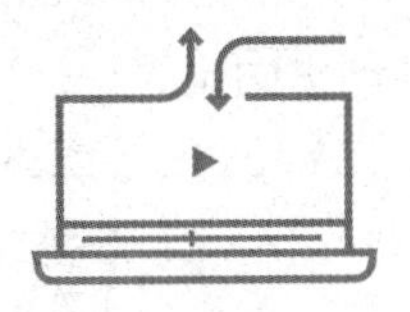

前面我们讲到的 PPT 操作都是软件自带的功能，随着使用者的应用范围不断扩展、应用程度不断加深，越来越多的共性需求凸显出来。人们希望搜集素材不再占用太多工作量，希望复杂的操作步骤变简单，希望演示需求能够最大程度给以满足，希望通过更多的方式将信息传递给他人……由此辅助工具便应运而生。

第14章 锦上添花的小工具

“工欲善其事，必先利其器。”这一部分，我们就来推荐几个好用的PPT制作和演示的辅助工具，助大家早日成为PPT达人！

14.1 iSlide，用过就会爱上

iSlide是时下流行的PPT插件之一，不但有多种实用功能，还有超丰富的素材资源。该插件可以直接进入官网下载，官网页面如图14-1所示。

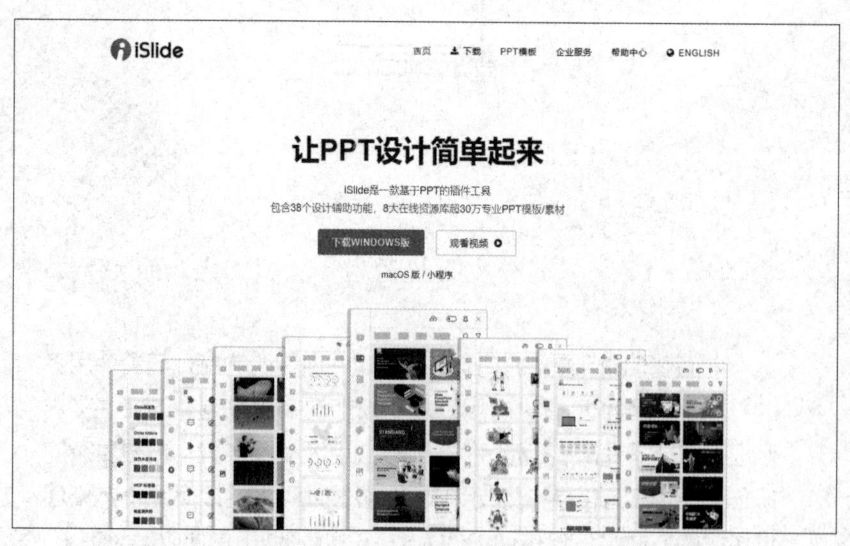

图14-1　iSlide官网截图

插件装好后，iSlide会以选项卡的形式出现在PowerPoint软件中，单击【iSlide】选项卡，下方就会出现很多工具按钮，如图14-2所示。iSlide使用起来非常方便，下面我们选取几个功能进行重点介绍。

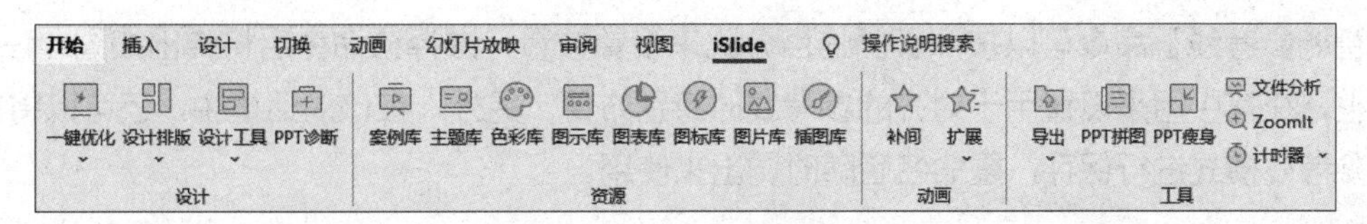

图 14-2　iSlide 菜单栏

14.1.1 一键优化

在【iSlide】选项卡下的【设计】组中单击【一键优化】下拉按钮，下拉列表中会出现如图 14-3 所示的几个命令选项。

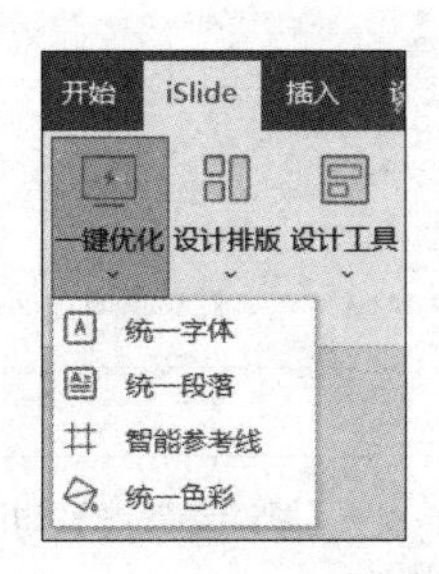

图 14-3　iSlide 的【一键优化】菜单

【统一字体】命令就是将整个演示文稿中五花八门的字体进行一键统一，这对 PPT 文档的字体调整非常方便。

【统一段落】命令也是类似的，可以设置段落行距、段前和段后间距。选择该命令选项后将弹出如图 14-4 所示的对话框。在其中，还可以设置应用的页面，选中【幻灯片序列】单选按钮可以选择任意页面。

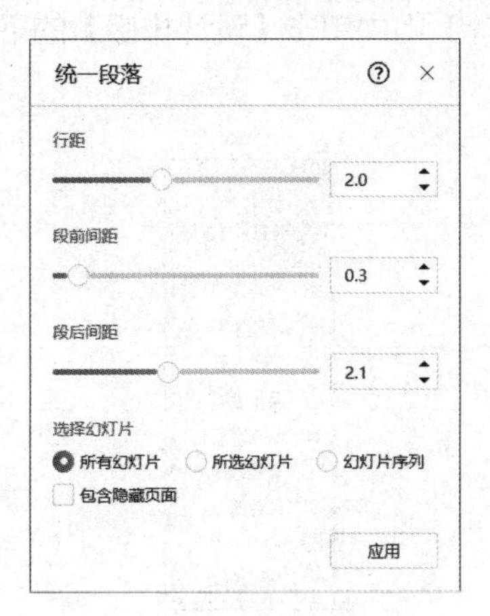

图 14-4　【统一段落】对话框

【智能参考线】命令可以按照页面的百分比来设置位置，选择该命令后将弹出如图 14-5 所示的对话框，在其中用来设置用于对齐的参考线时特别方便。另外，在该对话框中，还可以将自定义的不同参考线模式进行保存，重命名后随时调出来使用。

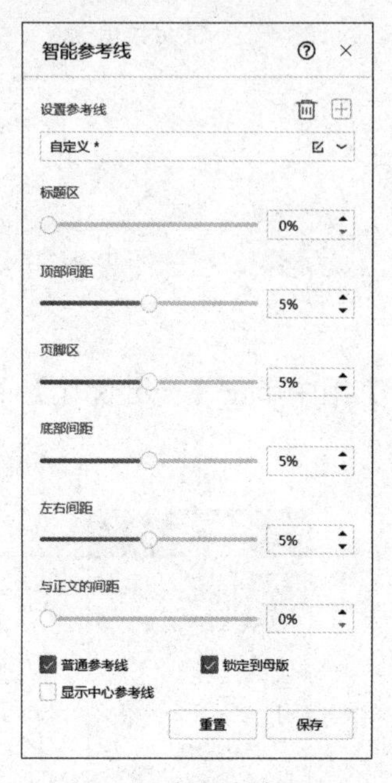

图 14-5 【智能参考线】对话框

【统一色彩】命令就是将整个演示文稿中的字体颜色进行统一，这在设置字体时比较方便。

14.1.2 设计排版

在【iSlide】选项卡下的【设计】组中单击【设计排版】的下拉按钮，在下拉列表中将会出现很多命令选项，如图 14-6 所示。

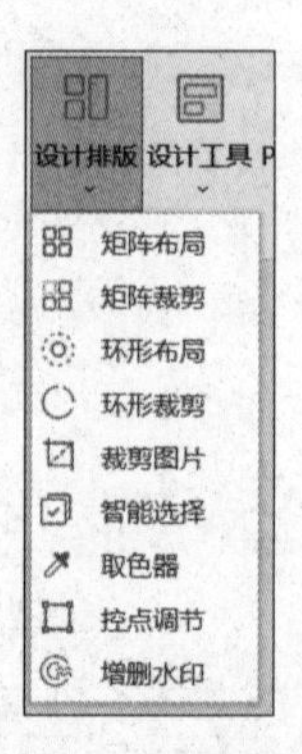

图 14-6 【设计排版】菜单命令

下面先来看两个布局：矩阵布局和环形布局，就是将形状进行矩阵排布、环形排布。

在 PPT 中插入一个形状，在【设计排版】的下拉选项中选择【矩阵布局】命令，会弹出图 14-7 所示的对话框。在【横向数量】和【纵向数量】中调节数值，这个形状就会自动按照横、纵两个方向进行复制和排布。这里还可以设置形状之间的间距。

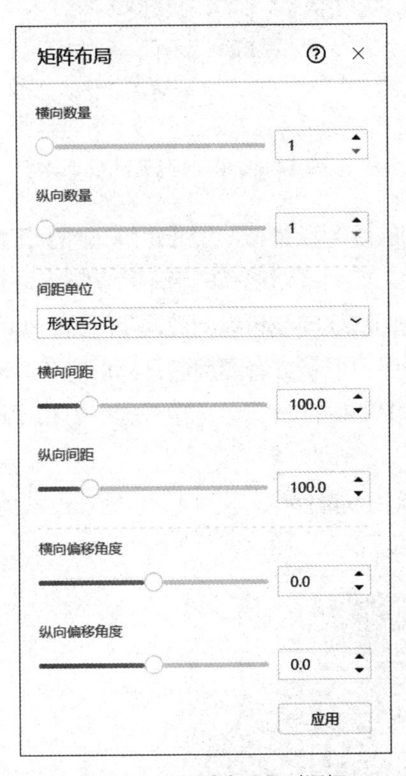

图 14-7　【矩阵布局】对话框

例如，我们插入一个矩形，将【横向数量】设置为 4，【纵向数量】设置为 3，其他参数不变，就会得到图 14-8 所示左图中的形状群；如果更改【横向间距】设置为 120，将【纵向间距】设置为 110，就可以得到图 14-8 所示右图中的形状群。

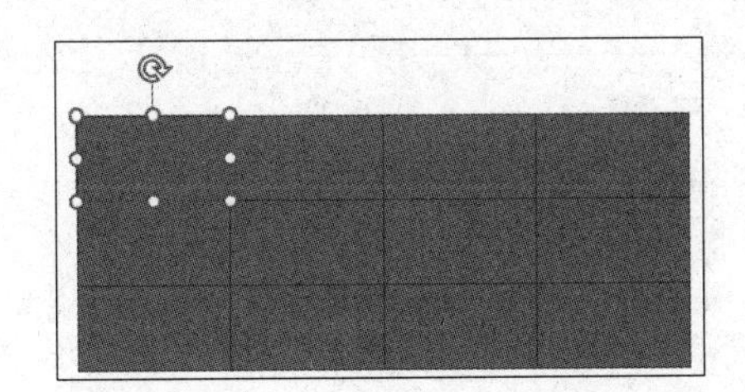
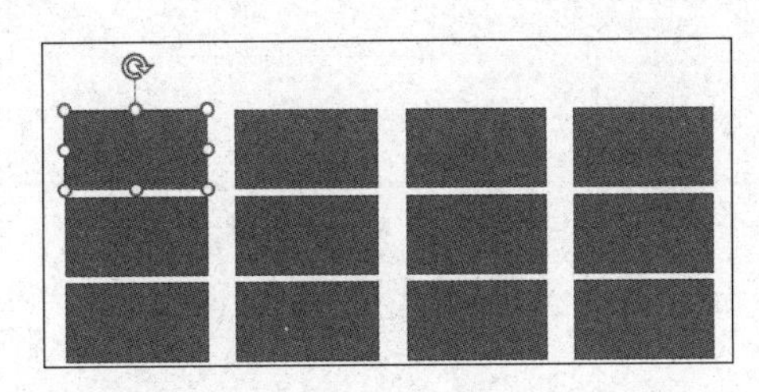

图 14-8　iSlide 矩阵布局案例

然后将【横向偏移角度】设置为 20，就可以得到图 14-9 所示的形状群。

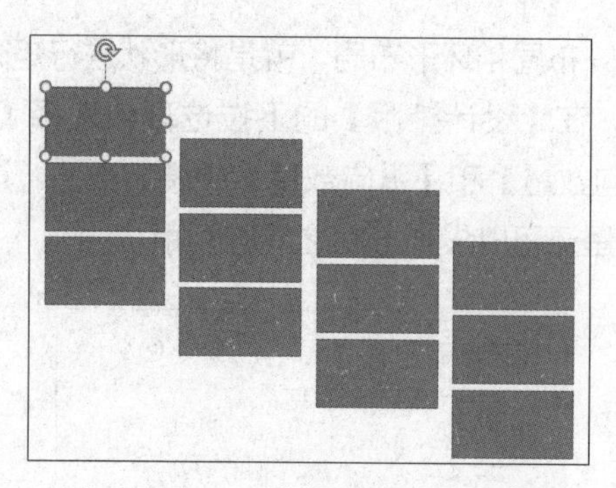

图 14-9　iSlide 横向偏移矩阵布局案例

可以发现，如果要进行形状的复制和排布，用【矩阵布局】工具是很方便的。当然，这里也不一定非要是形状，也可以是图片。如果是对已有的若干形状或者图片进行矩阵式排布，就可以直接选择这些形状或者图片，调整它们的横向或者纵向数量及间距、偏移角度就可以了。【环形布局】与【矩形布局】的方法类似，只是将形状或者图片进行环形排布。

接下来再来看看【裁剪图片】的两种方式：【矩阵裁剪】和【环形裁剪】，就是将形状或图片裁剪为若干矩形、环形。

图 14-10 是矩形裁剪的效果和设置参数，图 14-11 是环形裁剪的效果和设置参数。

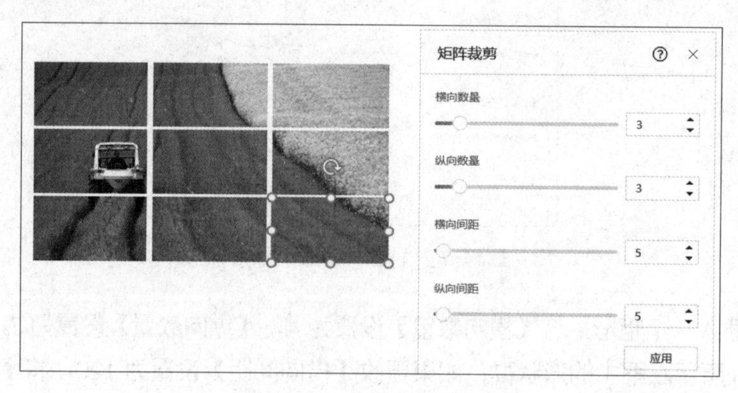

图 14-10　iSlide 的矩阵裁剪

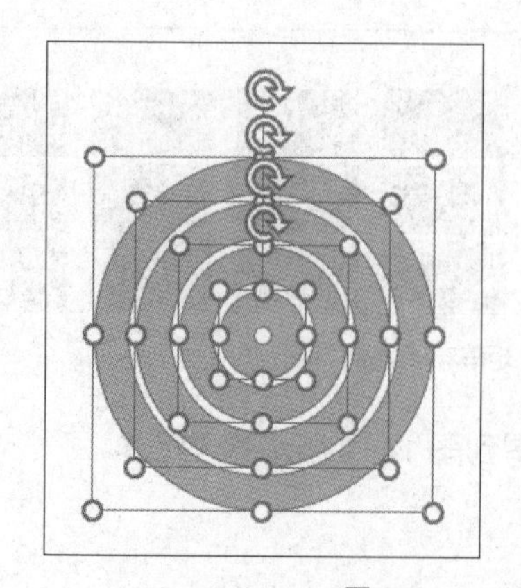

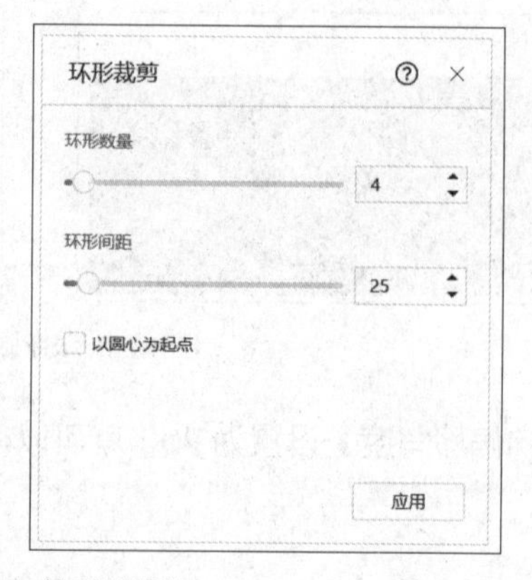

图 14-11　iSlide 的环形裁剪

这里还有一个要提到的工具就是【增删水印】，通过其可以设置任意图片或形状作为水印，一键添加到任意需要的页面上，而且每页添加的大小、位置都相同。这个功能也可以用于添加 LOGO。前文讲解过，在 PPT 中可以直接在母版里添加 LOGO，达到多页显示的效果，这里不是在母版里添加的，而是直接在每个页面上添加的，可以随时删除。

14.1.3 资源

在【iSlide】选项卡下的【资源】工具组中有多种类型的资源，如图 14-12 所示。其中，有部分资源在联网后可以免费使用。

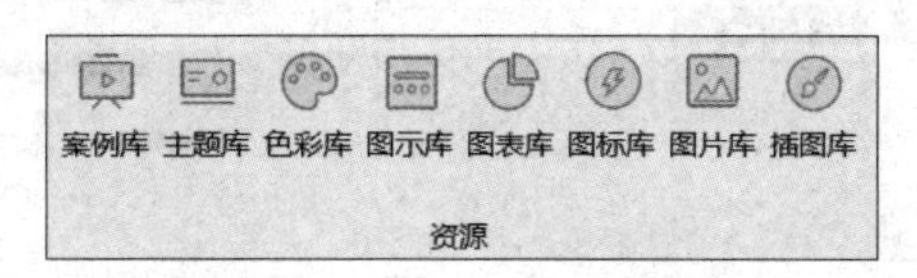

图 14-12　【资源】工具组

以其中的【图表库】为例，这里的图表其实不是真正的图表，而是用形状模拟的，图表库界面如图 14-13 所示。

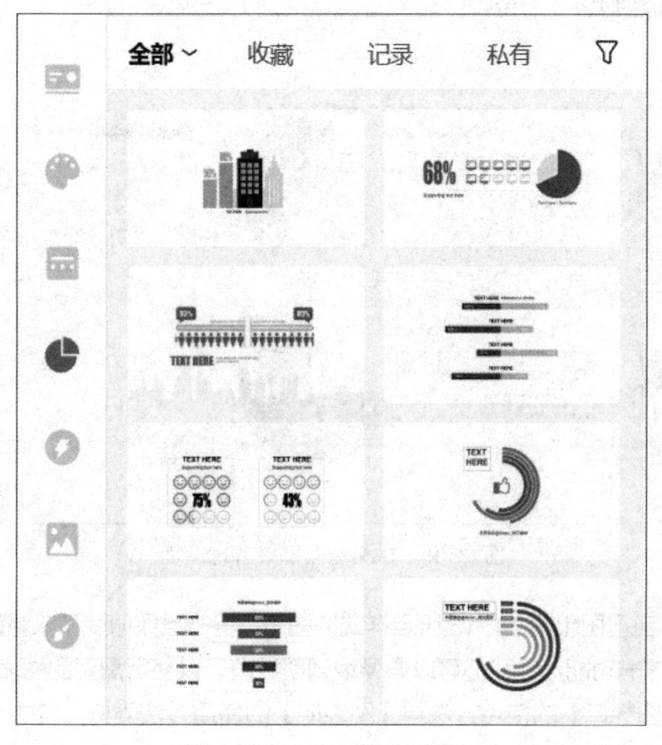

图 14-13　iSlide 的图表库界面

将鼠标移动到想要选择的图表上，会出现一个下载的图标，直接单击就可以进行下载了，如图 14-14 所示。

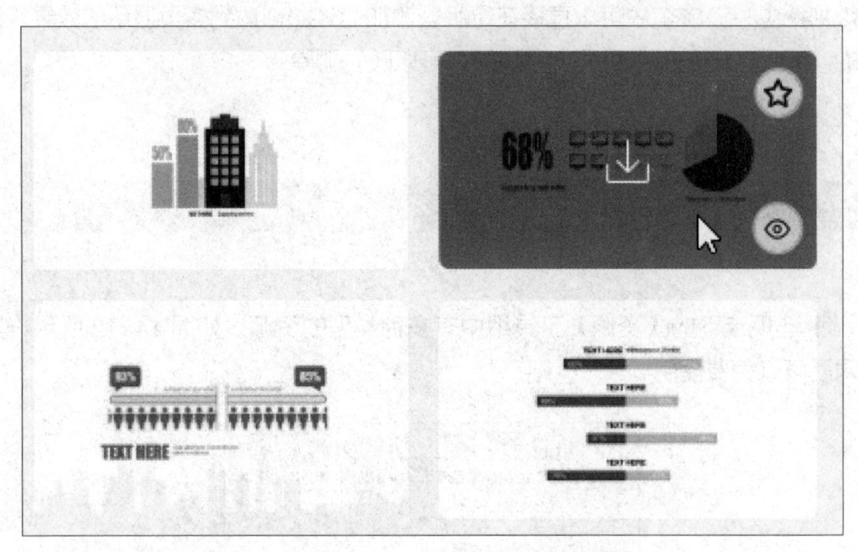

图 14-14　iSlide 资源下载界面

选好模板后单击右侧的编辑小图标，就会弹出【智能图表编辑器】窗口，在其中输入需要的数值，图表就会自动根据数值进行调整。这里还可以修改图表的颜色，单击闪电图标按钮可以修改图表中图标的样式，如图 14-15 所示。

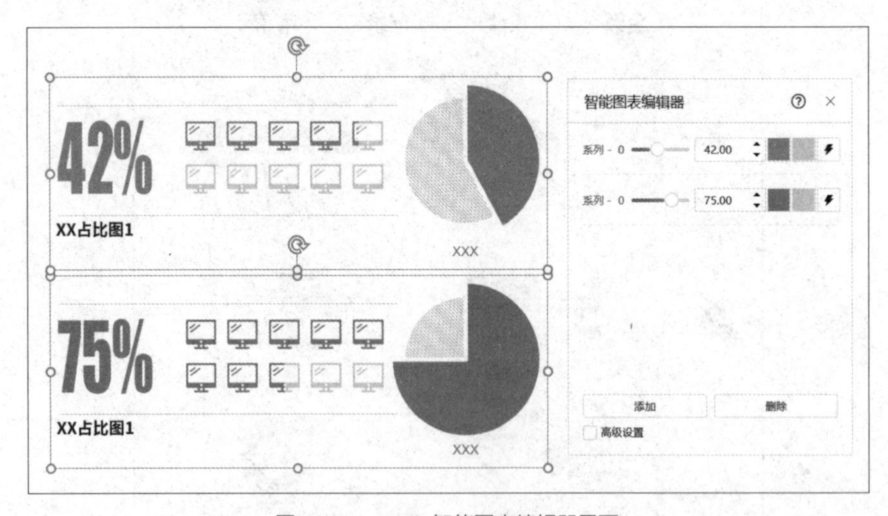

图 14-15　iSlide 智能图表编辑器界面

虽然我们也可以自己画出图 14-15 所示样式的图表，但一旦数值变了，调整起来会比较困难，iSlide 恰恰就提供了这一功能，让我们可以方便地调整数值，以获得需要的图表效果。

在 iSlide 中，【图标库】的使用方法与【图表库】的使用方法类似，其中也有很多资源，可以使用关键字进行搜索，图标库界面如图 14-16 所示。

图 14-16　iSlide 的图标库界面

选择好图标后，如果想替换，直接选中原来的图标再选择新的图标，向下的箭头变成替换箭头，单击就可以直接替换了，如图 14-17 所示。

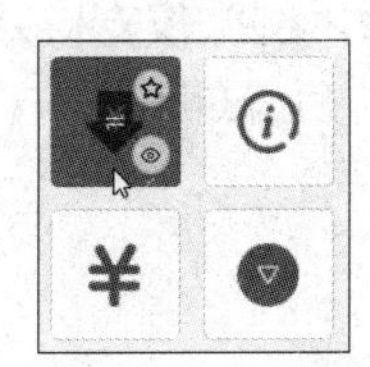

图 14-17　iSlide 资源替换界面

【插图库】在页面设计时也是比较常用的资源库，其界面如图 14-18 所示。

图 14-18　iSlide 插图库界面

14.1.4 导出功能

在【iSlide】选项卡下的【工具】组中，单击【导出】的下拉按钮，在下拉列表中有如图 14-19 所示的几种命令，可以方便地将 PPT 导出为这几种形式。

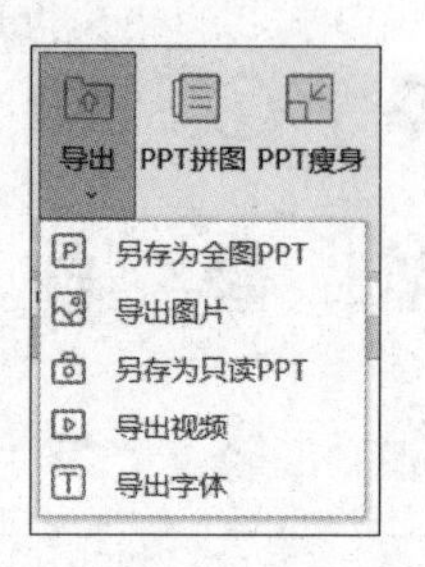

图 14-19 iSlide 的【导出】菜单

【另存为全图 PPT】命令是将可编辑的页面保存为不可编辑的图片，即 PPT 的每一页都是图片，这也是保护文档的一种方法；【导出图片】命令是将 PPT 的每一页导出为一张张独立的图片；【另存为只读 PPT】命令就是限制编辑权限，PPT 仅支持只读模式；【导出视频】命令也很好理解，如果没有设置切换动画，在这里可以设置翻页的时间；【导出字体】命令是将 PPT 中使用的字体文件导出来，可以用于字体安装。

14.1.5 文件分析和 PPT 瘦身

在 PPT 中，【文件分析】功能是分析什么呢？通过这个功能可以看到每页 PPT 的大小，如图 14-20 的左图所示；点开折叠按钮还可以看到每页幻灯片中各类素材所占用的空间大小，如图 14-20 的右图所示。

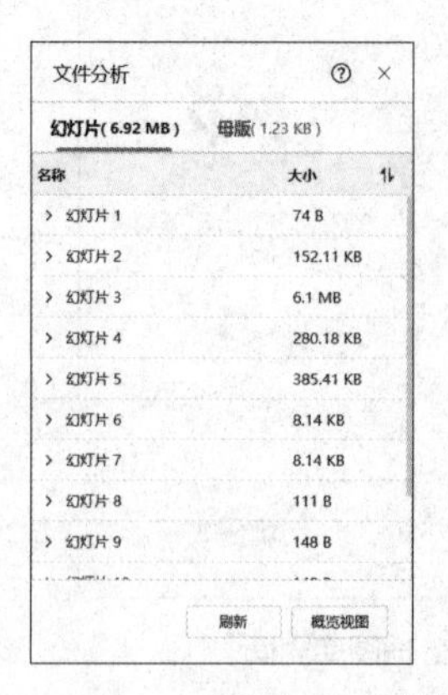

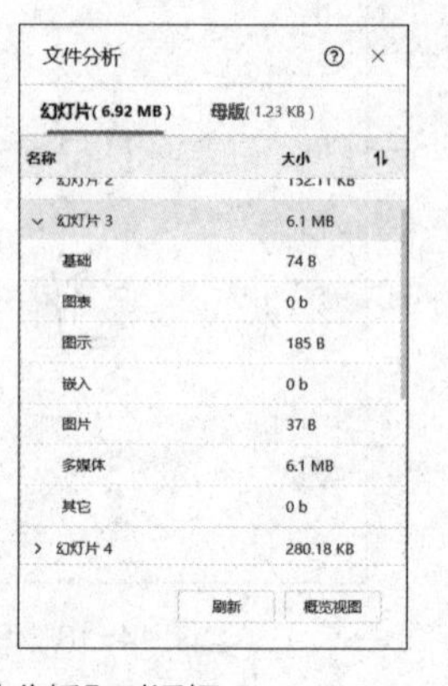

图 14-20 【文件分析】对话框

基于【文件分析】的功能，下一步利用【PPT 瘦身】功能来压缩文档大小。在【iSlide】选项卡下的【工具】组中单击【PPT 瘦身】按钮，将会弹出如图 14-21 所示的对话框，在该对话框中提供了一些压缩选项，在其中选择可以压缩的要素即可。

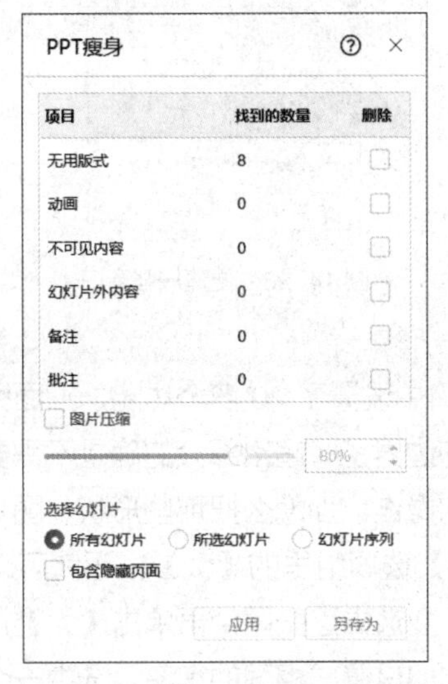

图 14-21　iSlide 中的 PPT 瘦身窗口

14.2 效率神器 OKPlus

OKPlus（OneKeyTools Plus）是一款提升 PPT 制作与操作效率的免费插件，插件安装后也是以选项卡的形式出现在 PPT 中。OKPlus 中有上百个实用的小功能，按照便捷组、图片组、调色组、批量组、工具组进行归类，如图 14-22 所示。

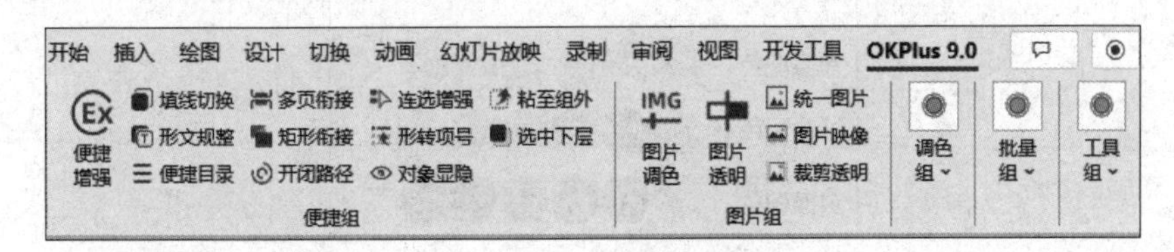

图 14-22　OKPlus 功能组

OKPlus 插件的亮点就是高效率，很多利用 PPT 自带功能无法实现或者实现起来很麻烦的操作，在这个插件下往往是单击一个按钮就可以实现了。下面我们介绍这个插件中几个实用功能。

（1）便捷增强功能。单击【便捷增强】按钮即可实现一些快速方便的操作，如图 14-23 所示。

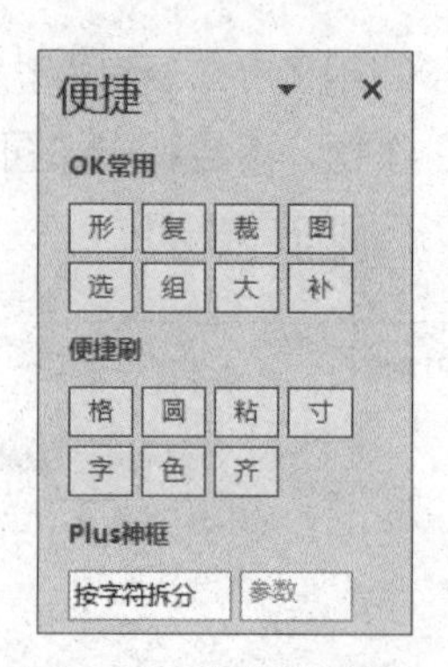

图 14-23　便捷增强窗口

在图 14-23 所示的这个小窗口中设置了 20 多个功能，下面列举几个应用场景：有时我们插入幻灯片中的元素已经超出幻灯片的边界了（超出部分的确是不需要的），虽说不影响放映效果，但是在编辑的时候可能会影响我们的操作，那怎么把那些形状、图片多出的部分裁掉呢？我们只要先选中那些元素，再单击【OK 常用】选项组里的【裁】按钮就可以了。有时插入了一张图片，希望把它铺满整个幻灯片页面，这时只要选中这张图片再单击【大】按钮就可以了，如果选中的是多个元素，再单击【大】按钮则会将它们设置成相同的宽高。选中一个元素后再单击【选】按钮，则会选中跟它相似度高的其他元素，如果有很多的话可以全部选中，非常便捷。注意，我们还可以把鼠标悬停在按钮上查看帮助信息，此外，右击某些按钮还有其他特别的选项。

（2）一键调色功能。在设计 PPT 时，配色是很多人的操作短板，借助该插件的功能，我们可以一键调出相应的颜色序列来。例如，插入一个形状并设置其初始填充颜色，选中后单击【调色组】中的【单系配色】按钮，便可生成一系列颜色，单击【冷暖配色】和【过渡配色】按钮可分别得到相应的颜色，如图 14-24 所示。

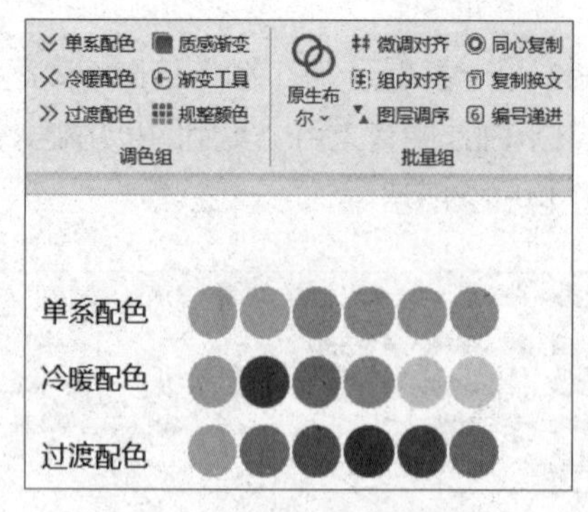

图 14-24　一键调色操作效果

（3）微调对齐功能。在页面中插入的元素如果局部没有进行对齐，通常需要一一选中它们进行操作，比较烦琐。此时只要选中所有元素，单击【批量组】中的【微调对齐】按钮，便可将它们全部沿水平方向对齐好，如果按住【Shift】键再单击【微调对齐】按钮则是沿垂直方向对齐。完成后的效果如图 14-25 所示。

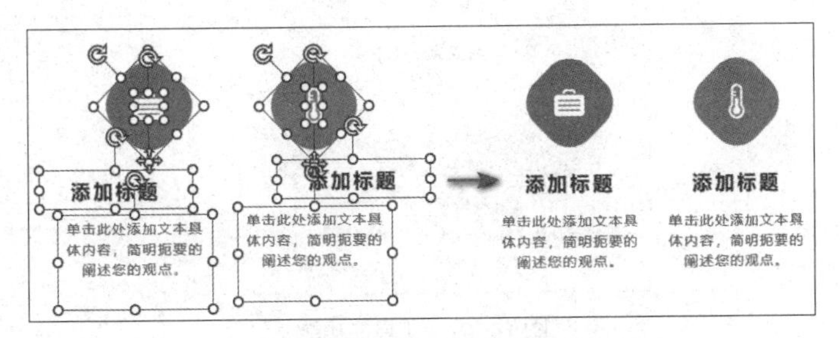

图 14-25　微调对齐操作效果

（4）Plus 特效。单击【工具组】中的【Plus 特效】下拉按钮，可以看到弹出的下拉列表中有多种效果，如图 14-26 所示。

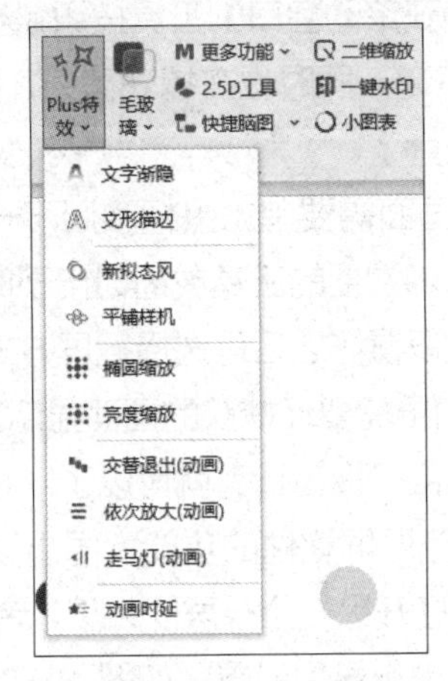

图 14-26　【Plus 特效】菜单

其中【文字渐隐】命令可将文本框中的文字打散（每个字都是一个单独的文本框）并添加白色渐变效果，【文形描边】命令是给文字添加描边的特效，【亮度缩放】命令可将选中的多个形状根据其填充颜色的深浅自动设置形状大小。底部还有几个动画，可以快速制作出相应的动画效果来。

OKPlus 系列插件有多个版本，功能不尽相同，可根据需要进行安装。

14.3　FastStone Capture，好用的截屏工具

FastStone Capture 的特长是截屏，几乎可以满足各种方式的截屏需求，同时还兼具录屏、图片处理及演示辅助等强大功能。软件十分简洁，打开就是一个可浮于屏幕上方的工具栏，如图 14-27 所示。

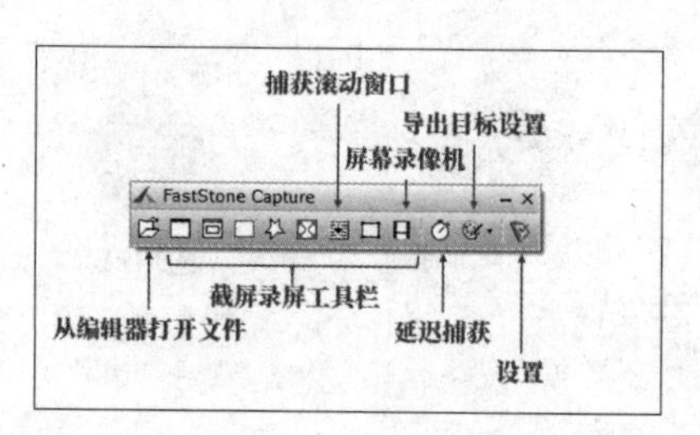

图 14-27　工具栏功能

在截屏录屏工具栏中可以看到常规的屏幕捕获方式，比如捕获窗口、捕获矩形区域、捕获异形区域等。下面介绍几个有亮点的功能。

（1）捕获滚动窗口。当捕获的内容很长，需要一边滚动窗口一边捕获屏幕时，就可以用到这个功能了。首先单击工具栏中的【捕获滚动窗口】工具按钮，当屏幕出现红框时，即是捕获区域，然后单击鼠标左键，屏幕开始自动滚动，同时也在捕获窗口，按【Esc】键即退出捕获。这样，滚动了几屏的画面就可以捕获成一张图片了。

（2）延迟捕获窗口。当捕获的画面需要单击鼠标激活下一级工具栏时，可以使用延迟捕获窗口功能。延迟的时间用来操作鼠标，当需要的工具或窗口出现时，再开始捕获屏幕画面。单击【延迟捕获】按钮，可以设置延迟时间，设置好之后再选择截屏方式就可以了。

（3）捕获画面显示鼠标位置。如果需要让捕获的画面显示鼠标位置，则单击【导出目标设置】的下拉按钮，在下拉列表中选择【包含鼠标指针】就可以了。

（4）录制屏幕。这个功能和其他录屏软件的功能大同小异，但是因为集成在一个软件里，所以使用起来也很方便，不需要再单独打开另一个录屏软件了，单击【屏幕录像机】按钮，将打开【屏幕录像机】对话框，在该对话框中可进行录屏设置，如图 14-28 所示。

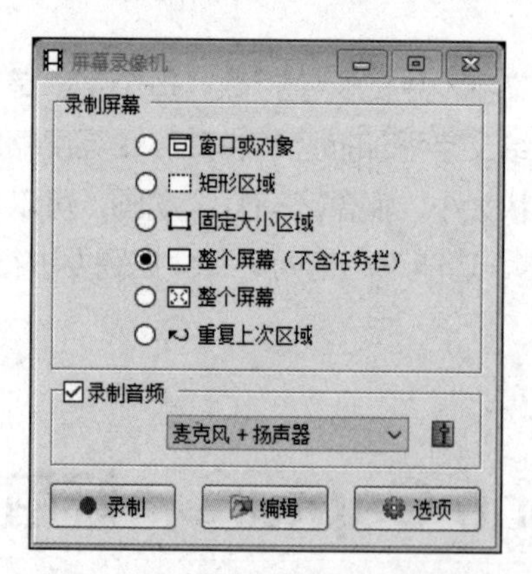

图 14-28　【屏幕录像机】对话框

（5）演示辅助的小工具。单击【设置】按钮，除了可以对软件本身进行设置，这里还有几种演示可以用到的小工具。比如屏幕放大镜，如果演示时需要局部放大，就可以单击使用这个工具，并且在放大状态下可移动鼠标位置，单击鼠标即可退出；屏幕标尺工具，可以测量屏幕上任意点的距离，并且可以在像素、厘米等常用单位间直接切换。

14.4 EV 录屏，高清无水印的录屏软件

EV 录屏是一款优秀且免费的国产软件，不仅能够录制屏幕上的操作过程，还可以加入摄像头画面、PPT 画面及大纲，因此录制视频课程使用此款软件更合适。另外，该软件不仅能录制屏幕，还能将当前电脑画面推流到服务器，实现直播功能，如图 14-29 所示。

图 14-29　EV 录屏界面

EV 录屏的录屏功能几乎就是傻瓜式的操作，直接单击主界面左下角的【开始】按钮即可开始录制，按【Ctrl+F2】键即可停止录制，并自动保存录制好的视频。如果想了解 EV 录屏的其他功能，可以参考官网的帮助功能。

14.5 有了 ScreenToGif，自己也能做动图

这里讲的动图就是格式为 GIF 的图片，比如我们常见到的会动的小表情就是这种格式的。制作 PPT 时，如果是时间很短的视频，我们就可以考虑把它转化为动图来展示，图片占用的空间远远小于视频。图 14-30 就是软件打开的界面，也是非常简洁。可以直接使用【录像机】进行录屏，也可以将已有的视频在【编辑器】中打开处理，最后将输出的文件格式直接设置为 GIF 就可以了，如图 14-30 所示。

图 14-30　ScreenToGif 工具栏

单击【录像机】按钮后，将会弹出一个可以自由调整大小的窗口，拖动鼠标可以调整窗口大小和位置。然后单击右下角的【录制】按钮，软件即开始录制屏幕操作，录制完毕后单击【停止】按钮即可停止录屏，如图 14-31 所示。

图 14-31　ScreenToGif 的录制界面

录制完视频单击【停止】按钮，这时页面会自动进入【编辑器】的状态，可以看到录制的视频变为若干张图片，也就是动画及视频里的【帧】，如图 14-32 所示。

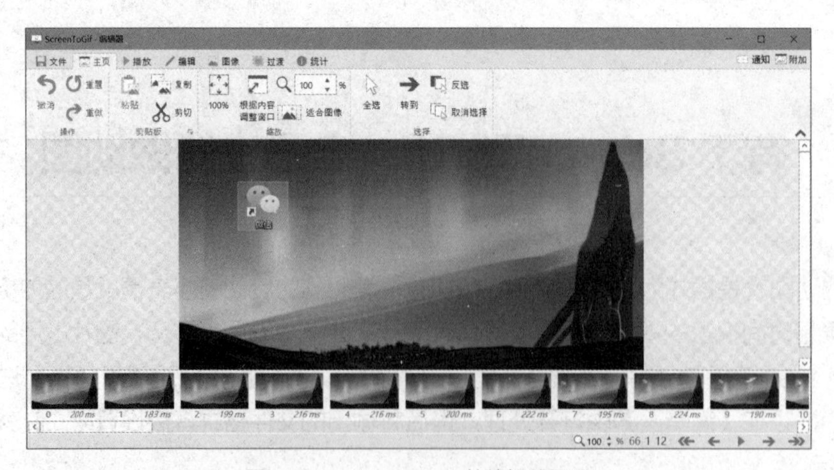

图 14-32　ScreenToGif 的编辑器界面

（1）选择【编辑】选项卡，其菜单项如图 14-33 所示。

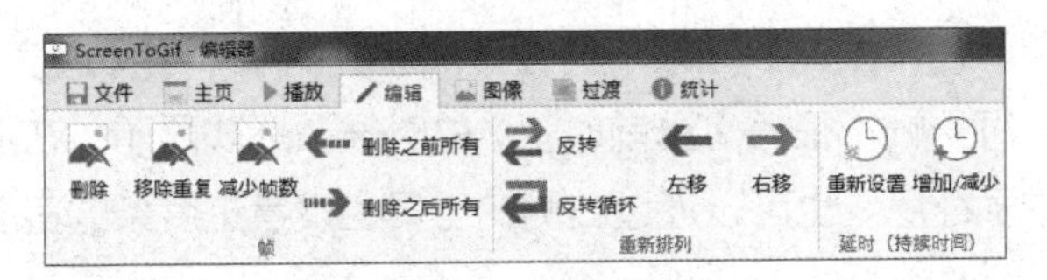

图 14-33　【编辑】菜单

- 删除帧。在这里可以删除不想要的帧，选中任意帧，也就是界面下方一张张的图片，单击【删除】按钮，该帧画面就会被删除。还可以快速删除连续帧：选中一帧画面，单击【删除之前所有】按钮，即可一键删除选中画面之前的部分，同理可以快速删除某一帧之后的画面。另外，单击【移除重复】按钮，即可一键删除重复的帧；单击【减少帧数】按钮，可按照一定的规律减少帧数（比如间隔若干帧删除一帧）。
- 设置帧画面持续时间。单击【增加 / 减少】按钮可以调整帧的持续时间，如果帧的持续时间长，呈现的动态效果就会变慢。另外，还可以调整帧的顺序等。
- 调整帧顺序。单击【左移】或者【右移】按钮，可以调整帧的顺序。

（2）选择【图像】选项卡，其菜单项如图 14-34 所示。

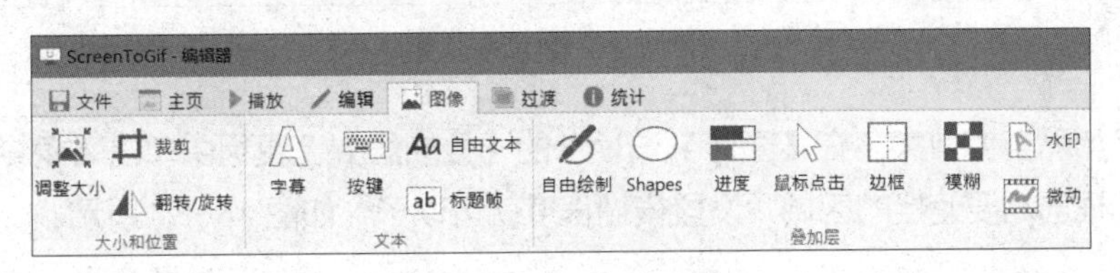

图 14-34　【图像】菜单

- 图片处理。前面提到，视频的每一帧在编辑器里都是一张图片，在【图像】选项卡里可以对每一张图片进行处理，如裁剪大小、添加文字、自由绘制，还能模糊处理、添加水印等。
- 添加字幕。选择需要添加字幕的帧，单击【字幕】按钮，可以根据需要添加文字，还可以对文字大小、颜色、位置等进行设置，如图 14-35 所示。还可以单击【自由文本】按钮，在画面上随心所欲地添加文字。

图 14-35　【字幕】编辑界面

- 添加进度条。在【图像】选项卡的【叠加层】组中单击【进度】按钮，即可添加视频的进度条，每一帧都根据【当前时长 / 总时长】形式显示。在图 14-36 中，我们把进度条设置成了红色，也可以通过右侧的工具栏设置进度条的宽度、位置等。

图 14-36　进度条设置

- 添加马赛克效果。在【图像】选项卡的【叠加层】工具组中单击【模糊】按钮，用鼠标框选需要遮挡的区域，设置模糊程度就可以了，如图 14-37 所示。

图 14-37　模糊操作

- 制作微动图。微动图就是让图片的局部保持动态，而其他部分是静态。比如下面的例子中，我们希望将山涧留下的瀑布作为动态，其他画面都是静态，怎么做呢？首先打开录制好的视频，在【图像】选项卡的【叠加层】组中单击【微动】按钮，用画笔涂抹选择希望保持动态的局部，选择区域之外的画面依然保持静态。完成后单击【应用】按钮，在【文件】选项卡下将其另存为 GIF 格式即可，如图 14-38 所示。

图 14-38　ScreenToGif 微动图设置界面

14.6 演示神器 ZoomIt

如果经常需要利用幻灯片来做演示，以及用系统或软件讲解，可通过 ZoomIt 进行辅助，它主要有以下三个功能。

（1）放大屏幕。对于画面的局部，比如软件的某个菜单，字太小看不清，可以通过 ZoomIt 来把它放大点。

（2）圈点标注。使用 ZoomIt，可以像手写板书那样方便地用鼠标进行画线、圈点、标注、画箭头等，甚至可以在屏幕上临时输入一些文字。

（3）中场倒计时。希望中场休息 10 分钟，并在屏幕上显示倒计时以提醒观众，此时可以用到 ZoomIt。

这个软件是绿色软件，不用安装，下载下来后直接解压到一个文件夹（如 D:\ZoomIt）即可使用。双击 ZoomIt.exe 运行程序，它默认会自动缩小到任务栏里。右击任务栏上的图标，在弹出的快捷菜单里选择【Options】命令将弹出设置对话框，如图 14-39 所示。

从图 14-39 上方的标签里可以看到它具有 Zoom（屏幕放大）、LiveZoom（屏幕放大后仍可以保持正常操作后的模式）、Draw（画线圈点）、Type（屏幕直接打字）、Break（中场休息）等几个功能，每个功能可以单独设置快捷键。按相应的快捷键即可直接调用相关功能，比如按【Ctrl+1】

即可放大屏幕。放大后可以移动鼠标查看屏幕不同区域，单击左键固定屏幕，此时即可圈点；单击右键可解除固定；按【Esc】键可退出放大。

使用 Draw 功能时，按住【Ctrl】键可画矩形，按住【Tab】键可画椭圆，按住【Shift】键可画直线，按住【Ctrl+Shift】组合键可画箭头。默认画的线是红色，但是颜色可以更改。按相应颜色的英文单词的首字母即可改变颜色，如【r】为红色、【g】为绿色、【b】为蓝色、【o】为橙色、【p】为粉色、【y】为黄色。

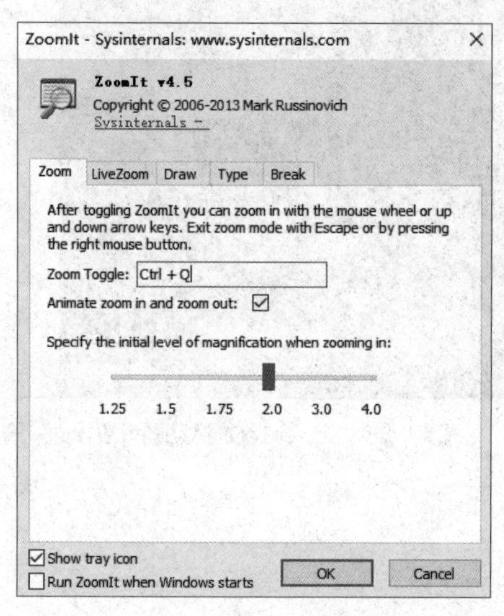

图 14-39　ZoomIt 设置对话框

按【Ctrl+3】快捷键会在屏幕上显示倒计时。倒计时时长可提前设置好，也可以在倒计时开始向后滚动鼠标滚轮快速调整。另外，倒计时画面的背景可以更改为一张漂亮的图片，方法为：打开选项窗口并切换到【Break】选项卡，单击【Advanced】按钮将弹出设置对话框，在这里选中【Show background bitmap】复选框，并选中【Use image file as background】单选按钮，然后单击 ··· 按钮浏览并选择图片，最后单击【OK】按钮即可，如图 14-40 所示。

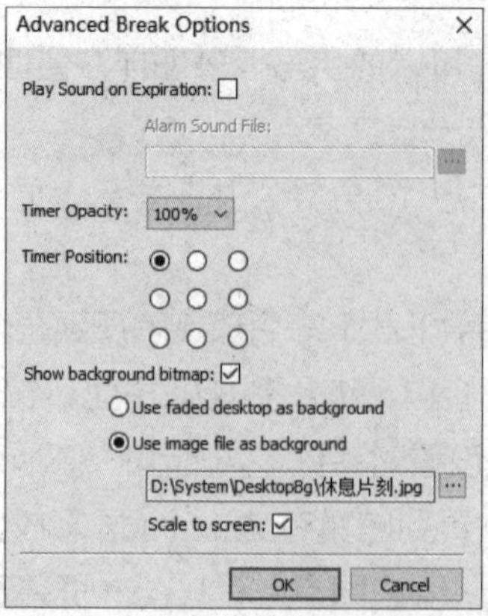

图 14-40　ZoomIt 倒计时设置对话框

14.7 关于 WPS 演示

WPS 的全称是 Word Processing System，即文字处理系统。WPS 早期只有类似 Word 的排版功能，在微软 Office 进入国内之前，WPS 一度是国内办公领域的王者，后来由于某些原因，Office 占据了上风，然而近几年，WPS 作为国产软件发展势头迅猛。WPS 现在开始一点点增加自己的特色小功能，还有一些功能创新，使用也越来越方便。

就拿 PowerPoint 里引以为傲的“设计灵感”来说，WPS 里对应的功能叫“智能美化”，选择该功能后即可快速生成多种设计美化方案，一键单击即可应用。比如我们需要进行封面设计，单击【设计】选项卡，可以看到【单页美化】按钮，如图 14-41 所示，单击该按钮后将出现图 14-42 所示的界面。可以看到，这里给出的方案数量及质量都很不错。

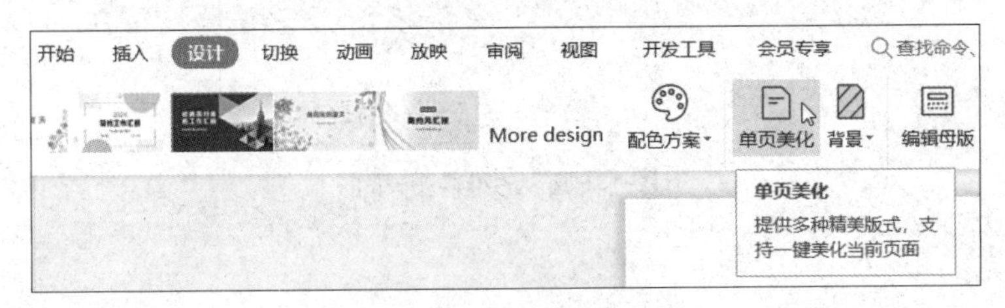

图 14-41　WPS 单页美化选择窗口

图 14-42　WPS 的智能美化窗口

值得一提的还有 WPS 的会议功能，打开将要共享的演示文稿，在【放映】选项卡下单击【会议】的下拉按钮，在下拉列表中选择【发起会议】命令，如图 14-43 所示。然后将会议二维码或者加入码发给参会人员，参会人打开自己的电脑软件，用同样的方法选择【加入会议】命令就可以参加会议了。会议功能可以实现多人共享、语音同步传输，不管办公人员身处何地，只要有网络，通过一台电脑或者一部手机，就能开会了。

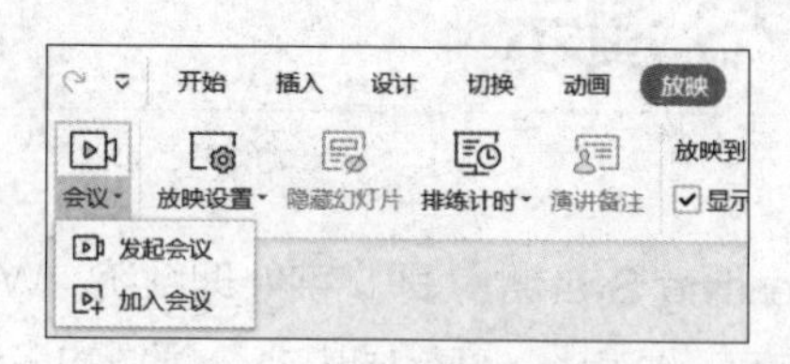

图 14-43　会议功能界面

WPS还有绘制脑图功能，在【插入】选项卡下单击【思维导图】的下拉按钮，在下拉列表中选择【插入已有思维导图】命令，可以插入已有的思维导图，也可以选择【新建空白图】命令新建思维导图，如图 14-44 所示。

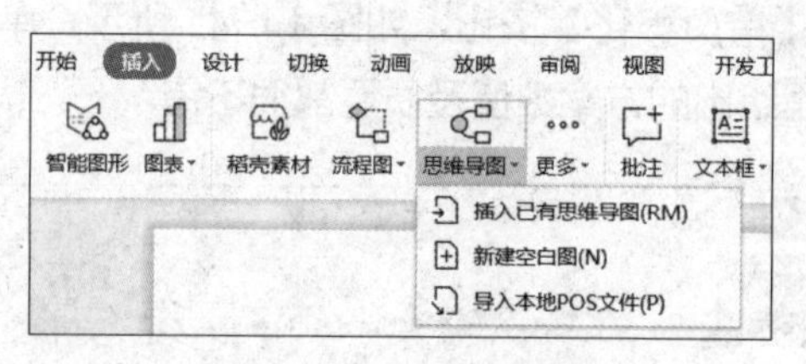

图 14-44　思维导图界面